John C. Eccles / Daniel N. Robinson
Das Wunder des Menschseins – Gehirn und Geist

SERIE PIPER
Band 1349

Zu diesem Buch

Jede Zeit hat ihre Mythen, und die unsrige ist da keine Ausnahme. Heutzutage will man uns glauben machen, daß Computer denken, Tiere sprechen und daß das Bewußtsein nicht mehr ist als »eine Sekretion des Gehirns«. Der Neurobiologe und Nobelpreisträger Sir John C. Eccles und der bekannte Psychologe Daniel N. Robinson halten dagegen, daß diese Ansichten – eher Folklore als Wissenschaft – nachweislich falsch und unsinnig sind.

Der heute regierende Materialismus, so zeigen Eccles und Robinson, leugnet die geistige Dimension des menschlichen Lebens. Sind es wirklich dieselben Gesetze, die die menschliche und die tierische Natur beherrschen? Ist die menschliche Natur nicht vielmehr etwas Besonderes, Zerbrechliches und Kostbares? Zwischen echter Wissenschaft und wissenschaftlicher Propaganda unterscheidend, nehmen Eccles und Robinson den Leser mit auf eine spannende Reise durch die Geschichte der Menschheit – von den Ursprüngen des Lebens auf der Erde über die Evolution des Bewußtseins bis hin zu dem großen Höhepunkt, den die menschliche Person darstellt, mit ihrer Fähigkeit zu Sprache, Selbstbewußtsein und moralischer Entscheidung. Auf dieser Reise entwickeln die Autoren eine eingehende und schließlich vernichtende Kritik der »offiziellen« Theorien der menschlichen Natur, wie sie von Marx, Freud, Skinner und den Soziobiologen aufgestellt wurden. Sie erforschen auch die Geschichte der wissenschaftlichen Versuche, die unternommen wurden, um die menschliche Natur genauer zu bestimmen, und decken scharfsinnig die Methoden auf, mit denen die Wissenschaft die Komplexität des Bewußtseins in Formeln zwängt, durch die die transzendenten Qualitäten des Lebens kurzerhand abgetan werden.

Sir John C. Eccles, geboren 1903 in Melbourne, Medizinstudium in Melbourne. Nach Promotion Lehrtätigkeit in Oxford, dann Institutsdirektor in Sydney. Professuren in Otago (Neuseeland), Canberra (Australien) und Buffalo (USA). 1957–1961 Präsident der australischen Akademie der Wissenschaften. 1963 Nobelpreis für gehirnphysiologische Forschungen.
Daniel N. Robinson, geboren 1937. Studium der Psychologie u.a. in New York. Lehrte Psychologie am Amherst College, an der Princeton University und der Columbia University; seit 1974 Professor für Psychologie an der Georgetown University, Washington D.C.

John C. Eccles / Daniel N. Robinson

Das Wunder des Menschseins –
Gehirn und Geist

Aus dem Englischen von
Agnes und Peter Löns

Piper
München Zürich

Redaktionelle Bearbeitung: Brigitte Gerlinghoff

Die Originalausgabe erschien 1984 unter dem Titel
»The Wonder of Being Human. Our Brain and Our Mind«
by The Free Press, New York, London.

Von John C. Eccles liegen in der Serie Piper
außerdem vor:
Gehirn und Seele (628)
Das Gehirn des Menschen (826)
Das Rätsel Mensch (976)
Die Psyche des Menschen (1023)
(Zus. mit Karl R. Popper) Das Ich und sein Gehirn (1096)

ISBN 3-492-11349-4
Neuausgabe 1991
3. Auflage, 16.–23. Tausend Juni 1991
(1. Auflage, 1.–8. Tausend dieser Ausgabe)
© by The Free Press, New York, London 1984
Deutsche Ausgabe:
© R. Piper GmbH & Co. KG, München 1985
Umschlag: Federico Luci,
unter Verwendung des Freskos »Gott erschafft Adam«
(Ausschnitt) von Michelangelo (Sixtinische Kapelle, Rom)
Satz: Mühlberger, Augsburg
Druck und Bindung: Clausen & Bosse, Leck
Printed in Germany

Für Helena und Francine

Live unto the dignity of thy nature, and leave it not disputable at last, whether thou has been a man; or, since thou art a composition of man and beast, how thou hast predominantly passed thy days, to state the denomination. Unman not, therefore, thyself by a bestial transformation, nor realize old fables. Expose not thyself by four-footed manners unto monstrous draughts, and caricature representations. Think not after the old Pythagorean conceit, what beast thou mayst be after death. Be not under any brutal metempsychosis while thou livest and walkest about erectly under the scheme of man. In thine own circumference, as in that of the earth, let the rational horizon be larger than the sensible, and the circle of reason than of sense: let the divine part be upward, and the region of the beast below ... Desert not thy title to a divine particle and union with invisibles. Let true knowledge and virtue tell the lower world thou art part of the higher ...

[Lebe in der Würde deiner Natur, und laß es zuletzt nicht zu einer Streitfrage werden, ob du ein Mensch gewesen bist; oder, da du Mensch und Tier in dir vereinigst, wie du vorwiegend deine Tage verbracht hast, um die Bezeichnung festzulegen. Beraube dich nicht deiner menschlichen Kraft, indem du dich in ein Tier verwandelst, und verwirkliche keine Fabeln. Setze dich nicht der Gefahr aus – indem du dich etwa wie ein vierbeiniges Lebewesen beträgst –, daß man dich dann entsprechend als Monstrum darstellt oder karikiert. Denke nicht, der alten Pythagoreischen Vorstellung gemäß, welches Tier du nach dem Tode sein könntest. Richte dich nicht nach irgendeiner tierischen Seelenwanderung, während du lebst und aufrecht gehst in der Gestalt eines Menschen. Laß in deinem eigenen Umkreis und dem der Erde den rationalen Horizont größer als den sinnlichen sein und den Kreis der Vernunft größer als den des Gefühls: laß den göttlichen Teil oben und den Bereich des Tieres unten sein ... Gib dein Recht auf ein göttliches Element und eine Vereinigung mit dem Unsichtbaren nicht auf. Laß wahre Erkenntnis und Tugend der niedrigeren Welt sagen, daß du Teil der höheren bist ...]

Sir Thomas Browne (1605–1682)

Inhaltsverzeichnis

Vorwort 13

Kapitel 1: Natur und menschliche Natur 19

Kapitel 2: Die Ursprünge des Lebens, des Bewußtseins und des Menschen... 27

   Leben 27
      Die präbiotische Welt 27
      Die Schaffung des Lebens............................ 28
      Die Entwicklung des Lebens 29
      Die Darwinsche Evolutionstheorie 32
   Bewußtsein: Bewußtsein bei Tieren 33
      Die Evolution des Bewußtseins....................... 34
      Das Rätsel des evolutionären Ursprungs des Bewußtseins 38
   Der Beginn des menschlichen Lebens..................... 40
      Das fötale Leben 40
      Vom Fötus zum Säugling 42
      Das Leben des Säuglings 44
      Vom Säugling zum Kind 46

Kapitel 3: Selbstbewußtsein und menschliche Person 48

   Die Emergenz des Selbstbewußtseins..................... 48
   Die menschliche Person................................. 51
   Die menschliche Person und Welt 3...................... 53
   Hypothesen zum Gehirn-Geist-Problem 58
   Kritische Bewertung der Gehirn-Geist-Hypothesen 62
   Das menschliche Gehirn 64
   Die Einheit des Selbst.................................. 67
   Die Einzigartigkeit eines jeden Ichs 69

Kapitel 4: Materialismus und das Paradoxon des Lügners. 72

Kapitel 5: Moralisches Denken und Evolutionismus 88

Freiheiten, Rechte und Verpflichtungen 88
Der Evolutionismus und der Trugschluß des Ursprungs. 96

Kapitel 6: Die menschliche Person in der Gesellschaft. 104

Der Ursprung der Werte 104
Werte in unserer Gesellschaft 107
Schlußbemerkungen über die Werte 110
Soziobiologie 110
Altruismus und Pseudoaltruismus 111
Liebe und Mitleid 114
Aggression. 117
Rückblick und Auswertung. 121

Kapitel 7: Environmentalismus (Umwelttheorie) 124

Kapitel 8: Sprache, Gedanke und Gehirn 141

Die Sprachebenen. 141
Der sprachliche Ausdruck 144
Das Erlernen einer menschlichen Sprache 145
Das Sprachtraining von Affen. 147
Die Evolution der Hominiden 152
Die Sprachzentren des menschlichen Gehirns 154
Denken und Gehirn 157
Sprache und menschliches Denken: eine Nachbewertung 160

Kapitel 9: Lernen und Gedächtnis 167

Die Rolle des selbstbewußten Geistes für das Kurzzeitgedächtnis. . . 170
Neurale Bahnen, die an der Aufzeichnung von Langzeit-
erinnerungen beteiligt sind 171
Der Verlust des Langzeitgedächtnisses nach Hippocampektomie . . . 174
Der Ort der Gedächtnisspeicherung 177
Der Abruf von Erinnerungen 181

Die Dauer von Erinnerungen ... 184
Retrograde Amnesie ... 185
Schlußbemerkungen ... 186

Kapitel 10: Intelligenz – künstlich und echt ... 188

Intelligenz, Evolution und die Hypothese der Uniformität ... 188
Intelligenz und Lernen ... 192
Künstliche Intelligenz ... 197

Kapitel 11: Willkürliche Bewegung, Willensfreiheit und moralische Verantwortung ... 201

Experimente zur willkürlichen Bewegung ... 203
Mentale Intentionen und Bewegung ... 209
Willensfreiheit und moralische Verantwortung ... 213
Reflexionen über Freiheit und moralische Verantwortung ... 214
Schlußbemerkungen ... 216

Kapitel 12: Das Abenteuer des Menschen: Hoffnung und Tod ... 217

Die Philosophie der Personalität ... 217
Das Schwinden der Personalität ... 223
Tod und Unsterblichkeit? ... 226
Die Suche nach dem Sinn ... 229

Empfohlene Literatur ... 233

Namenregister ... 239

Sachregister ... 241

Vorwort

Der »Sinn« des Lebens und seine ständige Aushöhlung in den letzten Jahrzehnten, in einer Zeit des materiellen Wohlstands und einer nie zuvor dagewesenen Freiheit für den einzelnen, ist ein Thema, das schon von zahllosen Autoren behandelt worden ist. Viele Untersuchungen wurden in diesem Zusammenhang von »Selbsthilfe«-Spezialisten durchgeführt, die für gewöhnlich bloße Selbstbehauptung mit dem inneren Wachstum der Persönlichkeit verwechseln. Besonderen Nachdruck legen sie auf Verhaltensmuster sozialer Anpassung, die jedoch kaum mehr versprechen als ein vorübergehendes Wohlbefinden, eine flüchtige Befriedigung; und so wirken sich ihre »Heilmittel« nur als eine neue Spielart der eigentlichen Krankheit aus. Alle diese Beiträge lassen etwas erschreckend deutlich vermissen: es ist – man kann es nicht anders bezeichnen – ein *moralischer Standpunkt*. Statt dessen wird das menschliche Leben wie eine Art Maschine gesehen, die regelmäßig gewartet werden muß; die Nöte des Lebens lassen sich »reparieren«.

Was ist aber nun unter dem moralischen Standpunkt zu verstehen, und in welchem Verhältnis steht er zum menschlichen Glück? Diese Fragen wurden schon von Sokrates aufgeworfen, und sie haben den philosophischen Diskurs seit rund 2000 Jahren immer wieder neu belebt. Ohne an dieser Stelle in Einzelheiten zu gehen, möchten wir aber doch hier schon festhalten, daß der moralische Standpunkt da anfängt, wo der Mensch sich seiner eigenen Transzendenz bewußt wird; er beginnt mit der Erkenntnis, daß die Menschen sich von den rein materiellen Gegebenheiten, die den physikalischen Kosmos ausmachen, unterscheiden und über sie hinausweisen. Wo diese Erkenntnis blockiert oder unterdrückt oder geringgeschätzt wird, ist das Leben nicht mehr im eigentlichen Sinne menschlich zu nennen. Wo sie fehlt, mag es zwar die rein kreatürliche Sinnenfreude geben, aber kein menschliches Glück.

Die sozialen und wissenschaftlichen Revolutionen in den letzten beiden Jahrhunderten haben unsere Perspektive im Hinblick auf die Grundtatsachen des zivilisierten Lebens verändert. Was die heutige Jugend in bezug auf sich selbst und ihre natürliche Umwelt für selbstverständlich nimmt, hätten die scharfsinnigsten Geister des 16. und 17. Jahrhunderts schlichtweg für unglaublich gehalten. Natürlich ist es ein Gemeinplatz, darauf hinzuweisen, wie stark wissenschaftliche und technologische Entdeckungen unsere Handlungs- und Denkweisen verändert haben. Oft wird dabei jedoch übersehen, daß diese Veränderungen nur halbbewußt wahrgenommen werden und daß sie in Bereiche des Lebens und Denkens eindringen, die mit Wissenschaft selbst nichts zu tun haben. Selbst wenn jemand über eine speziell naturwissenschaftliche Ausbildung verfügt, sind seine täglichen Wahrnehmungen doch von metaphysischen Vorstellungen durchdrungen, die allen kognitiven, emotionalen, sozialen und ästhetischen Prozessen einen bestimmten Charakter verleihen; diese Prozesse aber prägen die ernste Angelegenheit, die wir Leben nennen. Was als wissenschaftliche Entdeckung beginnt – oder vielleicht sogar nur als wissenschaftliche Mutmaßung –, wird bald als Modell oder als Metapher für größere Zusammenhänge des menschlichen Lebens genommen. Mit der Zeit und unter dem Druck der Meinungsmacher wird die Metapher allmählich mit der Realität gleichgesetzt, und die undifferenzierten Anschauungen des Durchschnittsmenschen werden so offiziell verbreitet! Erst nach Jahren zeigt es sich im nüchternen Licht der Wirklichkeit wieder einmal deutlich, daß die ewigen Probleme des Menschen diese einstmals »neuen Wahrheiten« überlebt haben, daß die quälenden Wertprobleme eben nicht in das dicke und immer dikker werdende Buch der Fakten eingegangen sind, daß die jüngsten Revolutionen, die unsere Perspektive verändert haben, wenig mehr bewirkt haben, als daß wir uns in dem Kreise drehen, dessen Mittelpunkt die menschliche Befindlichkeit ist.

Naturwissenschaft und Geisteswissenschaft sind der Ausdruck und nicht der Ursprung des Geistes und seiner Tätigkeit. Insofern dürfen wir von ihnen keine Erkenntnisse über uns erwarten, die umfassender oder bedeutungsvoller wären als alles, was wir selbst auf eine eher dumpfe introspektive Weise von uns wissen. Es mag wahr sein, daß die Wissenschaft einige der Ursachen erhellt, von denen wir sozusagen die »Wirkungen« sind, aber eben nur als diese »Wirkungen«

durchleben wir jeden einzelnen Tag und alle Tage unseres Daseins. Wenn man einem Menschen, der an Zahnweh leidet, den Grund für seine Schmerzen nennt, so heißt das nicht, daß man den unausweichlich zum Leben gehörenden Schmerz aus der Welt schafft oder sonst irgendwie beeinflußt – diesen zwar subjektiv empfundenen, aber zweifellos objektiv vorhandenen Schmerz, der unverschämt beharrlich ist, auch wenn seine Ursachen präzise verzeichnet sind.

Natur- und geisteswissenschaftliche Forschung – als einzigartig menschliches Schaffen – wird von Männern und Frauen betrieben, deren persönliche Bedürfnisse und Erwartungen dem allgemeinen Pool der menschlichen Interessen entstammen. Von daher ist es nicht unnatürlich, wenn ein Natur- oder Geisteswissenschaftler über die Grenzen seines Faches hinausgeht und die Fakten und Theorien, die seinen Gegenstand bestimmen, auf elementare Lebenssituationen des »Mannes auf der Straße« überträgt. Daß sich ein derartiger Schritt unter logischen Gesichtspunkten möglicherweise verbietet oder, bei vorsichtiger Abwägung, unklug sein könnte –, diese Möglichkeit wird bei allzu großer Begeisterung leicht beiseite geschoben. Einmal in Gang gesetzt, gewinnt eine solche Bewegung durch die wissenschaftliche Autorität, die hinter ihr steht, an Schwungkraft; auf ihrem Weg in die Niederungen der breiten Öffentlichkeit sammelt sie Schüler auf und beendet schließlich ihre Reise mit einem so massiven und vielschichtigen Gebilde aus Fakten, Mutmaßungen und Fiktionen, daß sie beinahe unwiderlegbar ist. Dem Laien stellt sich das alles wie ein schrecklicher Automat dar, der ihm für einen Groschen die Zukunft voraussagen will und ihm sein eigenes *Ich*, seine eigene Welt vor Augen führt. Dem Experten gilt es als Symbol für Perfektion und Macht, als solider Beweis, daß sein Weg der richtige, zumindest aber der bestmögliche ist. Das Sensationelle und Spannende an dem Ganzen macht es schwierig, diese Dinge zu durchschauen und zu erkennen, daß es sich hier auch wieder nur um eine Leiche handelt, an der die Nachwelt die Anatomie der Konfusion lernen wird.

Aber niemand, der nachdenkt, kann es sich leisten, diese Dinge einfach zu verwünschen und sich in die gefährliche Bequemlichkeit der Unwissenheit zurückzuziehen. Tatsächlich ist das plötzliche Wiederaufleben des religiösen Fundamentalismus auf seine Weise nur ein weiteres Symptom für die gegenwärtige Neigung zum Extremismus. Man trifft heute in allen Altersgruppen Männer und Frauen, die sich religiösen Lehren verschworen haben, die fast so mechanisch wirken wie die psychiatrischen Lehren von vor zehn Jahren. Mit starrer Orthodoxie wollen sich diese frohgemuten Gläubigen vor einer anstößigen Welt schützen, die aber nichtsdestoweniger ihr Zuhause bleibt. Ihre Drohungen gegen Andersdenkende lassen sie in den Augen der gebildeten und vorgeblich aufgeklärten Bürger dieser auffällig diesseitigen Welt lächerlich erscheinen. Wenn die gesamte Geschichte des Christentums nicht mehr vorweisen kann als einen Paulus auf dem Weg nach Damaskus, dann wird ihre Glaubwürdigkeit dem Gewicht der vielen, die jetzt ähnliche und täglich neue göttliche Heimsuchungen für sich in Anspruch nehmen, nicht standhalten. Einfach – wenn auch hart – gesagt: der kritische Beobachter ist versucht, zu folgern, daß dieser neuerliche religiöse Eifer auf Kosten des Christentums selbst gehen könnte. Es geht nicht an, Wissenschaft und Reflexion zu begraben, in der Hoffnung, dadurch die Welt zu retten. Retten – für was? Wenn von den Eigenschaften des entwickelten Menschen insgesamt die Rede ist, können wissenschaftliche Neugier und wissenschaftliche Begabung sowie der Glaube als solcher nicht ausgeklammert werden. Wir und nur wir sind die Spezies der Denker und Gläubigen. Ein Krieg gegen das Denken ist ein Krieg gegen das Ich. Die einzige Alternative, die wir dagegen ins Feld führen können, ist die, daß wir uns an das Vernünftigste in unserer Wissenschaft halten, während wir die Wunder des menschlichen Lebens immer tiefer zu ergründen suchen. Und eben das wollen wir auf den folgenden Seiten versuchen.

Die Pläne für dieses Buch wurden im Frühjahr 1981 gemacht, als der erstgenannte Autor auf dem Campus der Georgetown University wohnte, wo er die Einführungsreihe der *Carroll-Vorlesungen* veranstaltete. In langen und freimütigen Diskussionen kamen wir zu der Überzeugung, daß es notwendig sei, eine möglichst große Anzahl angeblich naturwissenschaftlicher Thesen zu entlarven, die den Wert des Menschen herabgesetzt und damit unzählige Menschen dazu gebracht haben, sich und ihr Leben als unbedeutende und sinnlose Zufälle der (materiellen) Natur zu verstehen.

Daß diese schädlichen und erbärmlichen Lehren auch noch im Namen der Wissenschaft verbreitet wurden, ließ uns zusätzlich fürchten, daß die Wissenschaft selbst die Verachtung der Menschheit ernten könnte.

Die Wissenschaft ist eine unserer größten Schöpfungen und sicher einer der zuverlässigsten Wegweiser für das Abenteuer des Menschseins. Sie verdient Unterstützung und Respekt, denn sie ist ein würdiger Ausdruck der Schöpferkraft des Menschen, seiner Vernunft und seiner Hoffnung. Sie ist jedoch auch der Verfälschung und dem Mißbrauch ausgesetzt. In den einzelnen Kapiteln dieses Buches werden wir eine Anzahl *wissenschaftlicher* Fabeln beziehungsweise Produkte des Aberglaubens, die aus der Korrumpierung der echten Wissenschaft entstanden sind, entlarven. Dabei werden wir uns nicht scheuen, die Wunder der menschlichen Natur zu rühmen, aber wir würden es andererseits ablehnen, daß unser Lob mit einem unkritischen Humanismus, wie er sich zur Zeit ausbreitet, verwechselt wird. Unser Appell richtet sich an die Vernunft und moralische Sensibilität, nicht aber an die Eitelkeit des Lesers. Indem wir der Einzigartigkeit und Kostbarkeit des menschlichen Ichs Geltung verschaffen, hoffen wir, den Leser dahingehend zu beeinflussen, daß er die käuflichen Ziele meidet, für die heutzutage viel zu viele ihr Leben vergeuden.

Wie bei jeder größeren engagierten Arbeit mit mehreren Autoren mag vielleicht auch bei dem hier vorliegenden Werk der plötzliche Wechsel in Stil und Inhalt von einem Autor zum anderen störend wirken. Um dem Leser zu helfen, seine Kritik festzumachen, merken wir hier an, daß die Kapitel 2, 3, 6, 9 und 11 hauptsächlich von J. C. Eccles verantwortet werden; sie basieren auf seinen *Carroll-Vorlesungen* in Georgetown. Für die Kapitel 1, 4, 5, 7 und 10 ist D. N. Robinson in erster Linie verantwortlich. Die Kapitel 8 und 12 wurden in Zusammenarbeit geschrieben. In allen Fällen haben wir beide jeweils von der Kritik und den Anregungen des anderen profitiert.

Zu jedem Kapitel werden am Schluß des Buches (»Empfohlene Literatur«) Publikationen verzeichnet, die weitere Auskünfte zum Thema geben können. Die Titel, auf die die Autoren sich beziehen, enthalten umfassende Bibliographien und können auch zu einer vertieften Beschäftigung mit den in den einzelnen Kapiteln dargelegten Gedanken herangezogen werden; J. C. Eccles hat auf die dafür geeigneten Kapitel in seinen Büchern hingewiesen. Einige Zitate beziehen sich auf Vorstellungen, die von denen, die in diesem Buch zum Ausdruck kommen, abweichen.

Vollkommene Übereinstimmung zwischen den Autoren ist nicht zu erwarten, wenn Fragen von solcher Komplexität und Subtilität behandelt werden. Nichtsdestoweniger sind wir davon überzeugt, daß die wichtigsten Thesen und Beurteilungen, die in diesem Buch entwickelt werden, unsere gemeinsamen Ansichten getreulich widerspiegeln.

John C. Eccles
Daniel N. Robinson

Kapitel 1
Natur und menschliche Natur

Man braucht kein tiefes philosophisches Verständnis, um zu erkennen, daß ein Zusammenhang besteht zwischen dem, was jemand tut, und dem, was jemand zu sein glaubt, zwischen dem, was andere von uns erwarten, und dem, was sie von uns halten. So eng ist dieser Zusammenhang, daß ein großer Teil der sozialen und politischen Geschichte von eben diesen Bedingungen her verstanden werden kann. Ob man die Menschen nun als »Kinder Gottes«, »Werkzeug der Produktion«, als »bewegte Materie« oder »eine Spezies der Primaten« auffaßt, hat Konsequenzen. Solange solche Kategorien in den abgeschiedenen Stätten akademischer Spitzfindigkeiten bleiben, sind ihre Konsequenzen größtenteils nur literarischer Art. Aber wenn eine dieser Ideen über die hohen Pforten der Gelehrsamkeit hinausgelangt und schließlich eine beträchtliche Anzahl Anhänger findet, dann kann die Wirkung auf Regierung, Kultur und Alltagsleben dramatisch sein, wie es das auch schon gegeben hat.

Unsere Zeit ist eine Epoche, in der sich Ideen mit nie dagewesener Geschwindigkeit verbreiten. Ganze Wolken von Spekulationen bilden sich heutzutage mit schöner Regelmäßigkeit über der Öffentlichkeit, noch bevor die Wissenschaftler überhaupt Zeit haben, die Dämpfe in bezug auf ihre Wirkung auf die Ökologie des Denkens zu testen. Ein relativ unpopuläres und erfolgloses Fernsehprogramm kann zwanzig Millionen Zuschauer für sich in Anspruch nehmen, und davon sind viele in Positionen mit Macht und Verantwortung. Innerhalb eines einzigen Jahres ist der Durchschnittsbürger dieser Unterhaltung, Ideologie, Information und Überredung so viele Stunden ausgesetzt, daß er damit möglicherweise auf die gesamte Stundenzahl seiner regulären Schulbildung kommt. Und wenn wir zu dem ungeheuren Einfluß des Fernsehens noch die geballte Wirkung von Rundfunk, Film, Presse und »Bestsellern« hinzurechnen, wissen wir, woher es kommt, daß die informierteste Bevölkerung in der

Geschichte der Menschheit zugleich eine der verwirrtesten, verzweifeltsten und unsichersten ist. Das Problem ist nicht, daß der moderne Mensch »zu viel weiß«, sondern daß er nicht genügend darauf vorbereitet wurde, die größeren Implikationen dessen, was man weiß, abzuwägen, zu prüfen und zu beurteilen.

Die leidenschaftlichsten Verteidiger der Demokratie haben immer die *Tyrannei der Mehrheit* gefürchtet. Aber noch bis vor kurzem wurden diese Ängste gemildert durch die Tatsache, daß Mehrheiten schwer zu bilden und zu erhalten waren. Dieser einst verläßliche Schutz ist durch die Technologie der Überredung unterhöhlt worden. In steigendem Maße stellen wir daher die rasche Einbürgerung »offizieller« Ansichten über alle möglichen Streitfragen fest, die die Gelehrten jahrhundertelang in verschiedene Lager teilte. Es ist anzunehmen, daß in jeder Massenkultur die bloße Meinung größeres Ansehen genießt als die genaue Analyse. Das ist mehr oder weniger harmlos, solange die Meinungen weit auseinandergehen, während sorgfältige Analysen (vorhersagbar) zu einem Konsens unter den wenigen führen, die »leben, um zu denken«. Wenn die Meinung jedoch vereinheitlicht wird, macht sie ihren tyrannischen Anspruch geltend. Schnell gerät die Tatsache aus dem Blick, daß die bloße Meinung Meinung bleibt, gleichgültig, wie viele sie teilen. Vielmehr – und unmerklich – kommt die Öffentlichkeit zu dem Schluß, daß ein weitverbreiteter Glaube ein echtes Naturgesetz bezeichnet.

Heute haben wir eine ganze Anzahl solcher weitverbreiteter oder zumindest sich weit ausbreitender Anschauungen; Anschauungen, die dem, was spätere Historiker als »Volkspsychologie«, »Volksmoral« und »Volkswissenschaft« unserer Epoche ansehen werden, Farbe und Form geben. Das sind die Anschauungen, die maßgebend geworden sind für das, was wir von uns und anderen denken; was wir schließlich von uns und anderen erwarten; was wir für das Wesen, den Sinn und die Möglichkeiten unseres Lebens halten. Was wir auf den folgenden Seiten zu vermitteln hoffen, ist die Tatsache, daß vieles, was jetzt in diese neuen, sehr populären Ansichten eingeht, entweder nachweisbar falsch oder äußerst spekulativ ist; und weiter, daß eine realistischere, wissenschaftlichere und deutlichere Bewertung des Menschen als *Person* Raum läßt für Möglichkeiten, die der moderne Mensch schon fast aufgegeben hat.

Sicherlich hat eine der langlebigsten Streitfragen in der Geschichte des Denkens mit der Frage zu tun, ob die menschliche Natur nur ein Aspekt der Natur ist oder ob sie etwas ist, das außerhalb der natürlichen Ordnung steht. Auf beiden Seiten der Argumentation findet man Philosophen fast jeder religiösen Glaubensrichtung, was Beweis genug sein dürfte, daß es sich nicht einfach um eine Frage des Glaubens oder der Überzeugung handelt. Es ist auch keine rein abstrakte Frage. Die Handlungen und Ziele der Menschen sind stark beeinflußt von dem bestimmten Wesen, das sie zu sein glauben. Tatsächlich ist der eigentliche Charakter von Gesetzen, Regierungen, Bildungseinrichtungen und internationalen Beziehungen immer schon in einem verblüffenden Maß abhängig gewesen von grundlegenden Vorstellungen hinsichtlich der Natur der menschlichen Natur. Man braucht nur solche Aussagen zu betrachten wie »das göttliche Recht der Könige« oder »der Afrikaner ist von Natur aus Sklave« oder »Pharao ist der lebendige Gott«, um sich ins Gedächtnis zu rufen, wie ganze Epochen von exzentrischen Theorien über uns und andere gefärbt und geformt wurden.

Aber jede Epoche ist im allgemeinen weitaus unkritischer gegenüber den eigenen Vorstellungen als gegenüber denen einer früheren Zeit. Bürger heutiger westlicher Demokratien können nur lächeln, wenn sie an jene naiven Vorfahren denken, die wirklich glaubten, Gott habe den regierenden Monarchen eigens auserwählt und ihm besondere Rechte verliehen; oder wenn sie sich die noch ferneren Vorfahren vorstellen, die das Grabgewölbe des Pharao mit allem ausstatteten, was er auf seiner langen Reise zum unsterblichen Ruhm brauchen würde. Das Lächeln wird zum Verlegenheitslächeln, wenn wir uns einer im 18. und 19. Jahrhundert weitverbreiteten Überzeugung erinnern, nach der ganze Menschenrassen nur geringfügig höher eingestuft wurden als Lasttiere – und nicht auf einer Stufe mit den zivilisierten Europäern.

Wir sehen in solchen Vorstellungen heute nur noch die leitenden Fiktionen der Vergangenheit, einen absurden Aberglauben, der von den Unwissenden angenommen und von den Schlauen ausgenutzt wurde, die üblichen Phantasien eines unaufgeklärten Geistes. Aber die Geschichte wartet zwar auf uns, sie endet jedoch nicht mit uns. Wir mit unserer gemischten Sammlung von Theorien und Vorurteilen werden künftigen Historikern als Studienobjekte dienen. Sie werden zweifellos erstaunt sein über die Leichtgläubigkeit, die wir bei allen möglichen modischen Ideen an den Tag legen, und nachdem sie deren Wert geschätzt haben werden, werden sie unsere Zeit zwischen die Musterexemplare von Weisheit und Torheit zurückstellen.

Wir werden natürlich alle tot und vergangen sein, wenn diese Urteile gefällt werden, aber das ist kein Grund, keinen guten Eindruck zu hinterlassen. Und wenn auch nur aus diesem Grund – es gibt weitaus zwingendere Gründe – müssen wir uns in Abständen über unsere alltäglichsten Konzeptionen klarwerden und bereit sein, einzugestehen, daß viele von ihnen unter die Rubrik: reine Ideologie, Aberglauben, fallen. Der historische Überblick zeigt, daß jedes Zeitalter bis jetzt seine besonders gehegten abergläubischen Vorstellungen hatte. Eine neue Zeit bricht an, wenn diese als solche identifiziert und verworfen werden. Eine neue Saat abergläubischer Ideen wartet schon im Verborgenen. Unsere abergläubischen Vorstellungen werden alle von einer kritischeren Nachwelt zurückgewiesen, aber einige von ihnen richten in unserer Zeit Schaden an und sollten ausgemerzt werden, selbst wenn es keine Zukunft gäbe, die auf uns zurückblicken könnte.

Was für Konzeptionen sind das? Sie sind zahlreich, aber nicht leicht zu benennen. Sie enthalten alle ein Körnchen Wahrheit, weisen aber in der radikalen Form, in der sie heutzutage erscheinen, verhängnisvolle Mängel auf. Von ihnen wird oft behauptet, sie seien »wissenschaftlich«, aber ihr Kontakt zur echten Wissenschaft ist nie mehr als nur oberflächlich und für gewöhnlich reine Täuschung. Sie entstammen der reichen, reifen Tradition der Philosophie, sind aber jetzt in etwas umgewandelt worden, das kaum mehr ist als eine Art Propaganda. Es besteht die Tendenz, daß sie von den meisten derjenigen, »auf die es ankommt«, verfochten werden; diese sind jedoch in einer Zeit wie der unseren kaum besser informiert als die, die sie zu führen meinen.

Bevor wir diese Konzeption erläutern – die heute offiziellen »Ismen« –, ist ein Wort der Warnung angebracht. Wir sind nicht der Ansicht, daß die Mehrheit der Menschen sich einige davon oder alle bewußt zu eigen macht oder daß es eine geheime Verschwörung gibt, die darum bemüht ist, sie den Arglosen überzustülpen. Wenn wir diese Konzeptionen der menschlichen Natur als »Ismen« ansprechen, wollen wir sie nur als ein Teil der zeitgenössischen Volksphilosophie identifizieren und nicht als die offiziellen Lehren einer bestimmten

Denkrichtung. Zehn Jahrhunderte lang war es für den durchschnittlichen Beobachter selbstverständlich, daß die Erde stillsteht und die Sonne sich um sie dreht. Wir können sagen, daß dieser Beobachter kein Anhänger des Kopernikanismus war, ohne darauf hinzuweisen, daß er sich bewußt und kritisch einem offiziellen und konkurrierenden *Ismus* angeschlossen habe. Das heißt: wir können seine Vorstellungen als ptolemäisch klassifizieren, während wir wissen, daß er nie etwas von Ptolemäus gehört hat. So verhält es sich auch mit den *Ismen*, die wir nun diskutieren wollen. Sie stehen ganz im Zentrum des modernen Denkens und Handelns, obwohl sie selten einer öffentlichen Untersuchung oder eigenen privaten Analyse des Durchschnittsmenschen unterzogen werden.

1. *Scientismus.* Anstelle der Heiligen Schrift, die einmal die letzte Instanz war, vor der jede behauptete Wahrheit vertreten werden mußte, wird nun die Wissenschaft als oberster Richter angesehen. Man findet heute kaum noch einen Vorschlag von Bedeutung in bezug auf Staat, soziales Leben, interpersonelle Beziehungen, Bildung, Moral oder persönliches Glück, der nicht mit »wissenschaftlichen« Begriffen verteidigt oder als »unwissenschaftlich« kritisiert würde. Heute besteht beinah eine Synonymie zwischen »wahr« und »wissenschaftlich«, und es herrscht die allgemeine Überzeugung, daß das, was nicht wissenschaftlich ist, auch nicht wahr sein kann. So wendet sich der Laie an die »Verhaltens- und Sozialwissenschaften«, um Direktiven für Angelegenheiten des täglichen Lebens zu erlangen, ebenso wie er bei der Physik und Chemie eine Orientierung für sein Verständnis der unbewußten Natur suchen könnte. Wie er die Dinge versteht, gibt es im Bereich des Denkens nur zwei Möglichkeiten: die wissenschaftliche *Wahrheit* und die äußerst subjektive *Meinung*. Es kann deshalb keine gültige Basis dafür geben, gegen etwas zu opponieren, wogegen die Wissenschaft kein Gesetz errichtet hat, oder etwas zu verteidigen, das die Wissenschaft nicht eingeführt hat.

2. *Relativismus.* Ist der Laie erst einmal davon überzeugt, daß es nur die *Fakten* der Wissenschaft und die *Einbildung* der Meinung gibt, ist es nur noch ein kleiner Schritt von dort bis zu der Schlußfolgerung, daß selbst die elementarsten Prinzipien von Moral und Gerechtigkeit von einem bestimmten Standpunkt aus zum größten Teil relativ sind. Entsprechend ist auch »unsere Moral« nur eine in einer Vielzahl von möglichen moralischen Grundsätzen, deren Aus-

wahl von dem abhängt, der an der Macht ist. Für eine Gesellschaft, die frei sein soll, bedeutete das deshalb notwendigerweise, daß sie »pluralistisch« ist, aus dem einfachen Grund, weil Meinungen variieren. Da es keine *wissenschaftlich* gültige Moral gibt, geht alles.

3. *Materialismus*. Wir gebrauchen den Begriff »Materialismus« in seinem theoretisch-philosophischen Sinn und nicht zur Kennzeichnung der Kaufgewohnheiten der Mittelschicht. Die Wissenschaft hat bei ihrer Erforschung des Universums nichts als *Materie* zutage gefördert. Menschliches Leben kann daher auch nur und ausschließlich materiell sein. Als Ergebnis unserer biologischen Organisation sind wir Maschinen eines bestimmten Typs, dazu bestimmt, Schaden zu vermeiden und mit allem in Beziehung zu treten, das die Überlebenschancen vergrößert. Unsere elementarsten Impulse gründen in der Erfahrung von Lust und Schmerz. Persönliche oder institutionelle Vereinbarungen, die wir vielleicht selbst treffen oder in die wir einbezogen werden, sind allein unter den Bedingungen dieser Impulse zu verstehen. Wir mögen die gehobene Sprache der Vernunft und Ethik sprechen, aber selbst unsere rationalsten und auf hohen Grundsätzen beruhenden Schöpfungen – Recht, Außenpolitik, Achtung vor dem »Recht« des anderen – sind lediglich Ausdruck eines im wesentlichen egoistischen Kerns biologisch determinierter Emotionen. Dies wurde von E. O. Wilson deutlich zum Ausdruck gebracht in seinem Buch *On Human Nature*.

4. *Evolutionismus*. Bestätigt man die vorausgegangenen Punkte 1, 2 und 3, so folgt daraus, daß die kohärenteste Darlegung über den Ursprung und die eigentliche Natur des Menschen die von Charles Darwin entwickelte und von seinen Schülern weitergeführte Theorie ist. Die Fakten, welche die Evolutions*theorie* erhärten, sind so zahlreich und zwingend, daß es nicht länger notwendig ist, die Darwinsche Lehre überhaupt als »Theorie« anzusehen. Abgesehen von religiösen Selbsttäuschungen, stimmen alle vernünftigen Menschen darin überein, daß die menschliche Natur nur eine weitere Form biologischer Organisation ist, die sich in langen Perioden harter Konkurrenzkämpfe und in den kurzen Zeiten genetischer Mutationen herangebildet hat. Wir nehmen keinen besonderen Platz im System der Dinge ein, denn im System der Dinge gibt es nur *Dinge* – rein materielle Dinge, deren Komplexität durch die Gesetze der Evolutionswissenschaft vollkommen erklärt wird.

5. *Environmentalismus*. Der Kampf ums Überleben kann nur von Lebewesen gewonnen werden, die fähig sind, ihr Verhalten den Erfordernissen der Umgebung anzupassen. Unter den einfachen Lebensformen entsteht diese Fähigkeit durch den Instinkt. Die weiter entwickelten Formen, wie z. B. die Säugetiere, sind in der Lage, sich anzupassen, indem sie aus früheren Erfahrungen Nutzen ziehen. Das heißt: sie können lernen und sich erinnern. Der Mensch ist besonders befähigt für diesen Modus der Anpassung, einen Modus, der sich über Äonen in der Geschichte der Spezies entwickelt hat und in jedem wachen Augenblick im Leben des Individuums Form annimmt. Daher ist das, was jemand tut oder will oder glaubt oder sich erkämpft, nur das, was die Umgebung ihm »eingepflanzt« hat. Durch die gezielte Anwendung von »Belohnung und Bestrafung« kann sich die Gesellschaft die Bürger schaffen, die sie wünscht. Dabei werden Fehler gemacht, und so treten Kriminalität und Geisteskrankheiten auf und vermehren die Abweichungen, die aus biologischen Zufällen resultieren. Im großen und ganzen ist jedoch – von den biologischen Zufällen abgesehen – eine bestimmte Person eine Schöpfung der Umgebung; einer Umgebung, die den natürlichen Überlebensinstinkt in einer Weise ausnutzt, daß sie sich damit die Anpassung sichert. Und wir können von allen diesen Lehren überzeugt sein, weil sie von der »Verhaltenswissenschaft« aufgestellt werden.

Wir meinen, daß diese fünf Gemeinplätze heutiger Volksphilosophie viel mit der Unzufriedenheit und Ziellosigkeit zu tun haben, die das moderne Leben befallen haben, und daß sie dem modernen Menschen das Vergnügen und das Glück des menschlichen Abenteuers wegnehmen. Wir sind der Auffassung, wie es auf den nachfolgenden Seiten deutlich werden wird, daß jeder dieser Gemeinplätze sich bei genauer Prüfung als widersprüchlich, unwahrscheinlich oder eindeutig falsch erweisen wird.

Wir hoffen, in den folgenden Kapiteln eine instruktive, wenn auch nicht erschöpfende Übersicht über die Konzeptionen der Personalität zu geben, über welche die Wissenschaft heute verfügt, und dazu eine vertretbare Auswahl von Schlußfolgerungen aus diesen Konzepten. Für diese Schlußfolgerungen, die vom Leser sorgsam erwogen werden sollen, ist es notwendig, ein wissenschaftliches Grundvokabular bereitzustellen; aber wir werden das so schmerzlos wie möglich machen. Es ist für den Leser auch notwendig, die einflußreichen

Theorien, sowohl die aktuellen als auch die traditionellen, zu kennen, die weiterhin wissenschaftliche Energien und die Volksbegeisterung bestimmen. Wir hoffen, im Verlaufe des Buches die *Personalität* von vielen Attributen zu befreien, die ihr fälschlicherweise aufgepfropft wurden, und am Ende eine redlichere Deutung der besonderen Wesen, die wir sind, vorzulegen.

Wir beginnen also mit dem Anfang, mit dem Ursprung des Lebens, des Menschen und des Bewußtseins auf dem Planeten Erde.

Kapitel 2
Die Ursprünge des Lebens, des Bewußtseins und des Menschen

Leben

Die präbiotische Welt

Stellen wir uns vor, ein Reisender aus dem Weltraum wäre vor dreieinhalb Milliarden Jahren, nach dem Besuch vieler Himmelskörper, auf den Planeten Erde gekommen. Nach den steinigen Wüstenlandschaften von Mars und Mond wäre er begeistert gewesen von den ungeheuren Ozeanen mit ihren vielgestaltigen Küsten, von den großen Eisfeldern der Polarzonen und Berge, von der schrecklichen Schönheit der zahlreichen Vulkane, dem Zauber des Himmels und der Wolken mit dem Spiel des Sonnenlichtes und von den prächtigen Farben der Sonnenaufgänge und Sonnenuntergänge. Diese überwältigende Schönheit und diese Wunder zeigte der Planet Erde einige Millionen Jahre nach der Abkühlung seines ursprünglich geschmolzenen Zustandes, nachdem sich seine Felsen zu der dünnen Gesteinsschicht verfestigt hatten, die er noch hat, und seine Wasserdämpfe sich kondensiert hatten, um die Ozeane zu bilden.

Aber das größte Wunder sollte noch auf diese präbiotische Welt kommen. Der bis dahin unbelebte Planet sollte mit Leben »infiziert« werden – auf eine Weise, die noch immer unsere Vorstellungskraft und unser Verstehen übersteigt. Einige der organischen chemischen Moleküle, die für die Schaffung der frühesten Lebensformen wesentlich sind, existieren im Weltraum und könnten also auf den Planeten Erde herabgestiegen sein. Wichtiger aber, so glauben wir, ist die Produktion dieser Chemikalien aus den Gasen der präbiotischen Atmosphäre durch die elektrischen Blitzentladungen, durch kosmische Strahlen und ultraviolette Bestrahlung, wie Miller, Calvin, Orgel und andere demonstriert haben. So hätten sich über Hunderte von Jahrmillionen große Mengen organischer Moleküle angehäuft, die für das Leben wesentlich sind: Aminosäuren, Purin- und Pyrimidinbasen, Zucker etc. Eine Konzentration dieser Moleküle könnte durch Verdampfung in flachen Tümpeln vor sich gegangen sein, um etwas zu ergeben, das metaphorisch als »verdünnte Suppe« umschrieben wird. Optimistischerweise könnten wir annehmen, daß wir jetzt das richtige Medium für die Kultivierung der frühesten Lebensformen, der *Eobakterien*, haben, die als Fossilien in den ältesten Gesteinsformationen bestimmt werden können und deren Datierung vor 3500 Millionen Jahren angesetzt werden kann. Das Medium mag stimmen, aber die Schaffung dieses ersten Lebens ist das viel größere Wunder.

Die Schaffung des Lebens

Alles Leben basiert auf zwei Klassen komplexer organischer Moleküle: den Nukleinsäuren und Proteinen. Nukleinsäuren sind die Hauptbestandteile der Doppelhelix, Desoxyribonukleinsäure (DNS), die codierte Instruktionen zum Bau von Desoxyribonukleinsäuren und Proteinen enthält, wobei einige Proteine die Enzyme sind, die für die Anwendung der Codes bei den Konstruktionen notwendig werden. Angenommen, in der sogenannten Ursuppe seien die Rohmaterialien für den Bau von Proteinen und Nukleinsäuren – Aminosäuren, Purin- und Pyrimidinbasen, Zucker und Phosphate – versammelt, so bleibt das Problem, daß Proteine (Enzyme) nicht ohne die Hilfe von Enzymen gebaut werden können. Es ist wie mit der Henne und dem Ei. Die Lösung dieses Problems beschäftigt große Chemiker (Manfred Eigen und seine Mitarbeiter), die mit viel Erfindungsreichtum Modellsysteme hyperzyklischer chemischer Vorgänge bauen, welche die Anfangsrätsel lösen könnten. Aber auch wenn das gelänge, wäre das nur ein erster Schritt, um den Ursprung des einfachsten lebenden Organismus zu erklären, eines Organismus, der fähig ist, seine Einheit vollständig zu erhalten, Energie zu nutzen, zu wachsen und sich zu vermehren, so daß er sich selbst mit der für eine unbegrenzt ausgedehnte Multiplikationsfolge notwendigen Präzision vervielfältigen kann. Wir sind von dieser Stufe des Verstehens weit entfernt; doch das Leben begann wirklich auf diesem Planeten vor 3500 Millionen Jahren, und es überlebte und blühte und wandelte sich trotz der zahllosen Wechselfälle, die in Tausenden von Jahrmillionen seit jener Zeit eintraten. Es ist von großem Interesse, daß bis zum heutigen Tage alle lebenden Formen – Mikroorganismen, Pflanzen und Tiere – die gleichen Hauptbestandteile in ihrem genetischen Material und die gleichen 20 Aminosäuren in ihren Proteinen haben. Das spricht für einen absolut einzigen Ursprung des Lebens, auf den die ungeheure Mannigfaltigkeit zurückgeht, und zugleich für die äußerst große Unwahrscheinlichkeit dieses Ursprungs. Anscheinend war dieses transzendente Geschehen ein einmaliges Ereignis.

Unterdessen müssen wir darauf warten, daß sich die Geschichte des Lebensursprungs entfaltet. Wir können voraussetzen, daß die Erscheinungsweise des Ursprungs eines Tages im wesentlichen festgestellt und nachgebildet wird und daß immer mehr Stadien enthüllt werden. Vor nicht allzu langer Zeit haben Francis Crick und Leslie Orgel wieder die Hypothese aufgestellt, daß der Planet Erde durch primitive lebende Organismen von »irgendwoher besät« worden sei und daß das Leben kein lokales Produkt gewesen sei! Dieser wenig hilfreiche Vorschlag verlagert das Geheimnis des Ursprungs nur. Er hat etwas Obskures und klärt nichts.

Die Entwicklung des Lebens

Wir wollen nun weitergehen auf der Grundlage dessen, was bekannt ist. Fossilien der frühesten bekannten Organismen zeigen, daß diese Bakterien ähneln; sie werden *Eobakterien* genannt. Da die Uratmosphäre fast keinen Sauerstoff enthielt, mußten die Eobakterien ihre Energie aus den organischen Bestandteilen der »Ursuppe« beziehen; sie hatten zudem den Nachteil, daß ihr kostbares genetisches Material, DNS, in losen Haufen unter den verschiedenen Organellen des Zellinneren herumlag, wie das bei allen Bakterien und allen anderen *Prokaryonten*, wie sie genannt werden, sogar bis heute noch der Fall ist. Man glaubt allgemein, daß die Eobakterien durch die Erschöpfung der Nahrungsstoffe, die durch die präbiotische Chemie aufgebaut und in der »Ursuppe« konzentriert worden waren, in Schwierigkeiten gerieten. Glücklicherweise ergaben Mutationen nach einigen hundert Jahrmillionen die Entwicklung lebender Organismen mit alternativen Energiequellen. Die bemerkenswerteste ist der Gebrauch von Pigmenten für den photosynthetischen Stoffwechsel, bei Nutzung des Sonnenlichts, wie das bei den blaugrünen Algen der Fall ist, die das grüne Pigment Chlorophyll verwenden. Bakterien entwickelten auch andere Pigmente für die Photosynthese. Die blaugrünen Algen beherrschten schließlich die flachen Tümpel und bildeten dabei Strukturen von immensen Ausmaßen, deren fossile Reste, *Stromatoliten*, heute so eindrucksvoll sind. Unter dem Einfluß des Sonnenlichtes verwandelt das Chlorophyll dieser Algen Kohlendioxid und Wasser in Sauerstoff und Zucker. Über Milliarden von Jahren wurde so der Sauerstoff der Erdatmosphäre aus der Uratmosphäre geschaffen, die sehr geringfügige Mengen Sauerstoff, aber große Mengen von Kohlendioxid aus den »Gasausbrüchen« der Vulkane enthielt.

In der Fossildokumentation erscheinen als erste mehrzellige Organismen Quallen und Würmer, die vor etwa 700 Millionen Jahren existierten. Alles, was wir über die vorangegangenen 2 bis 3 Milliarden Jahre sagen können, ist, daß der Sauerstoffgehalt der Atmosphäre auf ungefähr die Hälfte des heutigen Standes gebracht wurde und daß eine Verbesserung des genetischen Aufbaus der Organismen (*Eukaryonten* genannt) stattfand. Der kostbare genetische Code der DNS wurde in Zellkerne, jeweils in der Mitte der Zellen, eingelagert, zu seinem Schutz und zum Zwecke seiner Beteiligung am Reproduktionsvorgang; vermutlich reduzierten sich die Kopierfehler auf diese Weise. Wenn wir die Zeitskala der Existenz lebender Organismen betrachten, so scheint die enorme Dauer der einfachsten prokaryontischen Phase jenseits unseres Vorstellungsvermögens zu liegen. Sie erstreckte sich über 1600 Millionen Jahre, bevor das genetische Material in den Eukaryonten umgruppiert wurde. Wir können über dieses außerordentlich langsame Fortschrittstempo betroffen sein, besonders wenn wir uns vergegenwärtigen, daß dies der Fortschritt war, der schließlich zu unserem Erscheinen auf der Bühne des kosmischen Schauspiels führte.

Mit den mehrzelligen Organismen vor etwa 700 Millionen Jahren kam auch die Zelldifferenzierung für verschiedene Funktionen, und damit offenbarten sich die unglaublichen innovativen Kräfte der biologischen Evolution. Nach fast 3 Milliarden Jahren einzelligen Lebens hätte ihr Auftreten nie vorausgesagt werden können. Die Geschichte des Lebens kann nun in Stammbäumen dargestellt werden: für die Tiere auf der einen, für die Pflanzen auf der anderen Seite, wobei sich die Stammbäume verzweigen in Ordnungen, Familien, Gattungen und Arten. Es gibt Hunderttausende und, allein in der Ordnung *Insekten*, Millionen von Arten. Wenn wir uns zeitlich zurückversetzen könnten, um mit Hilfe eines Zeitraffers die Geschichte der mehrzelligen Organismen von der Zeit vor 700 Millionen Jahren bis heute zu beobachten, könnten wir Zeuge des wunderbaren Schöpfungsspiels sein. In unserer Imagination können wir uns sogar jetzt den evolutionären Aufzug vorstellen, in dem die verschiedenartigsten Geschöpfe kräftig gediehen, überlebten und ausstarben. Zum Beispiel zeigt die Fossildokumentation, daß vor 500 Millionen Jahren ein Gliederfüßler, *Tribolit*, lebte, der ausgezeichnete Augen besaß; aber diese Triboliten waren vor etwa 200 Millionen Jahren ausgestorben. Die großen Dinosaurier fingen vor 225 Millionen Jahren an, die Erde zu beherrschen, waren aber vor 65 Millionen Jahren ausgestorben. Danach begannen unsere Säugervorfahren, nach einer langen, über 200 Millionen Jahre dauernden Periode bloßen Überlebens, die Szene auf der Erde zu bestimmen. Vor ungefähr 70 Millionen Jahren brachten die primitiven Säugetiere eine ungeheure Vielfalt neuer Formen hervor, und vor etwa 65 Millionen Jahren begann das *Zeitalter der Säugetiere*.

Unsere fernen Primatenvorfahren, die Halbaffen, tauchten frühestens vor 70 Millionen Jahren auf, aber die Fossildokumentation von Primaten ist sehr unvollständig, so daß die Einzelheiten über den Ursprung der Hominiden noch immer umstritten sind. Gemeinsame Vorfahren von Menschenaffen und Hominiden wurden als *Aegyptopithecus*, *Dryopithecus* und *Ramapithecus* identifiziert; letzterer differenzierte sich zu einem Prähominiden. Aber von ihm sind keine Fossilien dokumentiert, die jünger wären als 8 Millionen Jahre, und die ersten Hominiden *(Australopithecinen)* können nicht früher als 5 Millionen Jahre zurück identifiziert werden. Eine starke Verbesserung in der Fossildokumentation wird dringend gebraucht. Wir sind notwendigerweise voreingenommene Betrachter des Evolutionsschauspiels und werden uns auf die Evolutionslinie konzentrieren, die letzten Endes zu unseren unmittelbaren Vorfahren führte, zum *Homo sapiens*, vor ungefähr 200 000 Jahren.

Die Darwinsche Evolutionstheorie

Die Darwinsche Theorie muß als eine der großartigsten wissenschaftlichen Leistungen bewertet werden; und sie hat eine ungeheure Überzeugungskraft. Es gibt keine Alternativtheorie. Man muß jedoch beachten, daß die Theorie der biologischen Evolution aufgrund immer neuer Erkenntnisse der Fossildokumentation und der Molekularbiologie stark modifiziert werden wird. Es besteht die Gefahr, daß sie schon vorzeitig zu einem Dogma verfestigt wird, wenn ihre Erklärungen noch nicht ausreichen und sie fast noch ungeprüft ist, wie es in Kapitel 5 diskutiert wird.

Die Theorie besteht im wesentlichen aus zwei Komponenten. Da sind erstens die *Mutationen* des genetischen Materials, die Gene, die auf der Desoxyribonukleinsäure (DNS) basieren. Mutationen sind kleine Veränderungen in der Molekularstruktur der DNS. Sie treten rein zufällig auf, zum Beispiel unter dem Einfluß schädlicher Chemikalien oder Strahlen, und sind nicht im geringsten bedingt durch die Notwendigkeit, die Überlebenskraft des Organismus zu verbessern. Zweitens gibt es die *natürliche Auslese*, die die Erhaltung jener Genkombinationen sichert, die für ein Überleben nützlich sind. Tiere mit unvorteilhaften Genkombinationen werden im Konkurrenzkampf mit Tieren, die vorteilhafter ausgestattet sind, eliminiert. In jeder Generation gibt es eine Auslese durch den Überlebenstest für Mutationen, die zufällig entstanden sind.

Später werden wir sehen, daß die Erklärungen dieser Evolutionstheorie in wichtigen Zusammenhängen nicht ausreichen. Für den Augenblick soll darauf hingewiesen werden, daß diese offizielle Theorie der biologischen Evolution jede *Lenkung* der evolutionären Entwicklung durch langfristige Ziele ausschließt, wie sie zum Beispiel von der Theorie des *Finalismus* vorgeschlagen wird, die mit Teilhard de Chardin verbunden ist. Die offizielle Theorie ist, im Gegenteil, ihrem Wesen nach opportunistisch, indem die natürliche Auslese nur mit dem Überleben und der Fortpflanzung einer bestimmten Gattung zu tun hat – und dann erneut (auf opportunistische Weise) mit der nächsten und so fort. Es besteht das Dogma, daß aufgrund eines anfänglichen, rein zufälligen Prozesses (die Genmutationen), mittels natürlicher Auslese, all die wunderbaren strukturellen und funktionellen Eigenschaften lebendiger Organismen mit ihrer erstaunlichen

Anpassungsfähigkeit und Erfindungsgabe bewirkt werden können. Die Crux bei der Sache ist nur, daß es *unser* Ursprung ist, der uns mit diesem Dogma auferlegt wird. Sollen wir es akzeptabel finden, wenn unsere Existenz als ich-bewußte Wesen mit dem starren Dogma von Zufall und Notwendigkeit, wie es Jacques Monod formuliert hat, verbunden werden soll?

Später soll diese Frage der Ursprünge gründlich untersucht werden. Wir werden sowohl den Ursprung des Bewußtseins als auch des selbstbewußten Geistes in diesem Kapitel behandeln, und Kapitel 8 wird eine Betrachtung der Hominiden-Evolution enthalten.

Bewußtsein: Bewußtsein bei Tieren

Einführung

In den letzten Jahren sind Biologen und Psychologen aus der langen, dunklen Nacht des Behaviorismus aufgetaucht, in der es als wissenschaftlich unzulässig galt, Fragen in bezug auf das Bewußtsein von Tieren zu stellen. Diese Dunkelheit wurde glücklicherweise durch die Schriften von Wissenschaftlern wie Thorpe, Lorenz und Griffin vertrieben.

Wir können vom Bewußtsein eines Tieres sprechen, wenn es offensichtlich von Gefühlen und Stimmungen bewegt wird, wenn es fähig ist, seine gegenwärtige Situation im Lichte vergangener Erfahrung einzuschätzen, und so zu einer Handlungsweise gelangen kann, die mehr ist als eine stereotype instinktive Reaktion. Auf diese Weise ist es in der Lage, ein originelles Verhaltensmuster zu zeigen, das gelernt werden kann und das auch eine Fülle emotionaler Reaktionen einschließt. Ein gutes Beispiel ist in diesem Zusammenhang der Affe, der sich in einem geschlossenen Raum befindet, in dem in einer Ecke eine bewegliche Kiste steht und in einer anderen ein Bündel Bananen hängt – allerdings zu hoch für den Affen. Nach langem Nachsinnen schiebt der Affe die Kiste unter die Bananen und hat Erfolg. Eine ganz andere Demonstration bewußter Erfahrung ist das spontane Spiel von Säugetieren, besonders von jungen Säugern.

Die Evolution des Bewußtseins

Die Evolutionsgeschichte scheint ziemlich klar zu sein, bis wir Fragen stellen: Wie entstand im evolutionären Prozeß Bewußtsein oder Tier-Bewußtsein in einer bis dahin bewußtlosen Welt? Wie früh in der evolutionären Entwicklung der Tiere hatten diese psychische Erlebnisse, einen Schimmer psychischer Erlebnisse, der erstmals in einer bis dahin alles durchdringenden Dunkelheit aufschien? Diese psychischen Ereignisse müssen mit den fortschreitenden neuralen Ereignissen des Gehirns in Verbindung gebracht werden. Aber wie verbessern sie die Leistung des Gehirns und werden auf diese Weise wertvoll für ein evolutionäres Überleben? Und welchen ontologischen Status können wir schließlich psychischen Ereignissen zuschreiben, die in einer Welt erschienen sind, die bis dahin monistisch als eine materielle Welt betrachtet werden konnte – als Welt der Materie und Energie?

Wir sind deutlich in großen Schwierigkeiten. Wenn in der Geschichte des Denkens solche Schwierigkeiten auftreten, ist es üblich, irgendeinen Glauben anzunehmen, der die ganze Sache »rettet«. Man kann es sich zum Beispiel leicht machen, wenn man, wie der radikale Materialismus, die Realität psychischer Ereignisse leugnet. Es muß peinlich sein, diesen Glauben öffentlich zu bekennen, wenn damit die Negation sogar des eigenen bewußten Glaubens und der eigenen bewußten Erfahrungen anerkannt wird! Dem radikalen Materialismus sollte in der Geschichte der menschlichen Dummheit ein herausragender Platz eingeräumt werden. Die Alternative wäre, sich dem Panpsychismus zu verbinden (Teilhard de Chardin, Rensch, Birch). Alle Panpsychisten weichen den Problemen aus, indem sie behaupten, daß es in der gesamten Materie, selbst in Elementarteilchen, ein Proto-Bewußtsein gebe! Nach Ansicht der Panpsychisten besteht die evolutionäre Entwicklung des Gehirns nur darin, daß das, was bereits als Eigenschaft der gesamten Materie existierte, erweitert und verfeinert wurde. Es tritt in der komplexen Organisation der Gehirne höherer Tiere nur wirksamer in Erscheinung. So wird das Problem der Emergenz des Bewußtseins leicht gelöst, wenn man dieses mit einer erhöhten Gehirnleistung verbindet. Wir betrachten dies nicht als eine akzeptable Lösung. Man entzieht sich dem Problem zu leicht, indem man eine radikale Transformation der Physik vorschlägt, wie es weiter unten diskutiert werden soll.

Wenn wir als Neuropsychologen das Verhalten einfacher Organismen, selbst von Honigbienen, studieren, dann können wir sogar ein höchst komplexes Verhalten durch das Konzept des ererbten Instinktes mit darüber gelagertem Lernen erklären. Die instinktive Handlung eines Tieres beruht, mittels der codierten genetischen Instruktionen, auf dem ontogenetischen Bau seines Nervensystems und verwandter Strukturen. Und Lernen kann die erhöhte Effektivität der Synapsen nach Gebrauch sein (Kapitel 9). So können wir ganz innerhalb der materialistischen Ordnung bleiben. Das bei weitem ausgeklügeltste Verhalten bei Tieren unterhalb der Vögel und Säuger ist das der Honigbiene; wir akzeptieren aber Griffins mentalistische Annahmen nicht, die sich auf Tanzmuster der Honigbiene stützen, die eine differenzierte Symbolik mit Mustern in Raum und Zeit entfalten. Es gibt keinen Grund, anzunehmen, daß die Bienen *wissen*, was sie tun.

Selbst auf der Stufe der Amphibien ist es möglich, das sehr wirkungsvolle Fliegenfangen des Frosches einfach als visuelles Erkennen (»Insektendetektor«) und als Reaktion darauf zu erklären. Konrad Lorenz beschreibt aus seiner großen Erfahrung mit Vögeln Verhaltensmuster, die auf psychische Zustände schließen lassen. William H. Thorpes Experimente mit dem Erkennen von Zahlen bei Vögeln führen ihn zu folgendem Schluß:

»Wir haben überzeugende Beweise dafür, daß Tiere in der Lage sind, die mentale Abstraktion von der Qualität einer Zahl zu vollziehen, eine Leistung, die von menschlichen Kindern nur durch bewußte Gehirntätigkeit erbracht werden kann.«[1]

Es scheint, daß unser Problem der psychischen Phylogenese auf Vögel und Säuger eingegrenzt werden kann. Die einfachste Strategie wäre, Bewußtsein am Verhalten der höchsten nichtmenschlichen Tiere, der anthropoiden Affen, zu studieren, bevor wir die marginalen Fälle der unteren Säugerfamilien und die Vögel betrachten.

Studien an freilebenden Schimpansen lassen ziemlich limitierte Leistungen erkennen: einen sehr eingeschränkten Gebrauch von »Werkzeugen«, ohne daß diese aufbewahrt würden; die Unfähigkeit, Stöcke und Steine in einem Kampf wirksam einzusetzen; eine Interessenbeschränkung auf Pragmatisches, auf Nahrung, soziale Dominanz,

---

1 Thorpe, W.H. *Animal nature and human nature* [Lit. 233]. – Die Verweise in eckigen Klammern beziehen sich jeweils auf die Seite »Empfohlene Literatur« mit den vollständigen bibliographischen Angaben, vgl. S. 233 ff.

sexuelle Aktivität; Aggressivität, verbunden mit einem – im Höchstfall – begrenzten Altruismus beim Teilen der Nahrung. Dennoch: wenn sie von der Säuglingszeit an entsprechend trainiert werden, ist es möglich, ihnen eine beachtliche Zeichensprache beizubringen (Gardners »Washoe« verfügte zum Beispiel über 130 Zeichen), die geschickt eingesetzt wird, um reale Wünsche zu äußern – nach Nahrung, Körperkontakt, Spiel –, um Emotionen, Stimmungen und Gefühlsnuancen auszudrücken, alles auf der Stufe eines eineinhalb- bis zweijährigen Kindes (siehe Kapitel 8). Es kann kaum daran gezweifelt werden, daß sie Erfahrungen von derselben allgemeinen Art machen, die wir als »bewußt« bezeichnen. Aber sie sind nicht in der Lage, sich sprachlich zu entwickeln wie ein menschliches Kind, das die Zeichensprache benutzt; weil sie die Sprache fast ausschließlich pragmatisch verwenden. Sie versuchen kaum oder gar nicht, Fragen nach ihrer Umwelt zu stellen, um sie zu verstehen (mathetischer Gebrauch der Sprache), wie es ein zwei- bis dreijähriges Kind mit seinem Schwall von Fragen tut. Was verblüfft, ist der rudimentäre Charakter der mentalen Leistungen eines anthropoiden Affen, wenn man sie im Verhältnis zu seinem ziemlich großen Gehirn betrachtet, das dem menschlichen deutlich ähnelt. Es kann keinen Zweifel über die psychischen Erfahrungen domestizierter Tiere, wie Hund, Katze, Pferd, geben. Das Spiel junger Tiere ist ein überzeugendes Kriterium für Bewußtsein, ebenso Neugier und die Demonstration von Emotionen, besonders die Bezeugung ergebener Zuneigung. Aber wir müssen auf der Hut sein, daß wir diese angenommenen psychischen Zustände der Tiere nicht gleichsetzen mit den von Menschen erfahrenen. Wie in Kapitel 8 beschrieben wird, können wir mit Tieren nicht auf dem gleichen subtilen Niveau symbolisch kommunizieren, wie das zwischen menschlichen Personen möglich ist.

Wir können nun fragen: Welche Vorteile brachte diese Emergenz psychischer Erfahrungen, die mit cerebraler Aktivität verbunden sind? William James schlug zum Beispiel vor, das Bewußtsein als eine Eigenschaft anzusehen, die ein Gehirn erworben habe, das zu komplex geworden sei, um sich selbst zu kontrollieren. Es hat Hinweise gegeben, daß das Bewußtsein insofern wertvoll sei, als es dem Tier eine Art globaler Erfahrung vermittle. Wir möchten diesen Gedanken im Hinblick auf visuelle Erfahrung weiterentwickeln.

In den letzten zwei Jahrzehnten befaßte sich die Forschung in großem Umfang mit der Verarbeitung visueller Information in den Gehirnen von Katzen und Affen. In diesem sequentiellen Verarbeitungsprozeß kommt es zu einer fortschreitenden Abstraktion von den Merkmalen des ursprünglichen Bildes, das als Abbild auf der Retina existierte. In keinem Stadium des nervösen Verarbeitungsprozesses können Neuronen entdeckt werden, die zu einer schließlichen neuralen Rekonstruktion des Bildes beitragen würden, jedes ein bestimmtes Bild in sich tragend – die fiktiven »Großmutterzellen«, die einem signalisieren, daß die Großmutter gesehen wird! Doch wir nehmen das Bild wahr. Die ungeheure Mannigfaltigkeit gerichteter Neuronenaktivität trägt die codierte Information, die für die Rekonstruktion des Bildes benutzt werden könnte, aber eine so globale Operation kann vom Mechanismus der Großhirnrinde anscheinend nicht übernommen werden. Sie wird jedoch in der bewußten visuellen Erfahrung vollzogen, die wir auf magische Weise machen, sobald wir unsere Augen öffnen, und die sich von einem Augenblick zum anderen offenbar gleichzeitig mit den visuellen Inputs ändert. Die komplexen Verarbeitungsprozesse des neuralen Mechanismus der Sehrinde übertragen die codierte Information, die in den räumlich-zeitlichen Mustern neuronaler Aktivität in der Großhirnrinde erscheint. Man kann voraussetzen, daß die Emergenz bewußter psychischer Erfahrungen in der Evolution der Evolution des visuellen Verarbeitungsmechanismus und seines Gebrauchs bei der Lenkung des Tierverhaltens entsprach.

Einfachere visuelle Inputs, die ein einfacheres Tierverhalten lenken, brauchen vielleicht nicht in ein globales visuelles Bild integriert zu werden. Zum Beispiel kann vielleicht das visuelle System des Frosches, wie oben erwähnt, ohne eine integrierende Operation funktionieren. Aber bei den stark verbesserten visuellen Systemen der höheren Tiere, der Vögel und Säuger, wäre ein integriertes Bild von großem Vorteil bei der natürlichen Auslese. Diese Integration könnte darüber hinaus andere sensorische Inputs einschließen – Ton, Geruch, Berührung – und auf diese Weise eine vereinheitlichte psychische Erfahrung vermitteln, wie wir sie machen.

So wird die Hypothese aufgestellt, daß das Auftauchen psychischer Erfahrungen so verstanden werden kann, daß es für die Integration sehr vielfältiger Inputs in die Gehirne hochentwickelter Tiere sorgt. Tiere mit einfacheren Nervensystemen, begrenzteren sensorischen

Inputs und Verhaltens-Outputs benötigen eine solche Integration nicht über das hinaus, was ihr zentrales Nervensystem leisten kann. Es sei festgestellt, daß diese Hypothese keine Erklärung hergibt für das geheimnisvolle evolutionäre Auftauchen psychischer Erfahrungen in einer Welt, die bis zu diesem Zeitpunkt nur rein physikalische Eigenschaften trug. Sie weist lediglich darauf hin, inwiefern diese Emergenz von evolutionärem Vorteil sein könnte.

Das Rätsel des evolutionären Ursprungs des Bewußtseins

Man wird feststellen, daß die moderne Darwinistische Evolutionstheorie unzureichend ist, da sie nicht einmal das außerordentliche Problem erkennt, das sich mit lebenden Organismen stellt, die psychische Erfahrungen nicht-materieller Art erlangen, und zwar in einer Welt, die anders ist als die Welt von Materie-Energie, welche vormals allumfassend war. Die Cartesianische Ansicht, daß menschliche Wesen bewußte Erfahrungen hätten, die der göttlichen Erschaffung der Seelen zuzuschreiben seien, und daß höhere Tiere nur maschinenartige Automaten ohne psychische Erfahrung seien, ist nicht länger vertretbar. Gleichermaßen unannehmbar ist, wie oben erwähnt, die panpsychische Umgehung des Problems.

Es gibt außerdem noch das Problem, wie mentale Erfahrungen aus den neuralen Mechanismen des Gehirns entstehen und wie ihr Feedback funktioniert, um angemessene Reaktionen des Tieres hervorzurufen. Diese Probleme werden in Kapitel 3 im Zusammenhang mit dem menschlichen Selbstbewußtsein diskutiert.

Es ist beunruhigend, daß die Evolutionisten großenteils das ungeheure Rätsel, vor das die Emergenz der Mentalität in der Evolution der Tiere ihre materialistische Theorie stellt, außer acht ließen. Zum Beispiel wird die Evolution der Mentalität weder in E. Mayrs klassischem Buch *Animal Species and Evolution* noch in J. Monods *Chance and Necessity* [dt.: Zufall und Notwendigkeit, 1971] noch in E. O. Wilsons *Sociobiology: The New Synthesis* erwähnt. Eine Erklärung dafür ist vermutlich, wie D. Griffin in seinem Buch *The Question of Animal Awareness* gut belegt, daß die allgemeine Einstellung der Biologen von den Dogmen der Behavioristen beherrscht wird. Aber ein »tierisches Bewußtsein« muß jetzt wenigstens für die höheren Tiere akzeptiert werden, und das ist eine Herausforderung für die Evolutionisten. Wir sind an dem Punkt angelangt, wo sich das Problem nicht mehr vertreiben läßt, indem man es ignoriert. Darwin fragte naiv: »Warum ist Denken, das ein Sekret des Gehirns ist, wunderbarer als die Schwerkraft, die eine Eigenschaft der Materie ist?« Damit gab er für alle nachfolgenden Verfechter der Evolutionstheorie das Zeichen, das Problem der Emergenz von Bewußtsein in der Evolution der Lebewesen – den Menschen eingeschlossen – zu ignorieren. Es wurde einfach als ein Derivat der cerebralen Entwicklung betrachtet. Im Gegensatz hierzu sagt Popper: »Die Emergenz des Bewußtseins im Tierreich ist vielleicht ein ebenso großes Geheimnis wie der Ursprung des Lebens selbst. Man muß aber, trotz der Unergründlichkeit der Sache, annehmen, daß es ein Produkt der Evolution, der natürlichen Auslese ist.«[2]

Wir glauben, daß das Auftauchen des Bewußtseins ein Skelett im Wandschrank des orthodoxen Evolutionismus ist. Gleichzeitig sei festgestellt, daß das globale Konzept, das oben formuliert wurde, zwar die Entwicklung tierischen Bewußtseins durch natürliche Auslese in Betracht zieht, aber für diese Emergenz keine Erklärung gibt. Sie wird für den orthodoxen Anhänger der Evolutionstheorie so lange ein Rätsel bleiben, wie sie als ausschließlich natürlicher Prozeß in einer ausschließlich materialistischen Welt angesehen wird. Im Epilog zu seinen ersten Gifford-Vorlesungen »The Human Mystery« [dt.: Das Rätsel Mensch, 1982] macht Eccles eine Aussage, die für die Emergenz bedeutsam ist:

»Wie ich ... im Zusammenhang mit der Natürlichen Theologie sagte, glaube ich, daß außer den materialistischen Geschehnissen der biologischen Evolution und über sie hinaus eine Göttliche Vorsehung wirksam ist. ... Wir dürfen nicht dogmatisch behaupten, die biologische Evolution in ihrer gegenwärtigen Form sei die letzte Wahrheit. Vielmehr sollten wir glauben, daß es der wesentliche Teil der Geschichte ist und daß die Kette der Zufallsbedingtheiten ... auf irgendeine geheimnisvolle Weise gelenkt wird.«[3]

Besonders in Amerika ist man für die sogenannte »Wiederbelebung des Schöpfungsgedankens« (Creationist Revival) eingetreten, sogar

---

2 Popper, K. R./Eccles, J. C. *Das Ich und sein Gehirn* [Lit. 233].
3 Eccles, J. C. *Das Rätsel Mensch* [Lit. 233], S. 230.

mit einem Institut für Schöpfungsforschung. Die Strategie ist, Unzulänglichkeiten in der Theorie der biologischen Evolution herauszustellen und dann die Schöpfungslehre anzuführen, die auf einer wörtlichen Auslegung der Genesis beruht. Sie haben Gould und Eldridge als Kritiker des Darwinistischen Denkens zitiert. Sie werden zweifellos unsere kritischen Bemerkungen zu dem gleichen Zweck benutzen. Die Verteidigung gegenüber dieser anachronistischen Bewegung besteht darin, die Theorie der biologischen Evolution als wissenschaftliche Hypothese mit immensen Erklärungsmöglichkeiten darzustellen, zu der es, was ihre Grundzüge angeht, absolut keine Alternative gibt, gleichzeitig aber ihre Unzulänglichkeiten zuzugeben und fundierte Kritik mit den sich daraus ergebenden Änderungsvorschlägen willkommen zu heißen. Das sollte in der Atmosphäre eines flexiblen Dialogs auf eine genuin wissenschaftliche Weise stattfinden und nicht in Form unnachgiebiger Verteidigung eines Dogmas.

Im Moment ist die Situation der Evolutionstheorie viel offener, als sie es in den dreißiger und vierziger Jahren, der Zeit der »Modernen Synthese«, war. Es sollte auch erwähnt werden, daß Alfred Wallace, Darwins Co-Entdecker der Prinzipien der natürlichen Auslese, wiederholt darauf bestanden hat, daß eine rein materialistische Erklärung der biologischen Evolution die geistige Natur des Menschen nicht erfassen könne, »und für diesen Ursprung können wir nur eine Ursache im unsichtbaren Universum des Geistes finden«.

Der Beginn des menschlichen Lebens

Das fötale Leben

Der Ursprung eines jeden von uns ist das befruchtete Ei oder die Zygote, die sich in wenigen Stunden unablässig zu teilen beginnt und durch eine Reihe aufeinanderfolgender Teilungen zu 2, 4, 8, 16 ... Zellen wird. In seltenen Fällen teilen sich die Zellen des ersten Teilungsstadiums, um zu einem gepaarten Organismus zu werden: zu identischen (eineiigen) Zwillingen. Da sie dieselbe genetische Konstitution haben, sind sich die beiden Organismen erstaunlich ähnlich, denn sie werden als sich entwickelnde menschliche Wesen von den gleichen genetischen Instruktionen gelenkt. Äußerst selten gibt es vielleicht sogar eine Trennung in einem noch späteren Teilungsstadium. In Mailand, Italien, gibt es eineiige Drillinge, drei attraktive und lebhafte junge Frauen, die alle drei Medizin studieren. Sie betrachten ihre Ähnlichkeit als eine erfreuliche Eigenschaft, während jede ihre Individualität in den immer reicheren Erfahrungen erkennt, die sie gemeinsam machen.

Bestimmte vegetative oder ernährungsmäßige Umstände des werdenden menschlichen Wesens sind für seine Entwicklung aus der Zygote zum Fötus und dann zum Säugling nicht absolut entscheidend. In einigen Stadien ist es jedoch empfindlich gegen mütterliche Infektionen, wie Röteln oder Syphilis, und Vergiftungen durch Drogen, wobei Thalidomid (Contergan) ein besonders tragisches Beispiel ist.

Unter normalen Umständen wandert die Zygote ein paar Tage lang, bevor sie sich in der Wand des Uterus, im Endometrium, einnistet, das auf seinen Empfang besonders vorbereitet ist durch eine Phase des Menstruationszyklus. Wenn die Befruchtung des Eis durch Spermien künstlich, »im Reagenzglas«, durchgeführt wird, muß die entsprechende *Morula* während der rezeptiven Phase in den Uterus der Mutter verpflanzt werden; sonst kann sie sich nicht implantieren. Danach setzt sich ihr intrauterines Leben bis zur Geburt normal fort. Viele normale Babys sind bis jetzt mit Hilfe dieses indizierten Verfahrens erzeugt worden. Es ist sogar vorstellbar, daß Techniken entdeckt werden, mit deren Hilfe man eine menschliche Morula, unter Bereitstellung der *richtigen* materiellen Umgebung, über die Fötalstadien bis zum Säuglingsstadium züchten könnte, im Sinne von Aldous Huxleys *Brave New World*. Allerdings müßten extreme Vorsichtsmaßnahmen getroffen werden, damit das Baby nicht durch die Unzulänglichkeiten der künstlichen Umgebung Schaden nähme. Man hofft, daß dies ein selten, wenn überhaupt je, gerechtfertigtes Unternehmen bleiben wird. Die Implantation der Morula in den Uterus einer Leihmutter wird für immer die bevorzugte Alternative bleiben; sie ist zur Zeit schon ein relativ häufig indiziertes Verfahren.

Im normalen Verlauf der Schwangerschaft bildet sich die Form des Fötus schon früh aus, mit einem schlagenden Herzen im Alter von drei bis vier Wochen. Der Fötus ist mit ungefähr vierzehn Wochen als menschliches Wesen erkennbar, obwohl es dann noch sehr winzig ist. Bald macht es sich durch Bewegungen bemerkbar. In einer systematischen Untersuchung fötaler Bewegungen wurde bei zweitausend Schwangerschaften die Ultraschalltechnik eingesetzt. Die ersten Bewegungen macht der winzige Fötus im Alter von sechs bis acht Wochen, lange bevor die Mutter sie fühlt. Mit zwanzig Wochen lernt der Fötus die im Leib seiner Mutter erzeugten Geräusche kennen – vor allem den Herzschlag und die Geräusche des Magen-Darm- und des Respirationstraktes. Was noch überraschender ist: er lernt die Stimme seiner Mutter kennen! Ein Mikrophon, das man in die Vagina plaziert, nimmt die mütterlichen Töne annähernd so auf, wie sie vom Fötus gehört werden. Es ist aufschlußreich, die mütterliche Stimme in der Außenatmosphäre mit der in der Vagina aufgenommenen zu vergleichen, wie das von Dr. Marie-Claire Busnel gemacht worden ist. Vokale sind weniger verzerrt als Konsonanten, und Gesang wird deutlich gehört. Daß der Fötus diese Töne erkennt, ist durch seine Bewegungen und den veränderten Herzschlag als Reaktion auf plötzliche Änderungen in der mütterlichen Stimme belegt. Der Fötus reagiert aber auch auf mechanische Stimuli. Schmerz ist eine sehr ursprüngliche Empfindung und müßte vom Fötus als Reaktion auf einen schädigenden Stimulus gespürt werden, aber glücklicherweise scheint es dazu keine systematischen Untersuchungen zu geben. Man kann nur vermuten, daß die Einleitung eines Abortes dem Fötus vor seinem Tod schwere Schmerzen zufügt.

Vom Fötus zum Säugling

Es ist wichtig, zu wissen, daß zwischen den Stadien des Fötus und des Säuglings in der Entwicklung und Funktion des Gehirns ein *Kontinuum* besteht. Die Geburt als solche ist nur eine unbedeutende Episode innerhalb dieses Kontinuums – ein Wechsel in der Atmung und im Ernährungsmechanismus. In der einen oder anderen Weise wird der lebenswichtige Sauerstoff, mit den entsprechenden Nährstoffen, durch das Blut an das Gehirn geliefert, das vollständig ist und schnell wächst. Das Neugeborene muß sich auch an den Wechsel von der Schwerelosigkeit zur Schwerkraft gewöhnen, sowie an die Erfahrungen des Sehens und die neue Bürde der Temperaturregulierung. Den faden, eintönigen Geschmack und Geruch des Fruchtwassers hat nun im extrauterinen Leben eine abwechslungsreiche Vielfalt abgelöst. Aber das Hören wird dem Neugeborenen die reichsten Erfahrungen vermitteln. Die Stimme der Mutter ist nun deutlicher, aber dem, was während des intrauterinen Lebens gehört wurde, immer noch ähnlich genug, um dem Säugling die Sicherheit der Kontinuität zu geben. Eine zusätzliche und sich wandelnde Erfahrung ist die der eigenen Stimme, die wegen der zusammengefalteten Lungen und der alles ausfüllenden Flüssigkeit bisher lautlos geblieben war. In Sekundenschnelle hat sich alles nach der Geburt durch den ersten Schrei des Säuglings geändert.

Genaue Untersuchungen haben gezeigt, wie wichtig es für das Wohlbefinden des Babys und für sein zukünftiges geistiges und emotionales Leben ist, daß es sofort nach dem Trauma der Geburt liebevolle Zuwendung erfährt. Vier prinzipielle Erfahrungen geben dem Säugling Sicherheit unter den exponierten Bedingungen seines veränderten Lebens. Da ist erstens das Saugen an der Brust seiner Mutter mit all seinen freudespendenden Bewegungen und Kontakten zu nennen. Zweitens die Stimme der Mutter mit dem das Baby entzückenden Tonfall der »Babysprache«, die Stimme, die es aus seiner intrauterinen Erfahrung wiedererkennt. Tests haben ergeben, daß ein Baby die Stimme seiner Mutter einige Tage nach seiner Geburt erkennt, vielleicht sogar schon früher. Zweifellos vollzog sich dieses Lernen der Stimme *in utero*. Drittens gibt es die erfreulichen Hautkontakte des Streichelns und anderer Zärtlichkeiten und die Bewegungen, die darauf erfolgen. Viertens ist da die visuelle Welt, die zu Anfang auf das Gesicht der Mutter zentriert ist. Sehr früh schon erkennt der Säugling seine Mutter und die Emotionen, die ihr Gesicht ausdrückt. Letzteres ist durch die photographischen Studien von Colwyn Trevarthen gut belegt.

Wir wollen nun zurückblicken, um zu sehen wie es kommt, daß ungefähr um die 40. Schwangerschaftswoche die Geburt eintritt. Es ist zur Selbstverständlichkeit geworden, anzunehmen, daß solche Faktoren wie die schnelle Ausdehnung des Uterus in den letzten Wochen der Schwangerschaft und der Nahrungsbedarf des rasch wachsenden Fötus die mütterliche Reaktion der endokrinen Sekretion, der uterinen und schließlich abdominalen Kontraktionen hervorrufen. Aber vieles blieb unklar, und so war Graham Liggins die

Entdeckung vorbehalten, daß nicht die Mutter, sondern der Fötus den Geburtsvorgang einleitet, um sich selbst zu befreien. An seiner Gehirnbasis befindet sich eine große Anzahl von Nervenzellen, der Hypothalamus, der die Sekretion des ACTH genannten Hormons durch die unmittelbar darunter befindliche Hypophyse kontrolliert. Damit beginnt eine komplexe Serie hormoneller Interaktionen, die *Prostaglandine* eingeschlossen, die durch die Placenta hindurch in den mütterlichen Kreislauf eindringen. Das löst die Vorgänge im mütterlichen Organismus aus, die schließlich in der Geburt gipfeln. Tritt bei einem Fötus Anenzephalie auf, fehlt ihm also das Vorderhirn, verschiebt sich die Geburt, wie erwartet, auf unbestimmte Zeit.

Diese bemerkenswerte Entdeckung ist nun allgemein anerkannt und bildet die Basis für die Behandlung von Unregelmäßigkeiten des Geburtsvorganges, wie zum Beispiel verzögerte Geburten oder drohende Frühgeburten. Nach unserem gegenwärtigen Wissensstand ist jedoch der Fötus der Initiator der Geburt. Wie zu erwarten ist, tendieren Mehrlingsgeburten aufgrund des Zusammenwirkens der fötalen Hormone, die an die Mutter geliefert werden, zu einem früheren Termin.

Das Leben des Säuglings

Betrachten wir zuerst das Leben eines normalen Babys. Es ist nicht daran zu zweifeln, daß es ein bewußt wahrnehmendes Wesen ist. Es zeigt eine Vielzahl verschiedener emotionaler Zustände: Glück, Erregung, Furcht, Ärger, Frustration, Freude, Schmerz – die alle an Lebhaftigkeit des Ausdrucks noch zunehmen. Aber nach der Konzeption des *Kontinuums* müssen wir erkennen, daß der Säugling schon lange vor der Geburt ein bewußtes Wesen war, obwohl er in seinen Erfahrungen und Verhaltensweisen eingeschänkt war. Natürlich haben wir keine direkte Kenntnis vom Bewußtsein eines Babys, nicht mehr als vom Bewußtsein höherer Tiere, der Säuger und Vögel. Aber der entscheidende Beweis wird erbracht, wenn wir uns unsere frühesten erinnerten Erfahrungen, die wegen ihrer Schwere oder ihrer intensiven emotionalen Assoziationen unauslöschlich sind, ins Gedächtnis zurückrufen. Einer von uns Autoren kann sich immer noch lebhaft an das schreckliche Trauma erinnern, wie er in den Melbourner Gaswerken über die Dämpfe einer Gasretorte gehalten wurde, weil die Schwefeldämpfe den zähen Schleim eines fast lebensbedrohenden Keuchhustens lösen sollten. Das geschah in einem Alter von etwas unter einem Jahr. Solche erinnerten Episoden aus der Säuglingsphase sind sichere Indikatoren für ein kontinuierliches Bewußtsein, das größtenteils jenseits der Erinnerung liegt.

Besonderes Interesse gilt dem zu früh geborenen Fötus. Mit Hilfe moderner Therapie sind Überleben und Entwicklung für einen 24 Wochen alten Fötus möglich. Es gibt natürlich Mängel, denn eine kokonartige Existenz ist kein vollkommener Ersatz für die intrauterine Sicherheit. Die Temperaturregulierung und die Fähigkeit zur Nahrungsaufnahme sind beide im höchsten Maße unterentwickelt. Aber menschliche Wesen sind äußerst anpassungsfähig, und wir brauchen in bezug auf ein Leben, das als Frühgeburt begann, nicht allzu pessimistisch zu sein. Es sollte jede Anstrengung unternommen werden, um die Leistung der lebenserhaltenden Einrichtungen zu verbessern, die diese Säuglinge brauchen.

Eine der wichtigsten Lernaufgaben eines Babys ist das Erkennen der räumlichen Relationen in der sichtbaren Welt. Anfangs erreicht es das durch den Gebrauch seiner Hände. Die Betrachtung und gleichzeitige Bewegung der Hände beanspruchen einen Großteil seiner Aufmerksamkeit in den ersten Lebenswochen. Auf diese Weise lernt es etwas über die räumlichen Verhältnisse der visuell beobachteten Hand, die es bewegt, und über das Verhältnis der Hand zu Gegenständen in seiner Reichweite. Zuerst sind die Bewegungen ungeschickt, aber im Alter von ungefähr fünf Monaten kann der Säugling seine Hände sehr effektiv bewegen, um nach Gegenständen zu greifen. In der Zwischenzeit lernt er krabbeln, so daß er die Einrichtung des Zimmers erforschen und ihre erforschten räumlichen Verhältnisse visuell identifizieren kann. Auf diese Weise hat jeder von uns gelernt, die sensorischen Inputs der Retina-Bilder zu interpretieren, die uns in jedem Augenblick die Welt erstehen lassen, in der wir uns mit Sicherheit bewegen können. In einer Weise, die wir nicht verstehen, lernt der Säugling sein Gehirn zu gebrauchen, um die Bewegungen zustande zu bringen, die er machen möchte. Unser Leben lang entwickeln wir diese bewußte Kontrolle unseres Gehirns weiter, indem wir willkürliche Bewegungen zustande bringen (Kapitel 11); aber im Kern ist das ein äußerst geheimnisvoller Vorgang.

Lange bevor ein kleines Kind erkennbare Worte äußert, trainiert es seine Sprechwerkzeuge mit der Artikulation erkennbarer *Phoneme*, die schließlich in den ersten Worten wie »Papa« und »Mama« ihren Ausdruck finden. Hanus Papousek, München, hat die Babysprache in allen ihren Entwicklungsstadien mit Hilfe systematischer Bandaufnahmen untersucht. Es ist bemerkenswert, daß ein Baby fast ununterbrochen übt, selbst wenn es allein ist. Es lernt so die komplexen Muskelbewegungen, die für die Erzeugung von Lauten notwendig sind. Diese Bewegungen von Larynx, Pharynx, Zunge und Atmung sind Kombinationen von *motorischen Programmen* (vgl. Kapitel 11), die bei der Produktion der Sprache äußerst komplex sind. Wie in Kapitel 8 beschrieben wird, kann ein Schimpanse eine Vielzahl von Geräuschen machen, verfügt aber anscheinend nicht über ein Gehirn, das fähig wäre, die für das Sprechen notwendigen motorischen Programme zu lernen. Im Gegensatz dazu hat ein Baby den unwiderstehlichen Drang, die Produktion von Lauten zu beherrschen, die denen, die es hört, vergleichbar sind. Ein taubes Baby erfährt eine große Beeinträchtigung, da es keine Möglichkeit hat, diese motorischen Programme zu erlernen, und so kehrt es zu der unvollständigen, aber höchst erfinderischen Zeichensprache zurück, um zu kommunizieren. Es sollte keine Mühe gescheut werden, diese Kinder mit Hörhilfen auszustatten, die speziell zur Kompensation des Gehörverlustes entworfen wurden, damit sie statt der Zeichensprache die normale Sprache lernen können.

Vom Säugling zum Kind

Wir kommen nun zu etwas Außergewöhnlichem in der Entwicklung. Nachdem das kleine Kind die Sprache anfänglich dazu benutzt hat, Gewünschtes wie Essen, Trinken, Zärtlichkeit, Bewegung zu erlangen – nach den sogenannten »pragmatischen Sprachäußerungen« –, fängt es an, die Sprache auf eine andere Weise zu gebrauchen. Es beginnt, Fragen zu stellen, in dem Bestreben, mehr über seine Umwelt und über sich selbst als Teilnehmer dieser Umwelt zu erfahren. Das wird mathetisches Sprechen genannt und ist etwas spezifisch Menschliches. Das Baby wächst zum Kleinkind heran, während es lernt, an den Geschehnissen der Welt teilzunehmen. Sein begrenztes bewußtes Leben weicht dem selbstbewußten Leben eines menschlichen Kindes. Es lernt zum Beispiel, sich im Alter von ungefähr achtzehn Monaten selbst im Spiegel zu erkennen.

Wir können den Ausdruck *menschliches Wesen* verwenden, um das ganze Kontinuum der menschlichen Existenz von der einzelligen Zygote über das Fötalleben bis zum Leben als Säugling zu beschreiben. Mit dem wachsenden Selbstbewußtsein des Kindes, wie es sich im Verhältnis zu anderen, ihm ähnlichen Wesen, ausdrückt, zu Eltern, Brüdern, Schwestern, Freunden, wird es zur menschlichen Person mit einem sich allmählich entwickelnden Wertesystem. Es vollzieht sich eine echte Grenzüberschreitung vom egozentrischen Säugling zu dem sozial eingestellten Wesen, das ein Kind darstellt mit seinen Begriffen von Recht und Pflicht, an der Schwelle zu all den reichen und wunderbaren persönlichen Beziehungen, die sein Geburtsrecht sind. Ein Kind hat einen wahren Hunger nach Worten, wenn es um Selbstverwirklichung und Selbstausdruck kämpft. Und so kommen wir zu Kapitel 3, das sich mit der menschlichen Person beschäftigt, und dann in Kapitel 8 zum Thema der menschlichen Sprache.

Kapitel 3
Selbstbewußtsein und menschliche Person

Die Emergenz des Selbstbewußtseins

Es wird vorgeschlagen, den Begriff »selbstbewußter Geist« für die höchsten geistigen Erfahrungen zu verwenden. Er bedeutet, daß man darum weiß, daß man weiß, was natürlich zunächst ein subjektives oder introspektives Kriterium ist. Durch sprachliche Kommunikation kann jedoch bezeugt werden, daß andere Menschen an dieser Erfahrung des Selbst-Wissens teilhaben. Dobzhansky beschreibt die außergewöhnliche Emergenz des menschlichen Selbstbewußtseins – der Selbstbewußtheit, wie er es nennt – recht gut, wenn er sagt:

»Selbstbewußtheit ist daher ein wesentliches, vielleicht das wesentlichste Charakteristikum der menschlichen Spezies. Dieses Charakteristikum ist eine evolutionäre Neuheit; die biologische Spezies, von der die Menschheit abstammt, besaß nur eine rudimentäre Selbstbewußtheit, oder vielleicht fehlte sie ihr auch ganz. Die Selbstbewußtheit hat jedoch düstere Gefährten in ihrem Gefolge: Furcht, Angst und Todesbewußtsein ... Der Mensch ist mit dem Todesbewußtsein belastet. Ein Wesen, das weiß, daß es sterben wird, kam von Vorfahren, die das nicht wußten.«[1]

Dieser Zustand äußerster Betroffenheit, der aus dem Selbstbewußtsein hervorgeht, wurde zum erstenmal in den zeremoniellen Beerdigungssitten identifiziert, die vom Neandertaler vor ungefähr 80 000 Jahren eingeführt wurden. Karl Popper erkannte das unergründliche Problem seines Ursprungs: »Die Emergenz eines vollen, der Selbstreflexion fähigen Bewußtseins ... ist eigentlich eines der größten Wunder.«[2]

---

1 Dobzhansky, T. *The biology of ultimate concern* [Lit. 234], S. 68.
2 Popper, K. R. / Eccles, J. C. *Das Ich und sein Gehirn* [Lit. 234], S. 167

Und Konrad Lorenz bezieht sich auf die »unserem Verständnis so absolut undurchdringliche Scheidewand, die mitten durch die unbezweifelbare Einheit unseres eigenen Wesens geht, indem sie die Vorgänge unseres subjektiven Erlebens von dem objektiv und physiologisch erfaßbaren Geschehen in unserem Körper trennt«.[3]

Die fortschreitende Entwicklung vom Bewußtsein des Säuglings zum Selbstbewußtsein des Kindes stellt ein gutes Modell für die emergente Evolution des Selbstbewußtseins bei den Hominiden dar. Es gibt sogar Anzeichen für eine primitive Kenntnis von sich selbst beim Schimpansen (aber nicht bei niederen Primaten), der sich selbst im Spiegel erkennt, wie deutlich wird, wenn er den Spiegel benutzt, um einen Farbfleck in seinem Gesicht zu entfernen. Es scheint, daß während des Evolutionsprozesses ein rudimentäres Erkennen des Selbst existierte, lange bevor es im Todesbewußtsein traumatisch erlebt wurde; dieses Todesbewußtsein fand seinen Ausdruck in gewissen religiösen Glaubensbekenntnissen, die sich in Bestattungszeremonien manifestierten. Ähnlich geht beim Kind die Kenntnis von sich selbst im allgemeinen der ersten Erfahrung des Todesbewußtseins um Jahre voraus.

Vielleicht ist der Versuch, das Auftauchen des Selbstbewußtseins graphisch darzustellen, eine Verständnishilfe. Im Diagramm, das den Informationsfluß der Hirn-Geist-Interaktion darstellt (Abb. 3-1) befinden sich drei Hauptkomponenten von Welt 2, welche die Welt der bewußten Erfahrungen ist (vgl. auch Abb. 3-3). Die Rubriken für den »inneren« und »äußeren Sinn« sind in die zentrale Rubrik integriert, die man als Psyche, Selbst oder Seele bezeichnen kann, je nachdem, ob der Diskurs psychologisch, philosophisch oder religiös ausgerichtet ist. In Kapitel 2 wurde vermutet, Tiere seien bewußt, aber nicht selbstbewußt. Daher könnte das Diagramm des Informationsflusses vereinfacht werden, indem man den zentralen Kern wegließe, wie Abbildung 3-2 mit der alleinigen Darstellung der Komponenten des äußeren und inneren Sinnes zeigt. Das Sprachtraining bei Affen hat deutlich gemacht, daß in ihrer Konzentration auf den pragmatischen Gebrauch der Sprache zur Erfüllung von Wünschen Gefühle dominieren.[4] In bezug auf das evolutionäre Auftauchen des

---

[3] Lorenz, K. *Die Rückseite des Spiegels* [Lit. 234], S. 225.
[4] In Kapitel 8 stellen wir jedoch die Frage, ob es sich bei solchen Leistungen überhaupt um sprachliche Leistungen handelt.

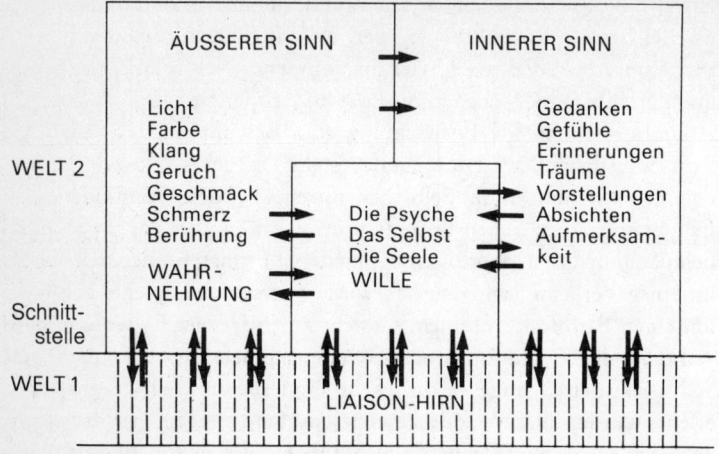

Abb. 3-1: Diagramm des Informationsflusses für die Hirn-Geist-Interaktion im menschlichen Gehirn. Die drei Komponenten von Welt 2 – äußerer Sinn, innerer Sinn und die Psyche, das Selbst oder die Seele – sind mit ihren Verbindungen schematisch dargestellt. Auch die Kommunikationslinien zwischen Welt 1 und Welt 2 sind also über die Schnittstelle hinweg gezeigt, d. h. vom Liaison-Hirn zu und von den Komponenten der Welt 2. Das Liaison-Hirn hat eine säulenförmige Struktur, wie es die durchbrochenen vertikalen Linien andeuten. Man muß sich die Fläche des Liaison-Hirns als ungeheuer groß vorstellen, mit über einer Million offener oder aktiver Moduln und nicht nur mit einigen wenigen, wie hier eingezeichnet.

Selbstbewußtseins sprechen David Lack und Konrad Lorenz von dem unüberbrückbaren Abgrund oder Unterschied zwischen Körper und Seele. Doch müssen wir uns vorstellen, daß die Schaffung und Entwicklung des zentralen Kerns schließlich zum Auftauchen der Psyche oder Seele in vollem Ausmaß führen (vgl. Abb. 3-1). Es ist zu vermuten, daß es im phylogenetischen Prozeß der Hominiden-Evolution alle möglichen Übergänge zwischen den in Abbildung 3-2 und Abbildung 3-1 dargestellten Situationen gab, wie sie auch in der ontogenetischen Entwicklung des Menschen vom Säugling zum Kind, vom Kind zum Erwachsenen vorkommen; doch es bleibt ein Wunder.

Die menschliche Person

Wir machen kontinuierlich die Erfahrung – jeder von uns –, daß wir eine Person sind mit einem Selbstbewußtsein, das nicht nur bewußt ist, sondern weiß, daß wir wissen. Um den Begriff »Person« zu definieren, möchte ich zwei bewundernswerte Sätze von Immanuel Kant zitieren: »Person ist dasjenige Subjekt, dessen Handlungen einer Zurechnung fähig sind« und »Was sich der numerischen Identität seiner Selbst in verschiedenen Zeiten bewußt ist, ist sofern eine Person«.[5]

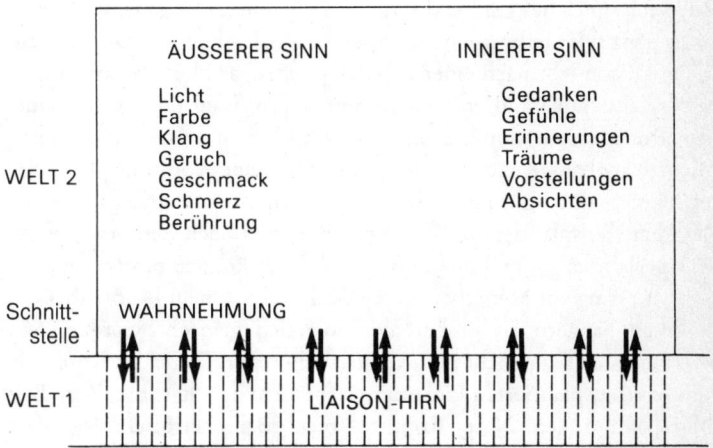

Abb. 3-2: *Diagramm des Informationsflusses für die Hirn-Geist-Interaktion in einem Säugerhirn. Die zwei Komponenten von Welt 2, äußerer und innerer Sinn, sind mit Verbindungen (Pfeile) zum Liaison-Hirn in Welt 1 schematisch dargestellt. Man wird bemerken, daß Säugern eine Welt 2 zugeschrieben wird, die ihrem Bewußtsein entspricht, und daß diese Welt 2 dieselben allgemeinen Merkmale im inneren und äußeren Sinn hat wie die menschliche Welt 2 (Abb. 3-1); aber es fehlt völlig die zentrale Kategorie: Psyche, Selbst oder Seele.*

5 Kant, I. *Die Metaphysik der Sitten* (1797) und *Kritik der reinen Vernunft* (1. Aufl. 1781). In: Kant, I. *Werke*. Hrsg. von E. Cassirer (11 Bände). Berlin 1912/23, Bd. 7, S. 24; Bd. 3, S. 643.

Diese beiden Sätze beschreiben einen Grundsachverhalt und sollten stark ausgeweitet werden. Zum Beispiel haben Popper und Eccles vor einiger Zeit ein sechshundert Seiten umfassendes Buch über das Thema *The Self and its Brain* [dt.: Das Ich und sein Gehirn, 1982] veröffentlicht. Darin bezieht sich Popper auf »jenes größte Wunder: das menschliche Bewußtsein des Ichs«.

Wir sind nicht in der Lage, bei der Definition des Verhältnisses zwischen der Person und ihrem Gehirn weit über Kant hinauszugehen. Wir sind geneigt, die Person als identisch anzusehen mit der Gesamtheit von Gesicht, Körper, Gliedern und allem anderen, aus dem wir bestehen. Es ist leicht nachzuweisen, daß das ein Irrtum ist. Eine Amputation zum Beispiel oder der Verlust des Augenlichtes verkrüppelt die menschliche Person, läßt ihr aber ihre eigentliche Identität. Gleiches gilt bei der Entfernung innerer Organe, von denen viele ganz oder teilweise herausoperiert werden können. Die menschliche Person lebt nach einer Nieren- oder sogar Herztransplantation als solche unverändert weiter. Sie mögen fragen, was bei einer Gehirntransplantation geschieht. Glücklicherweise ist sie chirurgisch nicht machbar, trotzdem wäre es denkbar, eine Kopftransplantation erfolgreich durchzuführen. Wer kann daran zweifeln, daß die Person, die den transplantierten Kopf »besäße«, nun auch den erworbenen Körper »besäße«, und nicht umgekehrt! Wir können nur hoffen, daß dies in bezug auf Menschen ein Gedankenexperiment bleibt, aber mit anderen Säugern ist es bereits erfolgreich gemacht worden. Wir erkennen, daß alle nicht zum Gehirn gehörenden Teile des Kopfes an diesem transplantierten Eigentumsrecht nicht beteiligt sind. Zum Beispiel sind Augen, Nase, Kopfhaut nicht mehr betroffen als andere Teile des Körpers. Wir können daraus schließen, daß es das Gehirn ist, und zwar das Gehirn allein, das die materielle Grundlage für unsere Personalität abgibt.

Wenn wir aber das Gehirn als den Sitz der bewußten Personalität ansehen, dann erkennen wir auch, daß große Teile des Gehirns nicht wesentlich sind. Zum Beispiel bringt die Entfernung des Kleinhirns schwere motorische Behinderungen mit sich, aber die Person ist sonst nicht betroffen. Ganz anders dagegen verhält es sich mit dem wichtigsten Teil des Gehirns, den cerebralen Hemisphären. Sie sind mit dem Bewußtsein der Person sehr eng verbunden, aber nicht in gleicher Weise. Bei 95% der Menschen besteht eine Dominanz der linken

Hemisphäre, die die »sprechende Hemisphäre« ist. Von Säuglingen abgesehen, hat ihre Entfernung eine sehr schlimme destruktive Wirkung auf die menschliche Person, löscht sie aber nicht völlig aus. Auf der anderen Seite ist die Entfernung der untergeordneten Hemisphäre (gewöhnlich ist es die rechte) mit einer Bewegungsunfähigkeit der linken Seite und einer Erblindung des linken Auges verbunden, sonst aber ist die Person nicht schwerwiegend gestört. Eine Beschädigung anderer Gehirnregionen kann die menschliche Personalität stark beeinträchtigen, vermutlich, weil die neuralen Inputs unterbleiben, die normalerweise die notwendigen Hintergrund-Aktivitäten der cerebralen Hemisphären hervorbringen. Das tragischste Beispiel ist vielleicht das Koma mit seiner tiefen Bewußtlosigkeit, die durch einen Schaden des Mittelhirns verursacht wird.

Die menschliche Person und Welt 3

Die Drei-Welten-Philosophie von Karl Popper bildet die Grundlage für unsere weitere Untersuchung der Frage, auf welche Weise aus einem menschlichen Säugling eine Person wird. Wie in Abbildung 3-3 dargestellt ist, befindet sich die gesamte materielle Welt, die sogar die menschlichen Gehirne einschließt, in der Welt 1 der Materie-Energie. Welt 2 ist die Welt aller bewußten Erfahrungen (vgl. Abb. 3-1). Im Gegensatz dazu ist Welt 3 die Welt des Wissens im objektiven Sinn und umfaßt als solche ein sehr breites Spektrum von Inhalten. Eine abgekürzte Liste findet sich in Abbildung 3-3. Zum Beispiel enthält Welt 3 die Äußerungen wissenschaftlicher, künstlerischer und literarischer Ideen, die in codierter Form in Bibliotheken, Museen und in allen Dokumentationen menschlicher Kultur bewahrt werden. In ihrer materiellen Zusammensetzung von Papier und Tinte gehören Bücher in Welt 1, aber das im Druck chiffrierte Wissen gehört zu Welt 3; das gleiche gilt für Bilder, Skulpturen und alle anderen Artefakte wie zum Beispiel musikalische Partituren. Sehr wichtige Bestandteile von Welt 3 sind Sprachen als Vermittler von Gedanken (vgl. Kapitel 8) und ein Wertesystem zur Verhaltensregelung (Kapitel 5 und 6) sowie Argumente, wie sie durch die Diskussion dieser Probleme erzeugt

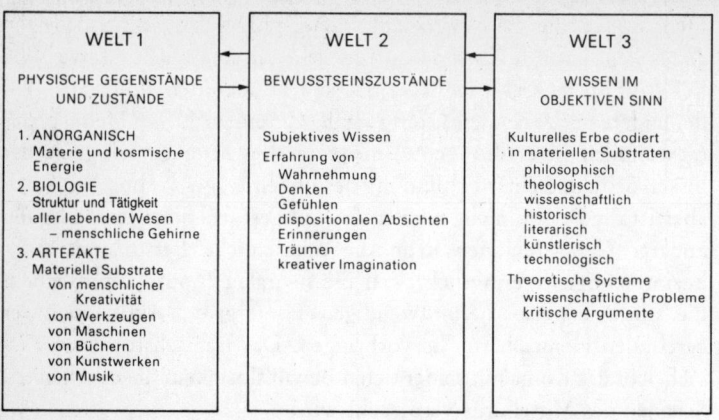

Abb. 3-3: Tabellarische Darstellung der Inhalte der Drei Welten entsprechend der Philosophie Karl Poppers. Diese drei Welten überschneiden sich nicht, sind jedoch eng miteinander verbunden, wie es die Pfeile im oberen Teil des Diagramms anzeigen. Sie enthalten alles Existierende und alles Erfahrene. Welt 1 ist materiell, Welt 2 und 3 sind immateriell.

werden. Zusammenfassend läßt sich feststellen, daß Welt 3 die Dokumentation der intellektuellen Bemühungen der Menschheit aller Zeitalter bis zum heutigen Tage enthält – was wir das kulturelle Erbe nennen können.

Bei der Geburt hat der menschliche Säugling ein menschliches Gehirn; aber seine Erfahrungen von Welt 2 sind ganz rudimentär, und Welt 3 ist ihm unbekannt. Er und sogar auch der menschliche Embryo müssen als menschliche Wesen angesehen werden, aber nicht als menschliche Personen.[6] Das Auftauchen und die Entwicklung des Selbstbewußtseins (Welt 2) durch eine fortgesetzte Interaktion mit Welt 3, der kulturellen Welt, ist ein äußerst geheimnisvoller Vorgang. Er kann mit einem doppelten Gerüst verglichen werden (Abb. 3-4), das durch wirksame Querverbindungen steigt und wächst. Die vertikalen Pfeile geben den Verlauf der Zeit an von den frühesten Erfah-

---

6 Ein Wesen muß als *menschliches* Wesen angesehen werden, wenn seine genetische Konstitution (Genotyp) dem Genpool des *Homo sapiens* entstammt. Ein menschliches Wesen wird zur *Person* weniger aus spezifischen und mehr aus zu offenbarenden Gründen; das heißt: sobald es gewisse soziale, moralische und intellektuelle Attribute oder das der selbstbewußten Reflexion zeigt.

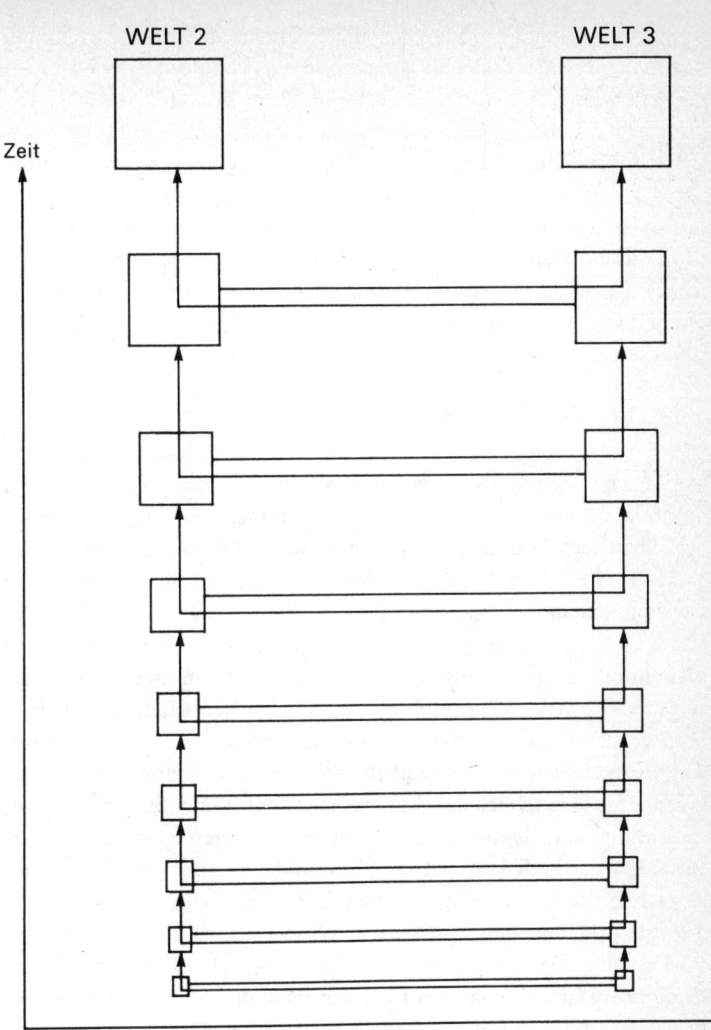

Abb. 3-4: Diagramm der postulierten Wechselbeziehungen zwischen den im Laufe der Zeit stattfindenden Entwicklungen von Ich-Bewußtsein (Welt 2) und Kultur (Welt 3) einer Person. Die Entwicklung ist durch Pfeile gekennzeichnet; ausführliche Beschreibung im Text. Wir können sie die Leiter der Personalität nennen, auf der wir unser Leben lang weiter nach oben steigen können.

rungen des Kindes bis zur vollständigen menschlichen Entwicklung. Von jeder Position in Welt 2 führt ein Pfeil zu der entsprechenden Stufe in Welt 3, und von da zu einer höheren, breiteren Stufe, die das kulturelle Wachstum des betreffenden Individuums symbolisch veranschaulicht. Umgekehrt wirken die in Welt 3 enthaltenen Ressourcen des Ichs zurück, um ein höheres, erweitertes Bewußtseinsniveau des jeweiligen Ichs zu schaffen (Welt 2). Abbildung 3–4 kann als symbolische Darstellung der Stufenleiter der Persönlichkeit angesehen werden. Und so hat sich jeder von uns fortschreitend in einem Akt der Selbsterschaffung entwickelt, und dieser Prozeß kann ein Leben lang dauern. Je mehr Ressourcen die menschliche Person in Welt 3 hat, desto mehr gewinnt sie an Selbstbewußtsein in Welt 2 durch wechselseitige Bereicherung. Was wir sind, hängt von der Welt 3 ab, in die wir einbezogen sind, und davon, wie wirksam wir die uns gebotenen Gelegenheiten genutzt haben, um das Beste aus dem Potential unseres Gehirns zu machen. Ein tragischer Fall aus jüngster Zeit illustriert Abbildung 3–4. Ein Kind, Genie, wurde von seinem psychotischen Vater von allen Welt-3-Einflüssen ferngehalten. Sie wurde in einem kleinen Zimmer seines Hauses in Los Angeles eingesperrt und in Isolation gehalten. Ohne daß jemand mit ihr sprach und bei minimaler Versorgung, lebte sie dort von ihrem zweiten Lebensjahr (20 Monate alt) bis zu ihrem vierzehnten Lebensjahr (13 Jahre, 8 Monate alt). Bei der Befreiung von dieser schrecklichen Deprivation war sie natürlich ein menschliches Wesen, aber keine menschliche Person. Sie befand sich auf der untersten Sprosse der Stufenleiter von Abbildung 3–4. Seitdem hat sie mit der engagierten Hilfe von Dr. Susan Curtiss in den letzten zehn Jahren diese Leiter der Persönlichkeit langsam Stufe für Stufe erklommen. Die sprachliche Deprivation hat ihre linke Hemisphäre ernsthaft beschädigt; aber die rechte Hemisphäre wirkt bei einer stark reduzierten Sprachleistung mit. Doch trotz ihres stark verzögerten Eindringens in die Welt 3 ist Genie eine menschliche Person geworden, mit Selbstbewußtsein, Emotionen und ausgezeichneten Leistungen in den Bereichen der manuellen Geschicklichkeit und des visuellen Erkennens. Wir sehen die Notwendigkeit von Welt 3 für die Entwicklung der menschlichen Person. Wie in Abbildung 6–1 dargestellt ist, ist das Gehirn durch genetische Instruktionen (d.h. Natur) aufgebaut, aber die Entwicklung der menschlichen Persönlichkeit hängt von einer Welt-3-Umgebung ab

(d. h. Erziehung). Bei Genie klaffte zwischen Natur und Erziehung eine Lücke von dreizehn Jahren.

Es scheint vielleicht so, als ob die Entwicklung der menschlichen Person durch die Tätigkeit des menschlichen Gehirns vollständig erklärt werden könnte. Das Gehirn ist in seiner anatomischen Struktur durch genetische Instruktionen gebildet (Kapitel 2) und entwickelt sich anschließend funktionell durch Lernen unter den Einflüssen der Umgebung (Kapitel 9). Einer rein materialistischen Erklärung würde es genügen, die bewußten Erfahrungen aus der Gehirnfunktion abzuleiten. Es ist jedoch ein Fehler zu glauben, das Gehirn tue alles, und unsere bewußten Erfahrungen seien einfach ein Spiegelbild von Gehirnaktivitäten, wie es einer gängigen philosophischen Ansicht entspricht. Wäre das der Fall, dann wäre unser bewußtes Selbst nicht mehr als ein passiver Zuschauer der von der neuralen Maschinerie des Gehirns durchgeführten Tätigkeiten. Unser Glaube, daß wir tatsächlich Entscheidungen treffen können und daß wir einige Kontrolle über unsere Handlungen haben (Kapitel 5 und 11), wäre dann nichts als Illusion. Es gibt natürlich bei den Philosophen alle Arten von Schutzvorkehrungen gegen eine solche starre Auslegung, aber sie alle treffen nicht das Problem. Tatsächlich verhalten sich Menschen, selbst materialistische Philosophen, so, als ob sie zumindest eine gewisse Verantwortung für ihre Handlungen hätten. Es scheint, daß ihre Philosophie »für die anderen, nicht für sie selbst« bestimmt sei, wie Schopenhauer geistreich feststellte.

Diese Überlegungen führen mich zu der alternativen Hypothese des dualistischen Interaktionismus (vgl. Abb. 3–1), der in *The Self and its Brain* ausführlich dargelegt ist. Es ist eigentlich die Ansicht des Alltagsverstandes, nämlich, daß wir eine Verbindung zweier Dinge bzw. zweier Entitäten sind: bestehend aus unserem Gehirn auf der einen und aus unserem bewußten Ich auf der anderen Seite. Das Ich ist das Zentrum unserer gesamten bewußten Erfahrungen, die wir als Personen während unseres ganzen wachen Lebens machen. Wir haben es im Gedächtnis verankert seit unseren frühesten bewußten Erfahrungen. Von Träumen abgesehen, hat das Ich während des Schlafs eine unbewußte Existenz, und beim Erwachen wird das bewußte Ich wieder angenommen und durch die Kontinuität des Gedächtnisses mit der Vergangenheit verknüpft. Ohne Gedächtnis würden wir als erfahrende Personen nicht existieren, wie es in Kapitel

9 verdeutlicht wird. Wir stehen vor dem außerordentlichen Problem, das zuerst von Descartes erkannt wurde: Wie kann zwischen dem bewußten Geist und dem Gehirn eine Wechselwirkung stattfinden?

Hypothesen zum Gehirn-Geist-Problem

Eine leicht zugängliche, aber nicht erschöpfende Besprechung der philosophischen Literatur zum »Gehirn-Geist (Bewußtsein)-« oder »Leib-Seele-Problem« ist für Kapitel 4 vorgesehen. Das Thema wurde in jüngster Zeit gründlich und meisterhaft von Popper in dem Buch *The Self and its Brain* behandelt. Popper gibt dort einen kritischen Überblick über die historische Entwicklung des Problems, angefangen bei den ältesten überlieferten Dokumenten griechischen Denkens. Wir können mit einer einfachen Illustration (Abb. 3–5) der wichtigsten Spielarten dieser komplexen und subtilen Philosophien beginnen, wobei wir uns besonders auf die Formulierungen konzentrieren, die sich eher auf das Gehirn als auf den Körper beziehen, weil die klinische Neurologie und die Gehirnforschung sehr deutlich machen, daß das Bewußtsein keinen direkten Zugang zum Körper hat. Alle Interaktionen mit dem Körper sind durch das Gehirn vermittelt, und dies ausschließlich durch die höheren Stufen cerebraler Aktivität.

Die Theorien, die heute von den meisten Philosophen und Gehirnforschern zum Verhältnis Gehirn-Bewußtsein vertreten werden, sind rein materialistisch in dem Sinne, daß dem Gehirn absoluter Vorrang gegeben wird! Die Existenz von Geist oder Bewußtsein wird nicht geleugnet, von radikalen Materialisten abgesehen (vgl. Abb. 3–5), aber sie wird in die passive Rolle psychischer Erfahrungen verwiesen, die gewisse Gehirntätigkeiten begleiten – wie zum Beispiel vom Epiphänomenalismus oder von der Identitätstheorie (vgl. Abb. 3–5) –, aber ohne jeden wirksamen Einfluß auf das Gehirn sind. Der komplexe neurale Mechanismus des Gehirns funktioniert in seiner determinierten materialistischen Art, ungeachtet eines Bewußtseins, das ihn begleiten könnte. Die Erfahrungen des »Alltagsverstandes«, daß wir unsere Handlungen bis zu einem gewissen Grad kontrollieren

GRAPHISCHE DARSTELLUNG DER HIRN-GEIST-THEORIEN

Welt 1 = Die Gesamtheit der materiellen oder physischen Welt, einschließlich der Gehirne
Welt 2 = Alle subjektiven oder geistigen Erfahrungen
Welt 1_P ist die gesamte materielle [physische = P] Welt ohne geistige Zustände
Welt 1_M ist der winzige Teil der materiellen Welt, der mit geistigen
    [mentalen = M] Zuständen eng verbunden ist

Radikaler Materialismus:	Welt 1 = Welt 1_P; Welt 1_M = 0; Welt 2 = 0.
Panpsychismus:	Alles ist Welt 1–2, Welt 1 oder Welt 2 existieren nicht getrennt.
Epiphänomenalismus:	Welt 1 = Welt 1_P + Welt 1_M; Welt $1_M \to$ Welt 2.
Identitätstheorie:	Welt 1 = Welt 1_P + Welt 1_M; Welt 1_M = Welt 2 (die Identität).
Dualistischer Interaktionismus:	Welt 1 = Welt 1_P + Welt 1_M; Welt $1_M \rightleftharpoons$ Welt 2; diese Interaktion findet im Liaison-Hirn statt, LH = Welt 1_M. Daher Welt 1 = Welt 1_P + Welt 1_{LH}, und Welt $1_{LH} \rightleftharpoons$ Welt 2.

Abb. 3-5: Diagramm der Hirn-Geist-Theorien, das die in Abb. 3-3 dargestellten Welten 1 und 2 einschließt. Die wesentlichen Merkmale materialistischer Theorien des Geistes sind zusammengefaßt für Panpsychismus, Epiphänomenalismus und die Identitätstheorie. Die letztgenannte Theorie hat verschiedene Namen, entsprechend den Einfällen der Schöpfer kleinerer Abweichungen von im Kern parallelistischen Theorien. Die Unterteilung von Welt 1 in Welt 1_p und Welt 1_M hilft bei der Klärung ihrer spezifischen Eigenschaften. Die Annahme, daß Welt 1_M auf besondere Zustände des Gehirns beschränkt sei, gilt für den Epiphänomenalismus, die Identitätstheorie und den dualistischen Interaktionismus. Das wesentliche und einzigartige Merkmal des dualistischen Interaktionismus ist durch die reziproken Pfeile zwischen Welt 1_M und Welt 2 (zweite Zeile im entsprechenden Abschnitt) symbolisiert.

können (vgl. Kapitel 11) oder daß wir unsere Gedanken durch Sprache ausdrücken können (Kapitel 8), werden zur Illusion erklärt. Eine *wirksame Kausalität* wird dem selbstbewußten Geist *per se* abgesprochen, trotz aller gegenteiligen Verlautbarungen der Materialisten!

Im Gegensatz zu diesen Theorien des Materialismus oder des Parallelismus stehen die Theorien des *dualistischen Interaktionismus* (Abb. 3-5). Das wesentliche Merkmal dieser Theorien ist, daß Gehirn und Geist unabhängige Entitäten sind, wobei das Gehirn zu Welt 1 und der Geist zu Welt 2 gehört, und daß, wie die Pfeile in Abbildung 3-1 veranschaulichen, irgendeine Wechselwirkung zwischen ihnen stattfindet. Es besteht also eine Grenze, wie in Abbildung 3-1 dargestellt ist, und über diese Grenze hinweg gibt es eine Wechselwirkung in beiden Richtungen, die als Informations- und *nicht* als Energiefluß begriffen werden kann. Wir sind hier also mit der außerordentlichen Lehrmeinung konfrontiert, daß die Welt der Materie und Energie (Welt 1) nicht völlig abgeschlossen ist – wie es einem Grundlehrsatz der Physik entspricht –, sondern daß es kleine »Öffnungen« gibt in dem, was sonst als völlig geschlossene Welt 1 gilt. Im Gegensatz dazu wird die Abgeschlossenheit von Welt 1 mit großer Findigkeit von allen materialistischen Theorien des Bewußtseins gehütet. Wir werden später darlegen, warum das nicht ihre Stärke, sondern, ganz im Gegenteil, ihre fatale Schwäche ist.

Gehirnforscher finden die Identitätstheorie in der einen oder anderen Gestalt attraktiv, weil sie ihnen die Zukunft überläßt. Zugegebenermaßen reicht unser gegenwärtiges Verständnis des Gehirns keineswegs aus, um mehr als nur grob erklären zu können, wie das Gehirn die ganze Fülle und wunderbare Vielfalt der Sinneserfahrungen liefert, oder auf welche Weise geistige Ereignisse oder Gedanken zu der ungeheuren Reichweite und Fruchtbarkeit kommen, die unsere schöpferischen Einsichten in ihrer Wirkung auf die Welt erzielen. Für all dies sorgt jedoch die Theorie, die von Popper »versprechender Materialismus« oder »Schuldscheinmaterialismus« genannt wird. Diese Theorie ist abgeleitet von den großen Erfolgen der Gehirnforschung, die zweifelsohne mehr und mehr ans Licht bringt, was im Gehirn vorgeht bei der Wahrnehmung, bei der Erinnerung, bei der Kontrolle der Motorik und im bewußten und bewußtlosen Zustand (Kapitel 9 und 11). Das Ziel dieser Forschungsprogramme ist, immer vollständiger und kohärenter darzulegen, wie die gesamte Leistung und Erfahrung eines Tieres oder eines menschlichen Wesens durch das Wirken der neuralen Mechanismen des Gehirns zu erklären sind. Dem Schuldscheinmaterialismus gemäß wird dieser wissenschaftliche Fortschritt nach und nach die Phänomene reduzieren, die zu ihrer Erklärung mentale Begriffe zu benötigen scheinen, so daß zu gegebener Zeit alles durch die materialistischen Begriffe der Gehirnforschung beschrieben werden kann. Der Sieg des Materialismus über den Mentalismus wäre somit komplett!

Popper erklärt: »Der Sieg soll folgendermaßen zustande kommen: Mit den Fortschritten der Gehirnforschung wird die Sprache der Physiologen wahrscheinlich immer mehr in die Umgangssprache eindringen und unser Bild vom Universum, auch das des Alltagsverstandes, verändern. Wir werden also immer weniger über Erfahrungen, Wahrnehmungen, Denken, Glauben, Zwecke und Ziele sprechen, statt dessen immer mehr über Gehirnprozesse, Verhaltensdispositionen und tatsächliches Verhalten. Die mentalistische Sprache wird damit aus der Mode kommen und nur noch bloß metaphorisch oder ironisch in historischen Darstellungen verwendet werden. Wenn dieses Stadium erreicht ist, wird der Mentalismus mausetot sein, und das Problem des Geistes, des Bewußtseins und seiner Beziehung zum Körper wird sich von selbst gelöst haben. Zur Erhärtung des versprechenden Materialismus wird darauf hingewiesen, daß genau das im Falle der Hexen und ihrem Verhältnis zum Teufel geschehen sei. Wenn überhaupt, dann sprächen wir heute von Hexen, um entweder einen archaischen Aberglauben zu bezeichnen, oder wir sprächen metaphorisch oder ironisch. Das gleiche, so wird uns versprochen, wird mit der mentalistischen, mit Geistigem operierenden Sprache geschehen: vielleicht noch nicht *allzu* bald – vielleicht nicht einmal im Laufe der gegenwärtigen Generation –, aber bald genug.«[7]

Wir sehen in dem versprechenden Materialismus einen Aberglauben ohne rationale Grundlage. Je mehr wir über das Gehirn herausfinden, desto klarer unterscheiden wir zwischen Geschehnissen des Gehirns und geistigen Phänomenen und desto wunderbarer werden beide: die Geschehnisse des Gehirns und die geistigen Phänomene. Der versprechende Materialismus ist einfach ein religiöser Glaube, der von dogmatischen Materialisten wie Mario Bunge vertreten wird, die hin und wieder ihre Religion mit ihrer Wissenschaft verwechseln. Er hat alle Merkmale einer messianischen Prophezeiung – es ist das Versprechen einer Zukunft, die von allen Problemen befreit ist, eine Art Nirwana für unsere unglücklichen Nachkommen, wie das ironisch von Gunter Stent in seinem Buch *The Coming of the Golden Age* beschrieben wird. Im Gegensatz dazu ist die echte wissenschaftliche Einstellung, wie sie von Propper charakterisiert wird, die, daß wissenschaftliche Probleme unaufhörlich neue Herausforderungen darstellen, ein immer umfassenderes und tieferes Wissen von der Natur und uns selbst zu erwerben.

---

7 Popper, K. R. / Eccles, J. C. *Das Ich und sein Gehirn* [Lit. 234], S. 130.

Kritische Bewertung der Gehirn-Geist-Hypothesen

Von den verschiedensten Materialisten wird großes Gewicht auf die Feststellung gelegt, daß ihre Gehirn-Geist-Theorien mit den Naturgesetzen nach dem neuesten Stand übereinstimmen. Dieser Anspruch wird jedoch durch zwei sehr gewichtige Überlegungen entkräftet.

Erstens gibt es nirgends in den Gesetzen der Physik oder in den Gesetzen der abgeleiteten Naturwissenschaften, Chemie und Biologie, einen Hinweis auf Bewußtsein oder Geist. Ungeachtet der Komplexität der elektrischen, chemischen und biologischen Maschinerie findet sich in den »Naturgesetzen« keine Aussage darüber, daß es eine Emergenz dieser fremdartigen, nicht-materiellen Entität, Bewußtsein oder Geist, gebe (siehe Kapitel 2). Damit soll nicht behauptet werden, daß Bewußtsein im Evolutionsprozeß nicht auftaucht, es soll nur gesagt werden, daß sein Auftauchen mit den Naturgesetzen, wie sie heute verstanden werden, nicht vereinbar ist. Zum Beispiel lassen diese Gesetze keine Erklärung zu, die besagt, daß Bewußtsein bei einer bestimmten Komplexität der Systeme auftaucht, was alle Materialisten, mit Ausnahme der radikalen Materialisten und Panpsychisten, ohne weiteres annehmen. Der Glaube der Panpsychisten, daß eine Art uranfängliches Bewußtsein der gesamten Materie, vermutlich sogar den Atomen und Elementarteilchen anhafte, wird durch nichts in der Physik begründet. Man erinnere sich vielleicht auch der bohrenden Fragen der Computer-Anbeter: Bei welchem Schwierigkeitsgrad und auf welchem Leistungsniveau kann man übereinkommen, ihnen ein Bewußtsein zuzusprechen? Glücklicherweise braucht diese emotionsgeladene Frage nicht beantwortet zu werden. Man kann mit Computern machen, was man will, ohne Skrupel zu haben, daß man grausam ist!

Zweitens kollidieren alle materialistischen Theorien zum Bewußtsein mit der biologischen Evolution. Da sie alle (Panpsychisten, Epiphänomenalisten und Identitätstheoretiker) die kausale Wirkungslosigkeit des Bewußtseins *per se* (Abb. 3–5) behaupten, ist es ihnen völlig unmöglich, die evolutionäre Expansion des Bewußtseins zu erklären, die eine unleugbare Tatsache ist. Da ist erstens seine Emergenz und zweitens seine mit der zunehmenden Komplexität des

Gehirns fortschreitende Entwicklung. Die Evolutionstheorie behauptet, daß nur die Strukturen und Prozesse durch die natürliche Auslese weiterentwickelt werden, die das Überleben wesentlich fördern. Wenn das Bewußtsein ursächlich schwach wäre, könnte seine Entwicklung nicht durch die Evolutionstheorie begründet werden. Gemäß der biologischen Evolution hätten geistige Zustände und Bewußtsein *nur* entstehen und sich weiterentwickeln können, *wenn sie die kausale Wirkung* gehabt hätten, Veränderungen in den neuralen Abläufen des Gehirns mit daraus resultierenden Verhaltensänderungen hervorzurufen. Das kann nur geschehen, wenn die Neuronenmaschinerie des Gehirns offen ist für Einflüsse, die von den mentalen Ereignissen in der Welt der bewußten Erfahrungen ausgehen, wie es dem grundlegenden Postulat der dualistischen Interaktionstheorie entspricht.

Schließlich richtet sich die wirkungsvollste Kritik aller materialistischen Theorien des Bewußtseins gegen ihr Hauptpostulat, daß nämlich die Geschehnisse in der neuralen Maschinerie des Gehirns *eine notwendige und ausreichende Erklärung für die Gesamtheit der Leistungen und der bewußten Erfahrungen eines menschlichen Wesens* liefern. Zum Beispiel wird die Absicht einer willkürlichen Bewegung (Kapitel 11) als *völlig determiniert* durch die Geschehnisse in der neuralen Maschinerie des Gehirns angesehen, wie auch alle anderen kognitiven Erfahrungen. Aber Popper sagt in seiner Compton-Vorlesung:

»... nach dem Determinismus vertritt jemand irgendwelche Theorien – etwa den Determinismus – wegen seiner bestimmten physikalischen Struktur, etwa der seines Gehirns. Wir täuschen uns also (und sind dazu physikalisch vorherbestimmt), wenn wir glauben, es gäbe so etwas wie *Argumente oder Gründe*, die uns dazu bringen, den Determinismus zu akzeptieren. ... Rein physikalische Bedingungen, zu denen unsere physikalische Umgebung gehört, veranlassen uns, zu sagen oder zu akzeptieren, was immer wir sagen oder akzeptieren.«[8]

Das ist eine eindrucksvolle *reductio ad absurdum*. Diese scharfe Kritik richtet sich an alle materialistischen Theorien. So wenden wir uns notgedrungen den dualistisch-interaktionistischen Erklärungen

---

8 Popper, K. R. *Objective knowledge: An evolutionary approach.* Oxford: Clarendon Press, 1972. – dt.: *Objektive Erkenntnis. Ein evolutionärer Entwurf.* 4., verb. u. erg. Aufl. Hamburg: Hoffmann & Campe, 1984, S. 233.

des Gehirn-Geist-Problems zu, trotz der außerordentlichen Voraussetzung, daß es eine wirksame Kommunikation in beiden Richtungen über die Grenze hinweg gibt, wie in Abbildung 3-1 dargestellt ist.

Zwangsläufig steht die dualistische Interaktionstheorie im Gegensatz zu den heute akzeptierten Naturgesetzen und befindet sich somit in der gleichen »ungesetzlichen« Situation wie die materialistischen Theorien zum Bewußtsein. Der Unterschied ist aber, daß dieser Konflikt immer offen zugegeben wird und daß man annimmt, daß die neurale Maschinerie des Gehirns in genauer Übereinstimmung mit den Naturgesetzen arbeitet, mit Ausnahme ihrer Offenheit gegenüber den Einflüssen von Welt 2. Mehr noch, wie Popper feststellt, braucht die Wechselwirkung über die Grenze hinweg (Abb. 3-1) nicht im Widerspruch zum ersten Gesetz der Thermodynamik zu stehen. Der Informationsfluß in die Moduln könnte durch eine balancierte Zunahme und Abnahme der Energie in verschiedenen, aber benachbarten Mikroregionen bewirkt werden, so daß keine Verschiebung in der Gesamtenergie des Gehirns stattfände. Das erste Gesetz mag auf dieser Stufe nur statistische Gültigkeit haben.

Das menschliche Gehirn

Es ist sinnvoll, sich das Gehirn als ein Instrument, als unseren Computer vorzustellen, der uns ein Leben lang Diener und Begleiter ist. Das Gehirn versorgt uns, als Programmierer, mit den Kommunikationslinien von und zu der materiellen Welt (Welt 1), die sowohl unsere Körper als auch die äußere Welt beinhaltet. Das geschieht, indem das Gehirn Information empfängt durch das sehr ausgedehnte sensorische System, bestehend aus Millionen von Nervenfasern, die Impulse in das Gehirn feuern, wo die Information verarbeitet wird zu codierten Informationsmustern, die wir laufend ablesen, indem wir alle unsere Erfahrungen – Wahrnehmungen, Gedanken, Ideen, Erinnerungen – davon herleiten. Aber wir akzeptieren als erfahrende Personen nicht sklavisch alles, mit dem uns unser Computer, die neuralen Strukturen unseres sensorischen Systems und unseres Gehirns, beliefert. Wir wählen, gemäß unseren Interessen und unserer Aufmerksamkeit, aus dem ganzen Angebot aus, und wir modifizieren die Aktionen der neuralen Strukturen unseres Computers, um zum Beispiel eine bewußte Bewegung zu initiieren oder um eine Erinnerung abzurufen oder unsere Aufmerksamkeit auf etwas zu konzentrieren.

Wie können wir dann aber, in Anbetracht der Vorgehensweise des Gehirns, Ideen entwickeln? Wie kann das Gehirn dieses riesige Ausmaß an codierter Information liefern, aus dem das Bewußtsein in seiner Lesefunktion unsere bewußten Erfahrungen auswählen kann? Es ist nun aufgrund jüngster Forschung bezüglich der wesentlichen Wirkungsweise der Großhirnrinde möglich, sehr viel informativere Antworten als früher zu geben. Mit Hilfe radioaktiver Markierungstechniken wurde gezeigt, daß die große äußere Schicht des Gehirns, die Großhirnrinde, aus Einheiten oder Moduln aufgebaut ist. Diese modulare Organisation bedeutet für den Versuch, die Funktionsweise dieser überaus komplexen Struktur zu verstehen, eine wertvolle Vereinfachung. Die potentielle Leistung eines Netzwerkes, das aus 10 000 Millionen einzelner Nervenzellen besteht, übersteigt jedes Vorstellungsvermögen. Die Anordnung in Moduln von je 4000 Nervenzellen reduziert die Zahl der Funktionseinheiten der Großhirnrinde auf 2 bis 3 Millionen.

Man kann sich jedoch fragen, ob die 2 bis 3 Millionen Moduln der Großhirnrinde genügen, um die räumlich-zeitlichen Muster zu erzeugen, die die gesamte kognitive Leistung des menschlichen Gehirns codieren – alles Fühlen, alle Erinnerungen, alle sprachlichen Äußerungen, alle schöpferischen Leistungen, alle ästhetischen Erlebnisse – unsere ganze Lebenszeit hindurch. Die einzige Antwort, die ich geben kann, ist, auf die ungeheuren Möglichkeiten der 88 Tasten des Klaviers zu verweisen. Denken wir an die schöpferischen Leistungen der großen Klavier-Komponisten wie zum Beispiel Beethoven und Chopin. Als sie ihre Klaviermusik schufen, konnten sie nur vier Parameter der 88 Tasten benutzen, von denen jede eine unveränderliche Tonhöhe und Tonqualität besitzt. Und vergleichbare vier Parameter werden bei der Schaffung der räumlich-zeitlichen Aktivitätsmuster in den 2 bis 3 Millionen Moduln der menschlichen Hirnrinde benutzt.

Ich glaube, es wird einem klar, daß die 2 bis 3 Millionen Moduln eine praktisch unbegrenzte Kapazität besitzen, einzigartige räumlich-zeitliche Muster zu bilden, wenn man die ungeheure Vielfalt der musikalischen Muster bedenkt, die mit nur 88 Klaviertasten erzeugt werden kann. Man muß sich darüber hinaus vergegenwärtigen, daß die Muster, die die bewußten Erfahrungen vermitteln, von denselben vier Parametern abhängig sind, von denen die Klaviertastatur abhängt. Wir können uns einmal vorstellen, daß die Intensität der Aktivierung symbolisch durch das momentane Aufleuchten der Moduln signalisiert wird. Wenn wir also die Oberfläche unserer Großhirnrinde sehen könnten, dann könnten wir erleuchtete Muster auf einer Fläche von 50 cm mal 50 cm sehen, die in jedem Augenblick von Moduln von 0,3 mm Durchmesser gebildet werden, die alle »Übergänge« von dunkel über matt zu hell und strahlend aufweisen. Und dieses Muster würde sich von einem Augenblick zum anderen, in der Art sprühender Funken, wandeln und so ein funkelndes räumlich-zeitliches Muster der Millionen Moduln abgeben, das genau wie auf einem Bildschirm erschiene. Diese symbolische Darstellung vermittelt einen Eindruck von der ungeheuren Aufgabe, der das Bewußtsein gegenübersteht, wenn es bewußte Erfahrungen erzeugt. Die dunklen und matten Moduln würden vernachlässigt werden. Zudem ist es ein wichtiges Merkmal der Hypothese der Hirn-Geist-Interaktion, daß sich bei dieser Transaktion weder Gehirn noch Geist passiv verhalten. Es muß einen aktiven Informationsaustausch über die Grenze hinweg (Abb. 3-1) zwischen dem materiellen Gehirn – dem Liaison-Hirn – und dem nicht-materiellen Geist (Bewußtsein) geben. Da das Bewußtsein sich nicht in der Materie-Energie-Welt befindet, kann es bei der Transaktion keinen Energieaustausch, sondern nur einen Informationsfluß geben. Doch das Bewußtsein muß imstande sein, die Muster der Energiewirkungen in den Moduln des Gehirns zu ändern, sonst wäre es für immer wirkungslos.

Es ist schwer zu verstehen, wie der selbstbewußte Geist mit einer so enormen Komplexität räumlich-zeitlicher modulärer Muster in Verbindung treten kann. Diese Schwierigkeit wird durch drei Überlegungen abgeschwächt. Erstens müssen wir uns klarmachen, daß unser selbstbewußter Geist von Kindheit an gelernt hat, solche Aufgaben zu erfüllen, ein Prozeß, den man in der Umgangssprache mit »lernen, seinen Verstand zu gebrauchen« beschreibt. Zweitens wählt der selbstbewußte Geist durch den Vorgang der Aufmerksamkeit aus der Totalität modulärer Muster die Merkmale aus, die mit seinen gegenwärtigen Interessen übereinstimmen. Drittens ist der selbstbewußte Geist damit beschäftigt, dem, was er herausliest, eine »Bedeutung« zu entnehmen. Letzteres ist veranschaulicht durch die vielen mehrdeutigen Bilder, wie zum Beispiel eine Zeichnung, die entweder als eine Treppe oder als ein überhängendes Gesimse gesehen werden kann. Der Wechsel von einer Interpretation zur anderen ist blitzartig und holistisch. Es gibt keine Übergangsphase, wenn das Bewußtsein das modulare Muster im Gehirn abliest.

Eine Schlüsselkomponente der Hypothese der Gehirn-Geist-Interaktion ist, daß die Einheit der bewußten Erfahrungen durch den selbstbewußten Geist bewirkt wird und nicht durch den neuralen Mechanismus der Großhirnrinde. Bisher war es nicht möglich, eine Theorie der Gehirnfunktion zu entwickeln, die erklären könnte, wie die ungeheure Vielfalt der im Gehirn ablaufenden Ereignisse zu einer Einheit bewußter Erfahrungen synthetisiert werden kann. Die im Gehirn ablaufenden Ereignisse bleiben disparat, da sie im wesentlichen die einzelnen Aktionen zahlloser Moduln darstellen.

Die Einheit des Selbst

Es ist eine allgemeine menschliche Erfahrung, daß es subjektiv eine psychische Einheit gibt, die von den frühesten Erinnerungen eines Menschen an als Kontinuität erkannt wird. Sie ist die Basis für das Konzept des Ichs oder Selbst. Experimentelle Untersuchungen über die Einheit des Selbst wurden ausführlich in dem Buch *The Human Psyche* (Eccles, 1980; dt.: Die Psyche des Menschen, 1984) diskutiert.

Wie Robinson dargelegt hat (in: »Cerebral Plurality and the Unity of Self«, *American Psychologist*, August 1982), stößt man auf unüberwindliche Schwierigkeiten, wenn man das Selbst mit der Erinnerung oder der Kontinuität von Erinnerungen gleichsetzen will. Ein Mensch, der an totaler Amnesie leidet, weiß vielleicht nicht, *wer* er ist (oder etwas über sein früheres Leben), aber er weiß sicher, *daß* er ist, und deshalb, daß er im Besitz einer Selbstheit ist. Es ist darüber hinaus nicht so, daß eine Person sich erinnert, etwas getan zu haben, und daß dieses Erinnerte beweist, daß sie diese Sache auch wirklich getan hat, denn Erinnerungen können lückenhaft oder sogar illusorisch sein. Daher ist das Selbst sicher nicht mit dem Gedächtnis identisch. Es wird daher notwendig, zwischen drei verschiedenen Begriffen zu unterscheiden: dem *Selbst*, der *Selbst-Identität* und der *persönlichen Identität*. Das Selbst und seine Einheit gehen hervor aus dem unwandelbaren Bewußtsein, zu existieren. Ein Mensch ist sich dessen bewußt, *daß* er ist, und weiß unmittelbar, daß alle seine Erfahrungen, Erinnerungen, Gedanken und Wünsche zu eben diesem Ich gehören. *Selbst-Identität* hingegen bezieht sich darauf, daß man weiß, *wer* man ist, und erwächst hauptsächlich aus der Erinnerung. So ist es möglich, daß ein bestimmtes (amnesisches) Selbst keine Selbst-Identität besitzt. Persönliche Identität bezieht sich andererseits auf die Kenntnis der Person, die andere von einem bestimmten Menschen haben. Wir können zum Beispiel sagen, daß ein uns völlig fremder Mensch keine persönliche Identität hat (soweit wir wissen), obwohl er sehr wohl Selbst-Identität haben kann. Einer Person mit totaler Amnesie, die uns auch völlig fremd ist, fehlt daher beides: persönliche Identität und Selbst-Identität, aber sie besitzt dennoch Selbstheit. Entsprechend verweisen solche verblüffenden Zustände, wie sie in *The three Faces of Eve* popularisiert sind, nicht auf die Existenz von drei *Ichen* in einer Person, sondern auf drei deutliche *Selbst-Identitäten,* über die ein ansonsten einzigartiges und unreduzierbares *Ich* verfügt.

Der bei weitem wichtigste experimentelle Beweis für die Einheit des Bewußtseins stammt aus der von Roger Sperry und seinen Mitarbeitern durchgeführten Untersuchung an Kommissurotomie-Patienten. Bei der Operation zur Besserung therapie-resistenter Epilepsie wurde das Corpus Callosum, der große Nervenfaserstrang mit ca. 2 Millionen Fasern, der die beiden Hemisphären verbindet, durchtrennt. Mit hochentwickelten Untersuchungsmethoden, die kontinuierliche Tests bis zu zwei Stunden zulassen, wurde deutlich, daß die rechte Hemisphäre, die sogenannte untergeordnete Hemisphäre, mit bewußten Reaktionen korreliert war, die man auf einem solchen Niveau bei keinem anderen Primaten gefunden hatte. Das Bewußtsein des Patienten konnte nicht angezweifelt werden. Die schwierige Frage ist nun, ob die rechte Hemisphäre Selbstbewußtsein vermittelt, in dem Sinne, daß sie das Wissen um die Selbstheit ermöglicht. In den eingehenden Untersuchungen von Sperry und seinen Mitarbeitern wurde die Fähigkeit des Patienten getestet, Photographien zu identifizieren, die nur auf die rechte Hemisphäre projiziert wurden. Eine erstaunliche Fähigkeit zeigte sich, doch sie war durch das Fehlen des verbalen Ausdrucks behindert.

Die Tests für die Existenz von Selbstbewußtsein wurden auf einem relativ einfachen bildlichen und emotionalen Niveau durchgeführt. Wir können bezweifeln, daß die rechte Hemisphäre mit dem ihm verbundenen Bewußtsein eine vollständige selbstbewußte Existenz hat. Finden zum Beispiel Zukunftsplanung und Zukunftssorge hier statt? Gibt es hier Entscheidungen und Urteile, die auf irgendeinem Wertsystem basieren? Das wären wesentliche Qualifikationen für die Personalität, wie man sie gemeinhin versteht, und für die Existenz einer Psyche oder Seele. Man kann zu dem Schluß kommen, daß ein begrenztes Selbstbewußtsein mit der rechten Hemisphäre verbunden ist; aber die Person bleibt anscheinend unversehrt von der Kommissurotomie, und die geistige Einheit ist intakt in ihrer nun ausschließlichen Gebundenheit an die linke Hemisphäre. Nach einer Kommissurotomie scheint die rechte Hemisphäre eine Selbstbewußtheit zu vermitteln, die an diejenige eines sehr jungen Kindes erinnert. Das Diagramm des Informationsflusses für die rechte Hemisphäre würde der Abbildung 3-2 ähneln, außer daß es in diesem Diagramm einen kleinen zentralen Kern auf einem primitiven Niveau des Selbst oder Ego gäbe, aber ohne Darstellung einer Seele, Psyche oder Personalität. Man ist sich im allgemeinen darüber einig, daß die menschliche Person nach einer Kommissurotomie nicht gespalten ist, sondern mit der linken (sprechenden) Hemisphäre in Kontakt bleibt.

Die Einzigartigkeit eines jeden Ichs

Es besteht kein Zweifel, daß jede menschliche Person ihre Einzigartigkeit erkennt; diese Tatsache wird als Basis des sozialen und rechtlichen Lebens akzeptiert. Wenn wir nach den Gründen für diese Auffassung fragen, so schließt die moderne Hirnforschung eine Erklärung hinsichtlich des Körpers aus. Es bleiben zwei mögliche Alternativen: das Gehirn und die Psyche. Materialisten müssen das erstere anerkennen, während die Anhänger des dualistischen Interaktionismus das Selbst oder Ich der Welt 2 (vgl. Abb. 3-1) als die Entität mit der erfahrenen Einzigartigkeit ansehen müssen. Es ist wichtig, daß keine solipsistische Lösung für die Einzigartigkeit des Ichs in Anspruch genommen wird. Unsere direkten Erfahrungen sind natürlich subjektiv, da sie sich ausschließlich von unserem Gehirn und unserem Ich herleiten. Die Existenz anderer Iche wird durch die intersubjektive Kommunikation begründet.

Schreibt man die erfahrene Einzigartigkeit eines Menschen der Einzigartigkeit seines Gehirns zu, das wiederum nach den von seinem Genom gelieferten einmaligen genetischen Instruktionen gebaut ist, dann wird man mit der höchst unwahrscheinlichen genetischen Lotterie konfrontiert (sogar $10^{10\,000}$ dagegen), aus der das Genom dieses Menschen hervorgegangen ist,[9] wie von Jennings, Eccles und Thorpe argumentiert wurde. Ferner ist es unmöglich, die erfahrene Einzigartigkeit eines jeden identischen Zwillings trotz des identischen Genoms zu erklären. Eine häufige und auf den ersten Blick plausible Antwort auf dieses Rätsel ist die Behauptung, der entscheidende Faktor sei die Einzigartigkeit der von einem Ich während seines Lebens gesammelten Erfahrungen. Es sei gern zugegeben, daß unser Verhalten und unsere Erinnerungen von den gesammelten Erfahrungen unseres Lebens abhängen. Aber ganz gleichgültig, wie extrem an einem entscheidenden Punkt eine unter dem Einfluß der Umstände bewirkte Veränderung wäre, man bliebe doch dasselbe Ich, das seine Kontinuität in seinem Gedächtnis bis zu den frühesten Erinnerungen im Alter von ungefähr einem Jahr zurückverfolgen kann, dasselbe Ich

---

9 Diese Wahrscheinlichkeitsbeweisführung wird von Willem Kuijk in *An Outline of Complementarial Philosophy of Science with Special Reference to Mathematics* (noch nicht veröffentlicht) kritisiert. Er argumentiert dahingehend, daß, nachdem ein bestimmtes Ereignis eingetreten ist, die Chancen für sein Auftreten 100% betrügen; das gelte auch im Fall der eigenen, einzigartigen Existenz, obwohl die Wahrscheinlichkeit, die vor der Realisierung dieser Existenz berechnet werden konnte, $10^{10\,000}$ dagegen stand. Meine Antwort ist, daß diese Widerlegung nicht zutrifft. Ich argumentiere nicht über »mich selbst« als etwas, das *objektiv beobachtet* wird mit »meinem Körper« und seinem Verhalten einschließlich seiner sprachlichen Äußerungen. Wir befinden uns in einer völlig anderen logischen Sphäre, wenn es um die *selbsterfahrene Einzigartigkeit* geht; das wird klar anhand der Argumente, die in Eccles' Buch *The Human Psyche* auf den Seiten 237 bis 241 [dt.: Die Psyche des Menschen, 1984. Lit. 234] vorgelegt sind. Diese Einzigartigkeit wird von einem Beobachter nicht objektiv erkannt. Vielmehr geht es um die Existenz von mir, die nur mir bekannt ist. Man kann sich die extreme Unwahrscheinlichkeit seiner Existenz vorstellen, wenn sie vom genetischen Code abhinge. *Bevor* es dazu käme, ständen die Chancen $10^{10\,000}$ dagegen.

in ganz anderer Verkleidung. Es kann nicht das eine Ich eliminiert und ein neues Ich geschaffen werden!

Da materialistische Erklärungen unsere erfahrene Einzigartigkeit nicht begründen können, sind wir gezwungen, die Einzigartigkeit der Psyche oder Seele einer übernatürlichen geistigen Schöpfung zuzuschreiben. Um die Erklärung in theologischen Begriffen zu geben: Jede Seele ist eine göttliche Schöpfung, die dem wachsenden Fötus irgendwann zwischen Empfängnis und Geburt »zugeteilt« wurde. Es ist die Gewißheit über den inneren Kern der einzigartigen Individualität, welche die »göttliche Schöpfung« notwendig macht. Wir geben damit zu bedenken, daß keine andere Erklärung haltbar ist; weder die genetische Einzigartigkeit mit ihrer abstrusen Lotterie, noch die durch die Umgebung bedingten Differenzierungen, die die Einzigartigkeit eines Menschen nicht *bestimmen*, sondern nur modifizieren.

Eine ansprechende Analogie wäre, Körper und Gehirn als einen hervorragenden Computer anzusehen, der durch genetische Codierung gebaut worden ist, die wiederum durch den wunderbaren Vorgang der biologischen Evolution geschaffen wurde. Dieser Analogie gemäß ist die Seele oder Psyche der Programmierer des Computers. Als Programmierer wurden wir alle mit unserem Computer geboren, der sich zum Zeitpunkt der Geburt noch im Embryonalstadium befand. Durch unser ganzes Leben entwickeln und fördern wir ihn, wie Abbildung 3-4 veranschaulicht. Er ist unser lebenslanger vertrauter Gefährte bei allen unseren Unternehmungen. Er empfängt von der Welt und er gibt der Welt, die andere Iche einschließt. Die großen Geheimnisse liegen in unserer Schöpfung als Programmierer oder erfahrendes Ich und in der lebenslangen Gemeinschaft jeder Person mit ihrem eigenen Computer, die in Abbildung 3-1 über die Grenze zwischen Welt 2 und Welt 1 hinweg dargestellt ist.

Doch indem wir das sagen, opfern wir vielleicht der biologischen oder wissenschaftlichen Perspektive zuviel und sagen zuwenig von den deutlichen Problemen und Verwirrungen, die selbst in bescheidensten materialistischen Darstellungen lauern. Prüfen wir als nächstes einige Versionen dieser Darstellungen, die versuchen, sowohl das Bewußtsein als auch das Ich auf die eher normalen (materiellen) Inhalte der physikalischen Welt zu reduzieren.

Kapitel 4
Materialismus und das Paradoxon des Lügners

Das wohlbekannte »Paradoxon des Lügners« konfrontiert uns mit einer Person, die behauptet: »Ich sage *nie* die Wahrheit«. Wir können nun beschließen, auch diese Aussage als Lüge aufzufassen, aber das zwingt uns dazu, alle übrigen Aussagen dieser Person als wahrheitsgemäß zu akzeptieren. Oder, wenn wir annehmen, daß sie tatsächlich *nie* die Wahrheit spricht, dann müssen wir ihr Eingeständnis als widersprüchlich ansehen, denn zumindest in diesem Eingeständnis haben wir ein Beispiel für Wahrhaftigkeit.

Ähnlich paradox ist es, wenn ein Mensch behauptet, nicht mehr zu sein als die spezielle Art einer rein materiellen Organisation, eine Art Maschine, die – obwohl komplex – total beherrscht wird durch die Gesetze der Physik und durch diese erklärbar ist. Wenn wir ihn fragen, ob er tatsächlich *glaube*, daß er eine Maschine ist, und ob er *erwarte*, daß wir ihm Glauben schenken, so wird seine Antwort bestätigen, daß er Glauben und Erwartungen hat. Entsprechende Fragen werden zweifellos darüber hinaus bestätigen, daß er Hoffnungen, Überzeugungen, Bewußtsein, Gefühle, Bedürfnisse, Theorien und all die anderen Zustände oder Voraussetzungen hat, die normalerweise allen lebenden Wesen oder ausschließlich Menschen zugeschrieben werden. Wie beim Paradoxon des Lügners ist es nicht völlig klar, wie wir einen Mitmenschen »verstehen« sollen, der versichert, ein Roboter zu sein, was es ja letzten Endes ist, was der radikale psychologische Materialist behauptet. Ein Roboter ist eine Konstruktion, gebaut, um die Handlungen jener zu imitieren, die wir bisher als Personen verstanden haben. Das Verhalten des Roboters ist völlig erklärbar durch die Sprache der Physik, zumindest prinzipiell. Um seine Handlungen zu erklären, brauchen wir nicht über Bewußtsein, Intentionen, freien Willen, Glauben, Gefühle und dergleichen zu sprechen. Wir könnten einen solchen Apparat so konstruieren, daß seine Wangen erröten, wenn er sich irrt (um Verlegenheit zu mimen), und daß sein Gesicht bei etwas Unerwartetem ausdruckslos wird (um »Zweifel« und »Vorsicht« zu signalisieren). Vermutlich könnten wir den Roboter sogar so programmieren, daß er verkündet, eine *Seele* zu besitzen, und sie als einen immateriellen *Geist* beschreibt, der für die rationalen Kräfte des Roboters verantwortlich ist und von solcher Beschaffenheit, daß er die Zerstörung der materiellen Teile des Roboters überleben würde.

Wir sollten vor Augen haben, daß alles, auf das wir als Zeichen der Einzigartigkeit des menschlichen Lebens verweisen könnten, im Idiom des radikalen Materialismus umgeformt werden kann. In dem Maße, in dem Bewußtsein mit der *Behauptung* von Bewußtsein identisch ist, würde jeder Roboter, der von sich sagt, er sei bewußt, die nötige Befähigung dazu besitzen. Und dasselbe träfe zu für Gefühle, Überzeugungen und den ganzen Bestand unserer psychischen Eigenschaften. Der Advokat des Materialismus kann immer, wenn er durch die außerordentlichen Leistungen der menschlichen Rasse herausgefordert wird, seine These damit verteidigen, daß – obwohl noch keine der vorhandenen Maschinen die gleichen Meisterleistungen vollbringen kann – *prinzipiell* kein Grund bestehe, warum zukünftige Maschinen dazu nicht in der Lage sein sollten.

Es ist wichtig zu erkennen, daß Theorien dieser Art nicht wissenschaftlich, sondern metaphysisch sind. Sie können nur nach ihrer Logik und Konstruktion gewichtet werden, aber nicht mit den Maßstäben wissenschaftlicher Untersuchung und Messung. Unser Protagonist könnte die gleichen Behauptungen über Bäume, Teppiche, Hamster oder Briefbeschwerer aufstellen. Wie könnte man schließlich *beweisen*, daß ein Briefbeschwerer kein Bewußtsein und kein Gefühl hat? Und könnten Bäume nicht vielleicht poetische Schöpferkraft zum Ausdruck bringen, wenn sie nur Münder und Stimmbänder hätten? Solange wir uns weigern, das für immer *private* Bewußtsein, das jeder Mensch von sich selbst, seinen Gedanken und Gefühlen, seinem Urteils- und Denkvermögen hat, in dieser Diskussion zuzugeben, und solange wir auf öffentlichen und verhaltensmäßigen Zeichen dafür bestehen, kann der radikale Materialismus in der Diskussion bleiben. Er wird sich auch bei schwierigen Sachverhalten immer verteidigen, indem er sich auf gewisse anatomische Unterschiede (menschliche Wesen haben Hände, Hamster nicht) oder auf das Argument der »Komplexität« stützt (Hamster unterscheiden sich von

Personen dadurch, daß sie in ihrer physischen Organisation einfacher sind).

Obwohl der philosophische Pragmatismus jede Menge solcher Passiva aufweist, so bietet er doch wenigstens einen nützlichen Hinweis, wenn wir eine These wie diese abwägen wollen. Einer der wichtigsten Grundsätze des Pragmatismus – oft erwähnt als »die pragmatische Theorie der Wahrheit« – ist nämlich, daß sich jeder metaphysische Anspruch der folgenden Frage stellen muß: Wie würden die tatsächlichen Fakten, Zustände und Bedingungen der realen Welt – einschließlich unseres Verhältnisses zu diesen Fakten, Zuständen und Bedingungen – beeinflußt werden, wenn eine bestimmte metaphysische These wahr werden sollte? Wenn wir die Behauptungen des radikalen Materialismus diesem Test unterziehen, so ist das Ergebnis überraschend: *Nichts ändert sich!* Wenn wir anerkennen, daß alle unsere psychischen Eigenschaften nur das Produkt eines rein materiellen Prozesses sind, dann bleiben diese Eigenschaften genau das, was sie immer gewesen sind. Unser Leben ist immer noch gekennzeichnet von Gedanken, Gefühlen, Hoffnungen, Verwirrungen, moralischen Konflikten, ästhetischen Erlebnissen, von Phasen dunkler Zweifel und tiefen Glaubens. Daß es »im Prinzip« möglich sein könnte, Apparate herzustellen, die die gleichen Attribute besäßen, ist wirklich ganz unerheblich. Was damit erreicht wäre, wäre nur: die Anzahl der »Wesen« zu vergrößern, deren Natur wir nicht erklären können. Da wir nicht wissen, wie Bewußtsein in menschlichen Wesen entsteht, würde die Schaffung eines Apparates, der *behauptet*, Bewußtsein zu haben, unsere Unwissenheit nur vergrößern, indem diese auf den Bereich der bewußten Maschinen ausgedehnt würde.

Aus pragmatischer Sicht erkennen wir, daß der radikale Materialismus ohne Konsequenz akzeptiert oder verworfen werden kann. Wollte man einem Trauernden, der den Verlust eines geliebten Menschen beklagt, sagen, daß es möglich sei, einen Roboter herzustellen, der derselben Trauer fähig wäre, hieße das, sich auf ein Geschwätz einzulassen, das nicht weniger rüde ist, weil es Geschwätz ist. Einem Juristen zu sagen, daß seine skrupulöse Analyse des Gesetzes, seine schonungslose Suche nach *Gerechtigkeit* in einem bestimmten Fall als die »verarbeitenden Funktionen« seines Nervensystems verstanden werden müssen, kann sicher weder den Ausgang noch seine juristische Argumentation beeinflussen. Es mag einige geben, die meinen, diese These habe Konsequenzen, weil sie uns – wenn sie wahr wäre – zwingen würde, sehr viel bescheidener zu sein im Hinblick auf diese Wesen, die wir sind, sehr viel »realistischer«, weit weniger »richterlich«. Aber was könnte gegebenenfalls die Aussage bedeuten, daß eine Gruppe von Robotern ab jetzt unter der *Verpflichtung* stehe, bescheiden, realistisch und nachsichtig zu sein? Man *appelliert* nicht an einen Roboter, man zieht höchstens neue Drähte ein oder programmiert ihn um. Nach der These des Materialisten kann das Umdrahten und Umprogrammieren nur durch andere Maschinen vorgenommen werden (da wir alle Maschinen sind), aber das kann nur stattfinden, nachdem ein paar Maschinen entdeckt haben, daß sie (wir) letztendlich alle nur Maschinen sind. Wir könnten jedoch fragen, wie Maschinen je auf die Idee kommen konnten, etwas anderes zu sein. Die Antwort, sie seien dazu programmiert gewesen, ist kaum informativ. Es muß einen ursprünglichen Programmierer gegeben haben (einen »Ersten Beweger«?)[1], der sich des Unterschiedes zwischen Maschinen und menschlichen Wesen bewußt war und der entschied, daß es für uns besser wäre, wenn wir glaubten (!), wir seien keine Maschinen. Doch tatsächlich wäre es für uns nicht besser, das zu glauben, denn, wie wir gezeigt haben, ändert es eigentlich nichts. Die Fakten des menschlichen Lebens bleiben unverändert, während wir von einer metaphysischen These zur anderen wechseln. Tatsächlich bleiben sogar die *religiösen* Dimensionen des menschlichen Lebens unverändert, solange die Fakten unseres Lebens unverändert bleiben. Das kann – auf eine angemessen »mechanische« Weise – anhand einer verkürzten, aber vielsagenden Argumentationskette gezeigt werden:

1. Ich *glaube*, daß einige meiner Handlungen einem freien Entschluß entspringen.
2. Einige glaubhaft freie Handlungen beeinflussen andere in wichtiger Hinsicht.
3. Solche Handlungen werden von mir nach ihrem *moralischen* Gewicht beurteilt.
4. Den Handlungen gemäß, die ich für »frei« und moralisch gewichtig hielt, wird ein letztes Urteil über meinen Wert gefällt.
5. Jedes Wesen – einschließlich ein künstlich hergestelltes –, auf das

---

[1] Im englischen Originaltext: a Prime Mover?

die Punkte 1–4 zutreffen, fällt in den Bereich von Glauben und Erlösung.

Halten wir daher fest, daß der radikale Materialismus nicht nur die Fakten *dieser* Welt intakt läßt, sondern auch keinerlei Zwang auf andere mögliche Welten oder unweltliche Bereiche ausübt. Die These ist daher im Kern *nutzlos*, wenn sie richtig verstanden wird.

Aber das Unvermögen, richtig zu verstehen, schafft das, was man als künstliche oder falsche Probleme bezeichnen muß. Verlassen wir die Roboter-These für einen Moment und sehen wir uns die wunderliche Literatur an, die rund um die Möglichkeit, Menschen zu klonieren, entstanden ist. Zahllose professionelle Ethiker haben sich einen Namen gemacht, indem sie fragten, ob Klone Rechte hätten, ob man sie für Organtransplantationen benutzen dürfe, ob sie für diesen Zweck »angebaut« werden dürften, ob sie Verträge schließen könnten, etc.

Vielleicht muß diesen Gelehrten erst noch die Erkenntnis dämmern, daß der Schutz, den das Gesetz Menschen bietet, seinen Ursprung nicht in einer Theorie hat, die sich mit den biologischen Prozessen der Entstehung menschlicher Wesen befaßt. Der Schutz umfaßt eine ganze Klasse von Entitäten – Menschen –, die sich aufgrund bestimmter Eigenschaften, die sie mit dem Gesetzgeber gemeinsam haben, als schützenswert erweisen. Schutz ist zudem nicht nur Gesetzgeber-ähnlichen Wesen vorbehalten. Wir verbieten Grausamkeiten gegenüber Tieren, nicht, weil Tiere »wie wir« sind, sondern weil wir glauben, daß sie fähig sind, Schmerz und Leiden zu erfahren. Dementsprechend richtet sich der Schutz nach dem, was geeignet ist, geschützt zu werden. Wenn wir daher in der Lage wären, Smith eine Zelle zu entnehmen und diese Zelle so lange pflegten, bis eine Kopie oder ein »Klon« von Smith entstanden wäre, würden wir *definitionsgemäß* ein menschliches Wesen haben, das deshalb jeden Schutz genießen würde, den konventionell gezeugte Menschen normalerweise genießen. Eltern haben kein Recht auf die Nieren oder Herzen ihrer Kinder, nur weil sie diese Kinder »gemacht haben«. Legale und moralische Rechte sind Wesen einer bestimmten Art eigen, und es gibt nichts in den Grundprinzipien von Gesetz oder Moral, das Ausnahmen unter Berücksichtigung der Produktionsmodi rechtfertige. Bestimmte Philosophen der Antike haben argumentiert, daß alles Leben aus einer Mischung von Licht, Luft, Feuer und Wasser entstehe; andere dachten, alles Existierende könnte auf eine Atomstufe zurückgeführt werden. Zu dem Zeitpunkt, als diese Theorien entwickelt wurden, gab es ausgeformte Gesetze und allgemein anerkannte Moralgebote. Der wesentliche Punkt ist der, daß Rechte und Pflichten von vernunftbegabten Wesen gestaltet werden und den Kapazitäten entsprechend verteilt werden. Die Argumente zu ihrer Rechtfertigung verhalten sich gegenüber wissenschaftlichen Theorien oder den technischen Possen, die mit der reproduktiven Biologie verbunden sind, vollkommen indifferent. Sollte Smith das Auto von Jones stehlen, kann er sich zu seiner Verteidigung nicht auf die Behauptung stützen, daß Jones, lange bevor er Filialleiter der Nationalbank wurde, nur eine einzelne Zelle gewesen sei. Wir haben alle so bescheiden angefangen.

Das Mißverständnis, das im Falle des »Klon«-Problems eine Rolle spielt, verwirrt die Gemüter auch im Falle des Materialismus. Wir können das Mißverständnis, um es auf eine kurze Formel zu bringen, als den *»Trugschluß des Ursprungs«* bezeichnen, für den das Akronym FOO [aus englisch: fallacy of origins] besonders geeignet scheint. Was FOO bewirkt, ist der ungerechtfertigte Glaube, die Aufdeckung des Status nascendi einer Sache sei identisch mit der Entdeckung ihrer wahren Natur. Der berühmte Astronom Dr. Carl Sagan zum Beispiel hat sich einige Mühe gemacht, um nachzuweisen, daß unser Planet nur *einer* von vielen belebten Planeten sei; daß er weder groß noch in seiner Entstehung besonders sei; daß ihm möglicherweise Millionen oder sogar Milliarden anderer gleichen. Die umstandslose Folgerung – aus der Tatsache oder aus der Theorie, daß die Erde genauso entstanden ist wie alles andere im Universum – ist, daß die *heutige* Erde nichts Einzigartiges sei. Wie im Falle der Roboter-Theorie und der menschlichen Klonierung läßt auch diese Theorie alles beim alten. Es ist einfach unbestreitbar, daß unser Planet einzigartig *ist*. Er ist eine Schatzkammer für Kunst und Recht; eine Startbahn für Himmelsnavigatoren; der Ort, wo wir *unser* Leben leben. Und *unser* Leben bleibt einzigartig, gleichgültig wie viele andere vielleicht im Weltraum leben. Unter diesen Umständen ist es völlig unwichtig, ob die Erde ursprünglich eine Kugel aus Feuer oder Gas oder Dampf war. Es ist völlig unwichtig, ob die Erde einst von Gletschern bedeckt war und es wieder sein könnte. Wir alle begannen – jeder einzelne von uns – als befruchtete menschliche Eizelle, als Zygote. Aber hier sind wir nun: geschwellt von Gefühlen, Kontroversen, Bestrebungen und der Möglichkeit einer täglichen Erneuerung. Nichts, was über Zygoten bekannt ist, sagt das voraus oder ändert es auf irgendeine Weise. Zu wissen, daß wir alle als Zellen begannen, ist interessant und mag für uns von Vorteil sein, denn schließlich verspricht jedes Wissen Vorteile. Aber es ändert nicht die Tatsachen unseres Lebens, wie wir dieses Leben jetzt leben, noch ändert es das, was wir inzwischen mit gutem Recht von unserer »Natur« annehmen können. Wir sind nicht »im Grunde« oder »im wesentlichen« oder »ursprünglich« Zygoten; wir sind *Personen* und damit die ungewöhnlichste aller Hervorbringungen.

Wenn wir den radikalen Materialismus als *nutzlos* abtun, dann scheinen wir ihm weniger Ansehen zuzumessen, als er sich unter den Philosophen, zumindest seit Descartes, erworben hat. Aber bis jetzt ging die Diskussion nicht um die philosophischen Verdienste des Materialismus, sondern nur um die mutmaßlichen Implikationen hinsichtlich des realen Lebens. Was klar sein sollte, ist, daß des Lebens Schmerzen und Leiden, Freude und Trauer jede metaphysische Interpretation überleben. Sie überleben auch jede wissenschaftliche Interpretation. Smith' Zahnschmerz wird wahrscheinlich nicht dadurch gemildert, daß Smith Neurophysiologie studiert oder sich einen Vortrag seines Zahnarztes über Zahnverfall anhört.

Als eine im wesentlichen metaphysische (weniger wissenschaftliche) Theorie läßt der radikale Materialismus die Fakten des Lebens unverändert, drängt uns aber dazu, diese Fakten in einer nicht-traditionellen Art zu begreifen. Was der Materialismus sucht, ist eine totale Vereinheitlichung des Wissens unter dem Schutz wissenschaftlicher Erklärung. Die historische Uneinheitlichkeit wurde immer von jenen verkündet, die in der menschlichen *Psychologie* Beweise für etwas Besonderes, Nicht-Physisches, Immaterielles, *unveränderbar* Geistiges fanden. Daher hat der philosophische Materialismus in seinen verschiedenen Formen zu beweisen versucht, daß alle geistigen Phänomene entweder durch physische (Gehirn)Prozesse verursacht werden oder daß es realiter gar keine geistigen Ereignisse gibt. Der Roboter oder irgendeine Nachbildung werden eingeführt als eine Möglichkeit, zu beweisen, daß zumindest im Prinzip alles das, was wir für geistig halten, aus einer genau montierten und programmierten Maschine kommen kann. Das ist ein Analogieschluß und das

Bemühen, die Folgerung zu verteidigen, daß zwei Entitäten, die die gleichen »Outputs« aufweisen, auch in ihrer *Art* gleich sein müssen. Das ist letztendlich ein Trugschluß. Es ist absolut klar, daß es nicht möglich ist, von den »Output«-Kennzeichen *irgendeines* Systems auf die Merkmale seines inneren Bauplans oder auf seine Funktionsprinzipien zu schließen. Sowohl ein Nachbar als auch ein Tonband kann die Botschaft: »Herzlichen Glückwunsch« überbringen. Eine Tonanalyse mag zeigen, daß die beiden »Outputs« fast nicht zu unterscheiden sind. Nichtsdestoweniger wissen wir, daß die Prozesse, die mit der verbalen Äußerung zu tun haben, von denen, die das Funktionieren des Tonbandgerätes steuern, vollkommen verschieden sind.

Dieses Beispiel genügt, um zu beweisen, daß eine reine *Verhaltens*ähnlichkeit, und sei sie noch so groß, die *essentielle* Ähnlichkeit zweier Systeme nicht bestätigen kann. Wir sind ja auch nicht der Meinung, daß ein Stummer keine Gedanken hat, noch glauben wir, daß ein gelähmter Patient nicht *wünschen* kann, etwas zu tun. Die Beispiele könnten noch endlos vermehrt werden. Sie führen uns alle zu der Erkenntnis, daß beobachtbares *Verhalten* keine zuverlässigen Hinweise für das Verständnis der psychologischen Dimensionen des Lebens gibt. Es gibt selbstverständlich grobe Übereinstimmungen zwischen bestimmten psychischen Zuständen und bestimmten Verhaltensweisen; zum Beispiel zwischen Hunger und essen, Zorn und die Stirn runzeln, Humor und lächeln. Aber Disziplin in dem einen Fall und Krankheit in einem anderen können diese Übereinstimmung vollkommen eliminieren. In noch anderen Fällen ist einfach kein Verhaltenskorrelat erreichbar; zum Beispiel: welches *Verhalten* entspricht der Hoffnung, daß es im Januar schneien möge? Die Roboter-Theorie gewinnt daher nicht an Glaubwürdigkeit, wenn die Genauigkeit der Simulation zunimmt. Gleichgültig, wie viele menschenartige Verhaltensweisen so ein Apparat produziert, man kann nie daraus folgern, daß die gleichen menschlichen Verhaltensweisen den gleichen Prinzipien entstammen oder von den gleichen Vorgängen gesteuert werden. Denken Computer? Nun, sie »denken« auf die gleiche Weise, wie das Tonband »Herzlichen Glückwunsch« sagt, oder auf die Weise, wie ein Auto vor »Ermüdung« zusammenbricht. Wegen der groben Übereinstimmungen zwischen gewissen psychischen Zuständen und gewissen Verhaltensweisen erscheint es uns passend, allen Erscheinungen, die ähnliches Verhalten zeigen, dieselben psychischen Attribute zuzuschreiben. Wir haben eigentlich keine logische Berechtigung dazu; aber diese Gewohnheit ist recht harmlos, wenn sie sparsam ausgeübt wird. Es besteht jedoch ein Unterschied zwischen einfacher Trägheit im Denken und metaphysischer Unvereinbarkeit. Letztere steht hinter der Verteidigung des Materialismus, die in dem tatsächlichen oder möglichen Verhalten von Robotern gründet. Aus dem Verhalten des Roboters ergibt sich *nichts* mit psychologischer Konsequenz. Tatsächlich würde auch aus dem Verhalten menschlicher Wesen nichts mit psychologischer Konsequenz folgen, gäbe es nicht den menschlichen Beobachter mit seinem psychologischen Rüstzeug, der das Verhalten anderer *bezeugt*. Wenn ein Wesen kein Bewußtsein, keine Gedanken und keine Gefühle hätte, dafür aber wache Sinne und eine rudimentäre Fähigkeit besäße, einmal gemachte Wahrnehmungen zu speichern, könnte nichts in dem beobachteten Verhalten einen Begriff von Bewußtsein, Denken oder Gefühl vermitteln. Nur weil jeder von uns diese Eigenschaften besitzt, sind wir in der Lage, sie auch anderen menschlichen Wesen zuzuschreiben.

An diesem Punkt beginnen wir zu begreifen, wie anfällig wir für die Roboter-Theorie sind. Wir schreiben anderen Menschen psychische Eigenschaften zu, weil sie über Gefühle berichten, die den unseren gleichen, und weil ihre Handlungen unseren eigenen Handlungen sehr ähneln, wenn sie behaupten, Gefühle und Gedanken zu haben, die den unseren gleichen. Warum sollte man daher die gleichen psychischen Funktionen nicht einem Roboter zuschreiben, der berichtet, Gefühle und Gedanken zu haben, und der dann auch noch entsprechend handelt?

Die Antwort auf diese Frage hängt von dem Unterschied ab zwischen dem, was man den direkten Beweis nennen könnte, und seinem Gegensatz, dem Indizienbeweis. Der einzige unwiderlegbare Anspruch auf die Existenz eines Gedankens oder Gefühls kann nur von der Person erhoben werden, die den Gedanken oder das Gefühl hat. Sie hat den *direkten* Beweis. Aber als Beobachterin anderer kann sie nur Schlüsse ziehen und Feststellungen machen. Bei der Verhandlung eines Mordfalles hat das Gericht allen Grund, als Tatsache in Betracht zu ziehen, daß der Angeklagte ein starkes Motiv hatte, das Opfer zu töten; aber das Motiv ist hier keineswegs ein tatsächlicher Schuld*beweis*. Ein Augenzeuge jedoch, der zum Zeitpunkt der Tat im gleichen Raum war – der tatsächlich *sah*, wie der Angeklagte zum tödlichen Schlag ausholte –, ist in der Lage, eine *nicht-gefolgerte* Information zu liefern. Wir sind sozusagen »Augenzeugen« unserer eigenen Gedanken und Gefühle, während unsere Vermutungen über die Gedanken und Gefühle anderer immer nur vermittelt sind. Die Roboter-Theorie erinnert uns an gerade diesen Unterschied zwischen unserer *direkten* Wahrnehmung der eigenen psychischen Natur einerseits und unserer *indirekten* Wahrnehmung und unseren Vermutungen über die *anscheinend* ähnliche Natur anderer menschlicher Wesen andererseits. Es kann zwar sein, daß eine zukünftige Technologie so naturgetreue Nachbildungen menschlicher Wesen schafft, daß es praktisch unmöglich sein wird, zwischen Robotern und echten Menschen zu unterscheiden. Unter diesen Umständen aber würden wir diese Apparate wohl in der gleichen Weise behandeln wie unsere Mitmenschen. Aber es ist ein großer Unterschied, ob man durch eine Nachbildung getäuscht wird, oder ob man eine Nachbildung *ist*. Wir haben jederzeit das Recht, jede Entität außerhalb von uns selbst für eine Nachbildung zu halten, aber niemand hält *sich selbst* dafür. Die psychische Natur einer Person bleibt, was sie ist, gleichgültig, wie geschickt ihr (bloßes) Verhalten nachgeahmt oder kopiert wird. Ein guter Darsteller erweckt keinen Zweifel an der realen Existenz der Person, die er darstellt. Und die dargestellte Person hegt keinerlei Zweifel an ihren eigenen Motiven, Gedanken und Gefühlen, wenn sie einem anderen zusieht, der ihre Verhaltensweisen nachahmt.

Das andere Gambit des Materialismus – wenn die Roboter versagt haben – ist, einfach zu leugnen, daß es überhaupt geistige Zustände gibt. Das in der Öffentlichkeit zu behaupten, ist nicht leicht; aber es ist eine These, die in den geschützten Stätten akademischer Philosophie und Psychologie ernsthaft diskutiert wird. Prüfen wir einmal auf laienhafte Weise, wie professionelle Psychologen und Philosophen sich ausdenken, es gebe keine Gedanken, wie sie zu dem Glauben kommen, es gebe keinen Glauben, und wie sie das starke Gefühl haben, es gebe keine Gefühle.

Diese überraschende Denkleistung vollzieht sich an zwei verschiedenen und letztlich unverträglichen Beweisführungen entlang. Die erste ist relativ maßvoll, aber zum Scheitern verurteilt. Sie beruht auf der Behauptung, daß jeder psychologische Zustand oder jedes psychologische Ereignis vollkommen und ausschließlich durch die Physiologie des Nervensystems determiniert sei, und zwar – um es genau zu sagen – durch Ereignisse des Gehirns. Das 19. Jahrhundert nannte diese These *Epiphänomenalismus,* und ihren Anhängern bot sie eine Möglichkeit, das Bewußtsein denselben Gesetzen zu unterwerfen, die auch die übrige Natur beherrschen. Was aber den Epiphänomenalismus zum Scheitern verurteilt, ist, daß er die Existenz geistiger Zustände und Vorkommnisse akzeptieren muß, sogar während er sie zu erklären sucht. Wenn es aber genuin *geistige* Zustände gibt – Zustände, die an sich nicht physischer oder materieller Natur sind –, dann bricht das gesamte Programm des philosophischen Materialismus zusammen. Das Universum besteht nicht mehr aus »Materie und Leere«, sondern muß nun Entitäten ohne Masse (raumlosen) Platz bieten. Und während das Universum versucht, dies zu tun, muß der Epiphänomenalist sich der Aufgabe unterziehen, die behauptete Fähigkeit der Materie, diese immateriellen, raumlosen Ereignisse zu *verursachen,* zu erklären.

Hier gibt es jedoch eine Ausweichmöglichkeit: der Epiphänomenalismus kann argumentieren, er behaupte nicht, daß das materielle Gehirn geistige Vorkommnisse *verursache,* sondern daß es vielmehr die notwendige *Voraussetzung* dafür sei. Wenn damit nichts weiter gemeint wäre, als daß das Gehirn zum Denken benötigt wird, wie Michelangelo Hände brauchte, um seinen »David« zu schaffen, dann würden sehr wenige »Mentalisten« Einwände dagegen erheben. Die meisten würden sagen, daß der Geist, wenn er seine Ziele realisieren will, das durch den materiellen Körper tun müsse, daß er das Gehirn als Vermittlungsorgan *benutze.* Ohne Gehirn hätte der Geist kein wirksames Mittel (eine notwendige Voraussetzung), um seine verschiedenen Ziele erreichen zu können. Wenn aber »notwendige Voraussetzung« mehr bedeutet – wenn der Begriff bedeutet: das Gehirn muß existieren und in spezifischer Weise funktionieren, *damit der Geist sein kann* –, dann hat der Epiphänomenalist nicht nur seinen Standpunkt nicht verteidigt, sondern *kann ihn gar nicht verteidigen.* Das verhält sich so aus folgendem Grund: Nach der Vorstellung des Epiphänomenalisten gibt es zwei Entitäten – die geistige und die materielle –, die real existieren. Darüber hinaus soll die erstere durch die letztere verursacht werden in eben der Weise, daß rein materielle Ursachen auch rein materielle Wirkungen zeitigen. Dabei ist aber zu beachten, daß es in einer rein physikalischen Interaktion nie *notwen-*

dig so ist, daß Ereignis A die Ursache für Ereignis B ist; bei der Anlage und den Gesetzen der physikalischen Welt geschieht es nur zufällig, daß Ereignisse vom Typ A Ereignisse vom Typ B verursachen oder direkt dazu führen. Dementsprechend wird mit der Argumentation, Gehirnzustände produzierten in natürlich-kausaler Weise geistige Zustände, gleichzeitig zugegeben, daß es anders sein könnte. *Alle rein natürlichen Phänomene könnten anders sein als sie sind.* Daher kann der Epiphänomenalist, soweit er eine kausale Theorie der Gehirn-Geist-Beziehungen bestätigt, nie nachweisen, daß das Gehirn *notwendig* ist, damit Geist sein kann. Es liegt nichts logisch Widersprüchliches in der Behauptung, daß es Geist (Bewußtsein) gibt ohne Gehirn und Gehirne ohne Geist (Bewußtsein). Man kann argumentieren, daß das praktisch nicht so sei, aber man kann nicht argumentieren, daß es *notwendigerweise* nicht so sei. Ist es einmal bestätigt, daß es genuin geistige (nicht-physische) Ereignisse gibt, dann folgt daraus, daß eine erschöpfende Bestandsaufnahme des *physikalischen* Universums und seiner Gesetze als eine Bestandsaufnahme des real Existierenden unvollständig sein muß, weil geistige Ereignisse ausgelassen sind. Wenn es Bewußtsein als Zusatz zur Materie geben kann, dann kann es auch Bewußtsein ohne Materie geben. Das traditionelle Argument gegen diese These ist, daß immaterielle Entitäten (wenn es sie gibt) keine Wirkungen haben können. Aber die »Wirkungen«, die dieses Argument betrifft, sind physikalische Wirkungen. Man kann dem Argument widersprechen, indem man behauptet, daß immaterielle Entitäten in der Tat Wirkungen haben, und zwar *auf andere immaterielle Entitäten*. Und man kann das veranschaulichen, indem man die Wirkung zeigt, die eine Idee auf eine andere in einem Strom von Ideen hat.

Die kausale Theorie der Epiphänomenalisten darf nicht mit den normalen Kausalgesetzen der Physik verwechselt werden. Letztere ist nur auf die Art und Weise beschränkt, in der Kraft und Materie in Zeit und Raum verteilt sind. Aber im Epiphänomenalismus sind wir mit einer grundsätzlich anderen Entität – einer *geistigen* Entität – konfrontiert, die als nicht-materiell und nicht-physikalisch angesehen wird. Wenn sie überhaupt existiert, dann kann sie definitionsgemäß nicht aus materiellen Elementen oder aus Mischungen derselben zusammengesetzt noch darauf reduziert sein. Die Aussage, daß sie diesen Elementen »entspringt«, ist leider Geschwätz.

Aus diesen und vielen verwandten Gründen hat eine Gruppe von einflußreichen Materialisten den Mut über die Klugheit gestellt und glatt geleugnet, daß es überhaupt geistige Ereignisse gibt. Das ist die Schule des sogenannten eliminierenden Materialismus, deren Curriculum darauf abzielt, aufzuzeigen, daß unser ewiges Reden über Bewußtsein, Gedanken, Gefühle nur ein Überbleibsel religiös-magischen Unwissens ist – ein »scheinhaftes Reden«, dessen Vokabular durch die Erkenntnisse der Naturwissenschaften richtig übersetzt und dann aus dem philosophisch höflichen Diskurs eliminiert werde.

Wie schon früher in diesem Kapitel erwähnt wurde, kann der Erfolg einer Spekulation dieser Art nur zunichte werden, weil die psychischen Eigenschaften unseres Lebens alle Rezepte überleben werden, die von den Metaphysikern zusammengebraut wurden. Was sich mit einem erfolgreichen Materialismus dieser Art ändern könnte, ist die Art, wie wir über solche Eigenschaften *sprechen*, und die Folgerungen, die wir aus ihnen ziehen. Aber da eine Rose auch unter einer anderen Bezeichnung – einschließlich einer neurophysiologischen – ebenso süß duftet, brauchen wir nur die Folgerungen zu bedenken und nicht die Möglichkeit von Änderungen hinsichtlich unseres Vokabulars.

Die bereits angekündigte Folgerung ist, daß, aufgrund eines erfolgreichen eliminierenden Materialismus, das Bewußtsein von den Naturwissenschaften vollständig absorbiert werden wird und wir nicht mehr länger mit dem idealistischen Aberglauben vieler Jahrhunderte zu kämpfen haben werden. Wir werden endlich verstehen, daß unsere einzige herausragende Besonderheit unsere materielle Organisation ist. Ausgestattet mit dieser großartigen Wahrheit, werden wir uns damit begnügen, dieses Leben, das einzige, das wir haben, zu leben. Alle Religionen werden letzten Endes als die Mythologien erkannt werden, die sie sind, und – abgesehen von literarischen Zwecken – werden wir vom »menschlichen Zustand« nur noch in der präzisen und moralisch neutralen Sprache der Physiologie sprechen. Sobald wir verstanden haben, daß *alles*, was psychologische Konsequenz hat, nur eine Reflexion gleichartiger Gehirnprozesse ist, werden wir alles verwerfen, was bei dem Reden über Gespenster herauskommt: Geist, Gedanke, Seele, Bewußtsein, Genie, Kunst und so weiter. Wenn sich solche Worte tatsächlich auf etwas beziehen, dann beziehen sie sich auf Ereignisse im Gehirn.

So begegnen wir den alten Robotern wieder – uns selbst –, denen jetzt von anderen Robotern erzählt wird, wie wir von noch wieder anderen Robotern irregeführt worden sind! Wir haben *realiter* keinen freien Willen, wir *denken* nur, wir hätten ihn; aber wir haben *realiter* auch keine Gedanken, wir *meinen* nur, wir hätten welche. Wir neigen dazu, an Gott zu glauben, wegen unserer Gewohnheit, Kausalzusammenhänge herzustellen, sobald wir Zeichen von Planung, Rationalität und moralischer Bewußtheit wahrnehmen. Aber es gibt in Wirklichkeit keinen Glauben, keine Folgerung, kein Vorstellungsvermögen, keine Vernunft, keine Moral, kein Bewußtsein, denn das sind alles nur Gehirnprozesse.

Das Neue an diesem Unsinn ist nicht der Ernst, mit dem er propagiert wird, sondern die Bereitwilligkeit, mit der sonst vernünftige Männer und Frauen ihn akzeptieren. Ein Philosoph des 18. Jahrhunderts, George Berkeley, fühlte sich von einer Version dieses Unsinns so abgestoßen, daß er einen völlig konsequenten Immaterialismus entwickelte, um das alles zu beenden. Berkeley argumentierte (korrekt), daß es ein offensichtlicher Widerspruch sei, den Anspruch zu erheben, das zu wissen, wovon wir keine Idee haben. Mit anderen Worten: Jeder Wissensanspruch muß ein Anspruch auf etwas im Bewußtsein sein – eine Empfindung, ein Bild, einen Gedanken, eine Erinnerung – kurz: eine Idee. Aber eine Idee kann immer nur wie eine andere sein, und niemals wie ein materielles Objekt. Wenn wir zum Beispiel an Stühle denken, dann wird unser Bewußtsein nicht von tatsächlichen Stühlen besetzt. Also bedeutet ›irgend etwas wissen‹ nicht mehr und auch nichts anderes als ›Ideen einer bestimmten Art haben‹. Daher ist die einzig folgerichtige und nicht-widersprüchliche Metaphysik diejenige, die annimmt, daß *nur* Ideen eine reale Existenz haben. Entitäten, von denen wir wissen, daß sie das materielle Universum füllen – Stühle, Sterne, Gehirne und so weiter –, existieren nicht und können auch unabhängig von einem wissenden Bewußtsein nicht existieren; sie *bestehen* vielmehr in dem Bewußtsein, das eine Vorstellung von ihnen hat. Wir können sagen, daß Berkeley den Spieß der Materialisten umgedreht hat. Er argumentierte, weit entfernt von der Annahme, Materielles (wie zum Beispiel Gehirne) sei eine notwendige Bedingung für das Bewußtsein, daß das Bewußtsein die notwendige Bedingung für das Vorhandensein (bestehender) Materie sei. Sein *Immaterialismus* zielte nicht darauf ab, uns gegenüber der

»wirklichen Welt« skeptisch zu machen, er wollte uns vielmehr zeigen, daß solch eine Welt buchstäblich und faktisch unvorstellbar wäre, wenn kein Bewußtsein da wäre.

Wenn einem modernen Vertreter des Materialismus die Berkeleysche Alternative angeboten würde, so würde er sich vermutlich amüsieren und das Argument als »Solipsismus« oder »Idealismus« oder ganz einfach als »Quatsch« abweisen. Das sind natürlich keine Beweise gegen das Argument, es drückt sich darin nur Ungläubigkeit und Ungeduld aus. Wenn er gedrängt würde, jede seiner Äußerungen zu rechtfertigen, würde er sich vermutlich an Feststellungen wie die folgende halten: »Wenn ich eine Elektrode in das Gehirn von Smith einführe und einen schwachen Schock auslöse, dann wird Smith berichten, daß er einen Lichtstrahl gesehen oder ein Klicken gehört oder ein Kitzeln im Unterarm verspürt habe. Offenbar ist es also das Ereignis im Gehirn, welches das mentale Resultat verursacht – und nicht umgekehrt.«

Aber der orthodoxe Berkeley-Anhänger wird sich von solch einer Beweisführung nicht einschüchtern lassen. Alles, was der Materialist hier getan hat, ist, eine Reihe von *Empfindungen* anzubieten, die mit den rein mentalen Operationen von Schlußfolgerung, Beobachtung und Glauben zusammenhängen. Die gesamte Szene läuft auf der Leinwand des *Bewußtseins* ab, und die angeblich materiellen Vorgänge verdanken ihre ganze Existenz dieser Tatsache. Wir beenden den Disput zwischen Berkeley und dem Materialisten nicht, indem wir Berkeley mit verunglimpfenden Attributen belegen. Nach einer endgültigen Analyse distanzieren wir uns von Berkeleys Metaphysik, nicht weil sie sich als falsch oder trügerisch erwiesen hätte, sondern weil sie unserem tiefsten intuitiven Verständnis des zwischen uns und unserer Umwelt bestehenden Verhältnisses nicht genügt. Der Materialist wird selbst höchstwahrscheinlich auch zu dieser Kritik kommen und nachdrücklich darauf hinweisen, daß die Gebote des Alltagsverstandes ausreichen, um uns gegenüber dem Immaterialismus skeptisch zu machen. Und eben diese Erwiderung liefert uns die einzigen Gründe, die wir brauchen, um eine ähnliche Skepsis gegenüber dem eliminierenden Materialismus zu rechtfertigen. Eine Metaphysik, die uns zwingt, die Existenz von Gedanken, Gefühlen, Motiven, Willen, Erinnerung, Einbildungskraft, moralischer Sensibilität und Bewußtsein zu verneinen, ist falsch, *weil* sie unglaubhaft ist. Damit sie unglaubhaft sein kann, muß es Unglauben geben und deshalb auch Glauben.

Es sollte klargeworden sein, daß Argumente, die das Bewußtsein auf die Materie zu reduzieren oder es völlig zu eliminieren suchen, sich selbst besiegen, genau deswegen, weil sie Argumente sind. Alle Beweise, die sich während der vergangenen Jahrhunderte angesammelt haben, lassen wenig Zweifel daran, daß das Gehirn eine notwendige Voraussetzung für den Ausdruck jener Zeichen und Handlungen ist, an denen wir Bewußtsein bei einem anderen erkennen. Es gereicht jenen früheren und heutigen Hirnforschern immer noch zur Ehre, daß sie Methoden entwickelt haben, mit deren Hilfe diese Beziehungen zwischen Gehirn und Bewußtsein erforscht und gemessen werden können. Es ist daher wichtig, zu betonen, daß eine Kritik am philosophischen Materialismus keine Kritik an der Neurobiologie ist. Ersterer ist eine ungeheuer spekulative These, deren Gültigkeit wissenschaftlich *nicht* belegt werden *kann* und deren Glaubwürdigkeit gerade durch den dringenden Appell, sie zu betätigen, unterminiert wird.

Wenn der radikale materialistische Determinismus eine Nachahmung der Hirnforschung ist, dann ist vieles, was heute vom Spezialgebiet der »Soziobiologie« kommt, eine Nachahmung der evolutionären Biologie. Der radikale Materialist pflegt das Bewußtsein entweder als Fiktion oder als ein hilfloses und passives Nebenprodukt physiologischer Prozesse abzutun. Der Soziobiologe – zumindest der unbekümmerte – pflegt die höchsten menschlichen Empfindungen und Einrichtungen zu entwerten, indem er sie nur als weiterentwickelte Spielart von Gewohnheiten ansieht, die im ganzen Tierreich vorkommen. Wenden wir uns nun diesem anderen wissenschaftlichen Unternehmen zu, um festzustellen, in welch hohem Maße er an den fatalen Schwächen aller reduktionistischen Programme teilhat.

Kapitel 5
Moralisches Denken und Evolutionismus

Wenn wir die tiefen Mißverständnisse begreifen wollen, von denen die Soziobiologie verfolgt wird, müssen wir zuerst das Wesen der Moral und die auffallenden Widersprüche zwischen den Prinzipien der Evolutionstheorie und dem eigentlichen Kern der ethischen Argumentation untersuchen. In diesem Kapitel werden wir relevante Aspekte philosophischer Ethik in einem Überblick erläutern und uns dann gewissen irreführenden Tendenzen in der Anwendung der Evolutionstheorie auf die Ethik zuwenden.

Freiheiten, Rechte und Verpflichtungen

Wir können vielleicht kühn mit dem Begriff der Rechte beginnen, jenen nicht recht faßbaren Phänomenen, die während der letzten Jahrzehnte eine fröhliche Inflation und damit eine gefährliche Abwertung erfahren haben. Was bedeutet es, wenn wir sagen, wir hätten ein *Recht*? Wie alle Moralbegriffe, so läßt auch dieser verschiedene Auslegungen zu. Ein Bürger der freien Welt wird bei seinen täglichen Aktivitäten wahrscheinlich denken, daß ein Recht etwas sei, was vom Gesetz geschützt ist wie die Freiheit, dieses oder jenes zu tun, die zu achten wir alle die Pflicht haben. Würde der Bürger gezwungen, seine Vorstellung vom Recht auf einen Satz zu beschränken, so würde er höchstwahrscheinlich sagen, daß ein Recht die gesetzlich garantierte Handlungsfreiheit sei, die zu respektieren, jedermann verpflichtet sei.

Es gibt da jedoch ein Problem, das immer dann auftritt, wenn wir versuchen, legale und moralische Begriffe als Synonyme zu behandeln. Wir würden zum Beispiel nicht sagen wollen, daß die Gestapo ein *Recht* hatte, Juden zu vernichten, weil das Nazi-Recht es erlaubte. In der Tat weisen die Geschichte und das Alltagsleben zahlreiche Beispiele rein legaler Garantien auf, die vom Begriff eigentlicher *Rechte* weit entfernt sind. Daran erkennen wir, daß ein Gesetz oder eine Reihe von Gesetzen durchaus etwas gestatten können, was fast jeder, nach einem tieferen Verständnis, als falsch ansehen würde. Es ist genau diese Möglichkeit eines Konflikts zwischen Gesetz und Moral, die uns innerlich dafür vorbereitet, gewisse Gesetze als ungerecht, unmoralisch und *falsch* zu beurteilen. Wir würden zum Beispiel sagen, daß ein Gesetz, das Tierquälerei erlaubt, entsprechende Handlungen nicht rechtfertigt, genauso wie ein Gesetz, das Diebstahl, Mord, Sklaverei, Betrug und so weiter erlauben würde, solche Aktivitäten nicht in rechtmäßige verwandeln würde.

Auf die gleiche Weise erkennen wir die Unterschiede zwischen gesetzlichen und moralischen Pflichten. Wir können sagen, daß im Jahre 1940 das Nazi-Gesetz die Bürger Deutschlands *gesetzlich* verpflichtete, den Aufenthaltsort von Juden zu melden, aber wir würden wohl kaum argumentieren, daß diese Bürger die *moralische* Pflicht hatten, die Behörden zu unterstützen. Was an diesem Unterschied wichtig ist, ist nicht, daß ihn fast jeder bemerkt, sondern daß die Logik der Moral ihn fordert. Eingeschlossen in die Idee des Gesetzes ist der Begriff (und die Tatsache) der menschlichen Autonomie, denn es wäre sinnlos, Gesetze für Handlungen zu machen, über die der Mensch keine Kontrolle hat. Wo Handlungen unvermeidbar sind, ist kein Gesetz nötig, und wo Handlungen unmöglich sind, da ist jedes Gesetz wirkungslos. Daher hat das Recht seinem Wesen nach mit dem Bereich menschlicher Handlungen zu tun, innerhalb dessen eine Wahl möglich ist und beabsichtigte Konsequenzen nach sich zieht. Aus eben diesem Grund werden Menschen für *verantwortlich* und daher für bestrafbar gehalten. Aber die Strafen des Gesetzes erfordern logischerweise Verantwortlichkeit, und das bedeutet auch *Schuld*. Daher gilt ein Gesetz, das diejenigen strafen will, die schuldlos sind oder deren Taten nichts anderes aufweisen, als daß sie den Gesetzen der Physik entsprechen, nicht mehr als eine Art logischer Widerspruch. Einen Mann zum Beispiel für »schuldig« zu halten, weil er Jude ist, bedeutet, ihn wegen einer Sache zu beschuldigen, die er weder steuern noch wählen konnte. Ihn dafür zu bestrafen, ist unter logischen Gesichtspunkten ebenso widerspruchsvoll, ganz zu schweigen, wie barbarisch es unter moralischen Gesichtspunkten ist.

Gleiches gilt für die Sklaverei. Ein Gesetz, das erlaubt, Menschen als Sklaven zu halten – das uns »verpflichtet«, die »Rechte« des Sklavenhalters zu »achten« – ist ein Gesetz, das sich an uns als autonome Wesen wendet, mit dem Ziel, menschliche Autonomie zu leugnen. Es belegt außerdem eine Klasse mit Schuld und Strafe, deren Mitglieder aufgrund von Eigenschaften bestimmt werden, die sie weder gewählt haben noch kontrollieren können, das heißt Eigenschaften einer rassischen Identität.

Es ist in diesem Zusammenhang weder notwendig noch angemessen, für irgendeinen bestimmten moralischen Grundsatz einzutreten. Es genügt der Hinweis auf den totalen Bankrott der allzu geläufigen modernen Weisheit, nach der Moral ganz relativ ist und auf nichts Beständigerem beruht als auf persönlichen Gefühlen. Der Bereich der Moral ist notwendigerweise von rationalen Wesen bewohnt, die für ihre Urteile Gründe angeben und dasselbe von anderen verlangen. Es ist ein im wesentlichen *propositionaler* Bereich, der durch die allgemeinen Modalitäten logischer Analyse geregelt wird. Sein Inhalt ist auf eine kleine Anzahl oberer Prämissen beschränkt, die als die eigentlichen Bedingungen des zivilisierten Lebens angesehen werden müssen. Diese Prämissen, wenn einmal bestätigt, führen unausweichlich zu Schlußfolgerungen, welche die Logik selbst notwendig gemacht hat und die völlig immun sind gegen die Launen von Gefühl, Meinung und Geschmack. Wenn die Moral diese Attribute nicht hätte, so wäre es für den Relativisten unlogisch, die »Rechte« zu beanspruchen, die angeblich durch den Relativismus selbst sanktioniert sind. Aus dem bloßen *Faktum,* daß die Gesellschaft »pluralistisch« ist, würde sich nichts ergeben, was von moralischer Konsequenz wäre. Es wäre sicherlich weder die Pflicht einer Regierung noch einer Gemeinschaft, den Pluralismus zu »ehren« oder ihm die Möglichkeiten freier Meinungsäußerung zu gewähren. Es könnte nicht *ungerecht* sein, Andersdenkende zu verfolgen oder die, die die Mehrheit ärgern, ins Gefängnis zu bringen. Es könnte nicht *unfair* sein, den Unwissenden und Schwachen auszubeuten, noch könnte es *verderbt* sein, Völker- und Kindermord zu begehen. Die Begriffe der Ungerechtigkeit, Unbilligkeit und Verderbtheit sind – wie die Verpflichtung zu ehren, zu respektieren und zu erlauben – nur in einem moralischen Kontext und für moralische Wesen verständlich. In dem bewußtlosen Universum bloßer Natur – das Universum ohne rationale Wesen – gibt es weder Gerechtigkeit noch Gnade, weder Freiheit noch Fairneß. Es gibt nur Fakten, und kein Faktum – in seiner Eigenschaft als Faktum – sucht oder fordert Rechtfertigung.

Bei denjenigen, die den moralischen Relativismus vertreten, ist gewöhnlich zu beobachten, daß sie nicht nur die »Rechte« einer Person geltend machen, alles mögliche zu tun, sondern daß sie auch darauf bestehen, daß andere die *Pflicht* haben, diese *Rechte* hochzuachten. Wie jemand ernsthaft so argumentieren kann, ist eine Frage an die Spezialisten für menschliche Intelligenz und Persönlichkeit. Aber wir müssen nicht ernst bleiben, während das Spektakel abläuft. Die Pflicht zu haben, Rechte zu achten, setzt zumindest voraus, daß es Pflichten und Rechte gibt. Da keines dieser Phänomene eine Eigenheit bloßer Materie ist, können sie nicht mittels physikalischer Gesetze verstanden werden. Sie entstehen, wie wir gezeigt haben, sozusagen aus den »Gesetzen der Logik« und durch Wesen, die für bestimmte Handlungen Rechtfertigungen liefern und erwarten. Sie entstehen also durch Prozesse des rationalen Diskurses und nicht aus einer Art Unpäßlichkeit. Ob nun zum Beispiel die Institution der Sklaverei Recht oder Unrecht ist, kann nicht entschieden werden, indem man Bürger fragt, wie sie das »empfinden«. Wenn Sklaverei moralisches Unrecht ist, dann war sie es vor dem 13. Nachtragsgesetz ebenso wie danach; sie war in Louisiana ein ebenso großes Unrecht, wie sie es in Madrid ist; sie war im Jahre 1350 das gleiche Unrecht wie 1850 und wie sie es im Jahre 2050 sein wird; ebenso ein Unrecht für Volksstämme, die Sklaverei befürworten, wie für die, die sie verbieten; ebenso ein Unrecht für Hindus wie für Christen. Natürlich gab es viele, die Sklaverei nicht für ein Unrecht hielten, genauso wie es andere gab, die über alle möglichen Streitfragen in der unrichtigen Weise gedacht haben. Aber sobald einmal Konsens darüber besteht, daß Sklaverei nur fortbestehen kann aufgrund der Annahme, daß Menschen Besitz sind – Objekte, die zum Vergnügen oder zum Wohl anderer Menschen benutzt werden können –, folgt *notwendigerweise,* daß Freiheit jeglicher Art aus keinen anderen Gründen verteidigt werden kann als aus Gründen roher, physischer Gewalt. Was die Sklaverei in ihrer sehr rechtfertigenden Sprache zuläßt, ist die Verleugnung eben der Prinzipien, auf denen die Möglichkeit beruht, dem

Eigentum den Status eines *gerechten Besitzes* zuzuerkennen. Wie Hadley Arkes vermerkt hat, *kann* nichts Unrecht sein, wenn Sklaverei nicht Unrecht ist. Ferner – um diesen Punkt nochmals zu betonen – sind wir nicht zu diesem Verständnis gelangt, indem wir unseren Puls oder unseren Herzschlag oder unsere Eingeweide prüften. Es ist eine Gabe der *Vernunft*, deren Regeln jede Kultur, jeden Stamm, jede Gruppierung rationaler Wesen, das heißt menschlicher *Personen*, durchdringen.

Was durch all dies festgestellt wird, ist die *Rationalität* der Moral und die Tatsache, daß Moral nur vernunftbegabten Wesen zugänglich ist. Das heißt nicht, daß alle vernunftbegabten Wesen notwendigerweise moralisch sind, sondern daß alle moralischen Wesen notwendigerweise vernunftbegabt sind. Ein ausschließlich emotionales oder empfindsames Wesen mag zu Handlungen getrieben werden, die moralische Wesen als gut oder tugendhaft beschreiben würden; aber dieses rein emotionale oder empfindsame Wesen, das die *Gründe* hinter diesen Handlungen nicht sieht, kann als solches nicht als moralisch bezeichnet werden. Denn durch Emotionen gezwungen zu werden, bedeutet, unter Zwang zu handeln, und das heißt, daß die Handlungen durch – im wörtlichen Sinne – geistlose Kräfte *bestimmt* werden. Das würde bedeuten, eine Art Sklave und daher für nichts verantwortlich zu sein, weil man nicht frei wäre. In diesem Sinne ist die heute ziemlich verbreitete und undifferenzierte populäre Moraltheorie – die Theorie, die Moral nur durch Gefühle zu begründen pflegt, die Menschen in dieser oder jener Hinsicht haben – völlig inkohärent.

Aber warum schätzt oder verurteilt der Durchschnittsmensch dann gewisse Handlungen aufgrund der »Gefühle«, die solche Handlungen erregen? Warum also hören wir heutzutage Äußerungen wie »Nun, ich habe das Gefühl, daß das falsch ist«, oder »Ich habe das Gefühl, man sollte dies tun und nicht das«? Was noch paradoxer ist: Warum findet die moderne Welt es auf einmal irgendwie unattraktiv und suspekt, wenn jemand »kritisch« ist?

Wir kommen diesen Fragen vielleicht näher, wenn wir uns die seltsamen Bedeutungen vor Augen führen, die sich inzwischen mit der Idee der Freiheit verbunden haben. Es scheint ein Teil der heutigen Volksphilosophie zu sein, Freiheit ausschließlich im politischen und sozialen Sinne zu sehen, wie man zum Beispiel meint, jeder in einem »freien Land« habe die Freiheit, alles zu tun, was vom Gesetz nicht speziell verboten ist. Mit dieser eigenartigen Vorstellung ist der Glaube verknüpft, daß, wenn ein ausreichend großer Teil der Gesellschaft nicht länger durch irgend etwas eingeengt sein will, das dafür in Frage kommende Gesetz durch einen politischen Prozeß entsprechend geändert werden müsse. Die populäre Ansicht hat daher die Freiheit all ihrer moralischen Attribute beraubt, sie zu einer bloßen sozialen Konvention reduziert, die auf politischer Ebene eine »Verfahrensweise« ist. Aber wenn das alles ist, was die Freiheit ausmacht, dann kann niemand sie als *Recht* beanspruchen, denn Rechte haben einen unwandelbar moralischen Charakter.

Sobald wir den unwandelbar moralischen Charakter des Rechts aus den Augen verlieren, ist es leicht, durch beruhigende Maximen, wie die des Libertarianismus, eingelullt zu werden. Durch diese Maximen erfahren wir zum Beispiel, daß jeder das Recht hat, alles zu tun, was er will, solange seine Handlungen andere nicht in ihren Rechten einschränken. Nach diesem Slogan ist nichts Unrecht an sich, denn jeder ist sein eigener moralischer Richter. Wenn aber nichts Unrecht an sich ist, aus welchem Grund kann dann gesagt werden, daß wir *verpflichtet* sind, die Rechte anderer zu achten? Warum sollte die Mehrheit der Minderheit nicht Rechte bestreiten? Wenn die Freiheit moralisch nicht zu verteidigen ist – wenn sie nicht mehr sein kann als eine Reihe von Konventionen und politischen Verfahrensweisen –, warum sollten wir sie dann bei unseren Versuchen, noch andere Ziele und soziale Zwecke zu sichern, nicht suspendieren?

Als bloße Schlagworte haben weder der Libertarianismus noch der »Individualismus« irgendeinen erlösenden sozialen Wert. Traditionelle Libertarianer in der Nachfolge von John Stuart Mill haben versucht, den Individualismus aus *utilitaristischen* Gründen zu verteidigen, indem sie argumentieren, daß das einzelne Individuum eine äußerst nützliche Wahrheit besitzen könne, von der der Rest der Menschheit überhaupt nichts wisse; daß die Menschheit in ihrem Denken und in ihren Fakten unrecht haben könnte; daß Macht *per se* niemals Unterdrückung rechtfertigen könne und daß Unterdrückung auf die Dauer Schaden anrichte; daß der endgültige Test für die Richtigkeit oder Unrichtigkeit einer Handlung oder Politik das *Gute* ist, das sie *im großen und ganzen* denen, die davon betroffen sind, getan hat. Aber selbst wenn all dies zuträfe, könnten wir nur sagen, daß es klüger oder »rentabler« sei, Individuen zu tolerieren, nicht, daß es moralisch verpflichtend sei. Und wir könnten weiter erklären, daß wir, da Klugheit selbst nicht *moralisch* verpflichtend ist, beschließen würden, auf jeden Nutzen, den der Individualismus hervorbringen könnte, zu verzichten. Außerdem: Selbst wenn eine Politik auf die Dauer Schaden anrichtet, warum sollten *wir* uns Sorgen machen, da *wir* doch keine (moralischen) Verpflichtungen gegenüber der Zukunft und keine (moralische) Schuld gegenüber der Vergangenheit haben?

Der Utilitarismus ist so hoffnungslos korrekturbedürftig, daß es einem schwerfällt, einen Ansatz für ernsthafte Kritik zu finden. Der Utilitarist beschränkt jeden moralischen Diskurs auf einen Diskurs über die Frage, was für die Menschheit *im großen und ganzen nützlich* sei. Nützlichkeit wird als das behandelt, was Glück hervorbringt oder Elend und Unglück vermindert. Aber selbstverständlich kann die Wahrheit selbst viel Not bringen. Auf jeden Fall kann nicht bewiesen werden, daß WAHRHEIT beständig ein höheres Maß an Freude bringt. Daher muß der Utilitarist prinzipiell darauf vorbereitet sein, die Wahrheit aufzugeben, sobald sich zeigt, daß sie mehr Kummer als Freude erzeugen wird. Hier haben wir also eine »Philosophie«, die an sich *offiziell nicht an die Wahrheit gebunden* sein darf. Wie eigenartig!

Dann gibt es die berüchtigte utilitaristische »Rechnung«, die für eine kleine und unschuldige Minderheit ungerechtes Elend in gewissem Maße zuzulassen scheint, solange bewiesen werden kann, daß das Nettowachstum des menschlichen Glücks dadurch maximiert wird. (Vermutlich wäre bei dieser Rechnung die Vernichtung aller Utilitaristen gleichgültig, wenn gezeigt werden könnte, daß ihre Ausrottung diese Maximierung zur Folge hätte.) Aber selbst wenn wir all dies beiseite lassen, haben wir immer noch das Spektakel eines »Ismus«, der an uns appelliert und uns unterrichtet, wie wir Individuen behandeln *sollen* – und der Utilitarismus tut das, während er es gleichzeitig ablehnt, die Tatsache moralischer Unbedingtheiten anzuerkennen. Dieser Appell kann sich nie über das Niveau von Sentimentalität oder listiger Geschicklichkeit erheben. Wir werden gebeten (oder verpflichtet?), den Narren zu ertragen, im Hinblick auf die *Möglichkeit*, daß sein Unsinn eines Tages unser kollektives Schicksal verbessern wird. Dieses Versprechen wird durch die historische Tatsache garantiert, daß einige, die in der Vergangenheit als Narren verurteilt wurden, in Wirklichkeit klüger waren als ihre Ankläger. *Aber die meisten*

Narren waren es nicht! Als eine »Maximum-Minimum«-Kalkulation fehlt dem Utilitarismus sogar die historische Dokumentation, die ihm statistische Plausibilität verschaffen könnte. Daß er keine moralische Plausibilität besitzt, wird durch seine eigene non-moralische Argumentation bestätigt. Die meisten Mängel aber weist er in bezug auf seine psychologische Plausibilität auf, denn es ist wohl völlig klar, daß sich Toleranz nicht aus der Überlegung entwickelt, wie jemand, der uns beleidigt, vielleicht langfristig zu unserem Glück beitragen könnte.

Das Problem des Libertarianismus – zumindest wie er heute vertreten wird – ist, daß er einfach mehr proklamiert als gerechtfertigt wird. Um ihn – und den Individualismus, den er ehren will – zu rechtfertigen, muß eben die richtige Mischung moralischer Axiome und logischer Verknüpfungen gefunden werden, wie zum Beispiel, daß Freiheit eher eine Notwendigkeit als ein Losungswort darstellt. Wenn wir uns nicht selbst mit einer Schein-Metaphysik blenden, ist die Suche weder lang noch schwierig. Wir beginnen – und wir enden – mit der Tatsache, daß jedes Gesetz, jede Freiheit und jedes Recht nur unter der Voraussetzung verständlich sind, *daß Personen moralische Wesen sind, die durch das Gewissen gebunden werden können, und vernunftbegabte Wesen, die fähig sind, die allgemeingültige Verbindlichkeit moralischer Imperative zu erkennen.* Was dem Individuum Freiheit gibt, ist nicht irgend etwas Geheimnisvolles, das Individuen an sich haben, sondern die *allgemeingültige* Verbindlichkeit gewisser moralischer Verbote. Könnte die bloße Individualität des Individuums Rechte begründen, dann wären wir nicht berechtigt, uns ihm zu widersetzen, nicht einmal aus Notwehr. Das Tötungsverbot entstand nicht aus der abergläubischen Überzeugung, daß Menschen geheime und geheiligte Eigenschaften besitzen, sondern aus dem rationalen Verband, den Gesetz, Verantwortung, Schuld und Strafe bilden. Mit der Frage, ob wir ein »Recht« hätten, Smith zu töten, berufen wir uns auf die Sprache der Rechtfertigungen, was letztlich einer Berufung auf eine Reihe moralischer Sätze gleichkommt. Eben diese Sätze implizieren, daß Personen genügend Autonomie haben, um gewisse beabsichtigte Handlungen durchzuführen und somit auch für sie verantwortlich zu sein. Daher haben wir ein »Recht«, uns Smith gegenüber in einer Weise zu verhalten, die mit dem eigentlichen Wesen des Rechts übereinstimmt. Wir haben zum Beispiel ein Recht, Smith davon abzuhalten, Dinge zu tun, die das Recht selbst zerstören. Mit einfachen Worten: Wir haben ein Recht, Unrecht zu verhindern, und nach derselben Logik haben wir kein »Recht«, etwas zu tun, was Unrecht wäre. Libertarianismus hat ein moralisches Fundament, das sehr viel solider ist als alles, was utilitaristische Ethik anbieten kann. Sein Fundament ist die menschliche Fähigkeit, für eigene Handlungen verantwortlich zu sein und sich nie durch das Gesetz verpflichten zu lassen, etwas zu tun, was den eigentlichen Bedingungen, auf denen das Gesetz selbst beruht, widerspricht.

In dieser allzu schnellen Exploration, in der wir das Wesen des Rechts und der ethischen Argumentation untersucht haben, haben wir nur darauf abgezielt, den unwandelbar rationalen – den formalen, propositionalen – Charakter des moralischen Diskurses hervorzuheben. Wenden wir uns jener Art des modernen Evolutionismus zu, der all dies in höchst naturalistischen und »wertfreien« Begriffen zu erklären sucht. Wie sich zeigen wird, ist die Zielscheibe unserer Kritik nicht die evolutionäre *Biologie* oder die Naturwissenschaft überhaupt, sondern der dogmatische *Evolutionismus*, der in unseren Tagen große Beachtung findet.

Der Evolutionismus und der Trugschluß des Ursprungs

Dies ist nicht der beste Zeitpunkt, um gegen die Evolutionstheorie zu schreiben, denn die Möglichkeit ist groß, daß man sich ins Unrecht setzt, weil man gewisse Assoziationen hervorruft. Man hört heutzutage viel über die sogenannte »Creation Science« [dt.: Schöpfungswissenschaft], die zu einem ihrer grundlegenden Lehrsätze die Richtigkeit des Buches der Genesis als eines technischen Berichts über die Entstehung des Universums erhoben hat. Wir hoffen, daß es nicht nötig ist, daß wir uns ausdrücklich von dieser Perspektive distanzieren. Aber da wir in mißtrauischen Zeiten leben, Zeiten, in denen Journalisten die Jagd nach Schlagzeilen ehrlicher Arbeit vorziehen, möchten wir unsere Position in bezug auf die Evolutionstheorie klarstellen: *Wir finden keinen Anhaltspunkt dafür, sie zu widerlegen, und wir bestätigen, daß es überwältigende Beweise gibt, die die allgemeinen, von Darwin entwickelten Prinzipien stützen; Prinzipien, die in der Folge durch die Gemeinschaft der Naturwissenschaftler weiterentwickelt wurden, um die anatomische Vielfalt im Pflanzen- und Tierreich zu erklären.* Das heißt nicht, daß darwinistische und neo-darwinistische Aussagen völlig unproblematisch seien. Es finden sich immer mehr Beweise dafür, daß die *allmähliche* Entstehung neuer Formen nicht der Hauptmodus der Evolution war, sondern daß ziemlich abrupte Übergänge (Mutationen) vorkamen und daß diese eigentlich der Ursprung der allmählichen Evolution selbst sind. Außerdem ist die Deutung der Fossildokumentationen teils Kunst, teils Wissenschaft, und es kann sein, daß aus einer im Moment noch nicht erwarteten Auslegung evolutionäre Darstellungen resultieren, die sich von denen, die heute von kompetenten Wissenschaftlern weit und breit akzeptiert werden, sehr unterscheiden. Hier ist jedoch nicht der Ort, um diese Möglichkeiten abzuwägen. Daher muß es uns und unseren Lesern genügen, wenn wir hier unsere grundsätzliche Absicht dokumentieren, uns an die besten wissenschaftlichen Berechnungen zu halten, die im gegenwärtigen Zeitpunkt jedem Interessierten zugänglich sind. Sie sind im wesentlichen, wie es nun einmal ist, darwinistischen Ursprungs, verbessert durch eine Genforschung, die Darwin und seinen Zeitgenossen noch nicht zur Verfügung stand.

Aber das Problem liegt nicht in Darwins Biologie, sondern in seiner *Psychologie* und in der Art, wie diese fehlerhaft konzipierte Psychologie heute durch Soziobiologen »offiziell« gemacht wird. Die erste Ausgabe von *Origin of Species* [dt.: Der Ursprung der Arten] erschien im Jahre 1859, zu einem Zeitpunkt, als Darwin bereits ein gefeierter Naturkundler war und evolutionäres Denken schon fast ein Jahrhundert lang weitgehend zur Normalkost der internationalen wissenschaftlichen Gesellschaft gehörte. Fast alle berühmten »progressiven« Philosophen der Aufklärung des 18. Jahrhunderts erkannten eine Evolutionstheorie der sozialen und ökonomischen Geschichte an; einige gingen so weit, Prozesse vorzuschlagen, die, trotz verschiedener Bezeichnungen, alle den Gesetzen der *natürlichen Auslese* und dem Prinzip vom *Überleben des Stärksten* sehr ähnlich waren. Die *Fortschrittsidee* des 18. Jahrhunderts wurde zur viktorianischen *Fortschrittsreligion*; beide basierten auf der These, daß die

Geschichte organisch und natürlich sei und daß nur durch freien Wettbewerb die besten »Formen« – ob im ökonomischen, künstlerischen oder persönlichen Bereich – geschaffen werden.

In unsere zeitgenössische Folklore gehört das Bild eines verleumdeten und mißverstandenen Darwin, der das Opfer kleinlicher Orthodoxie und selbstgefälliger Ignoranz war und durch eine winzige Gruppe tapferer Wahrheitssucher unterstützt wurde, die als Galileis in viktorianischem Gewande verfolgt wurden. Nun gut – ja und nein, aber größtenteils nein. Die größeren Zeitschriften jener Epoche begrüßten das Buch *Origin of Species* mit einem Respekt, der an Ehrfurcht grenzte. Zusammen haben die *London Review*, die *Edinburgh Review* und die *Dublin Review* den lobenden Besprechungen des Buches mehr als hundert Seiten gewidmet. Der Autor wurde einstimmig gelobt wegen seiner früheren Werke und wegen seiner genialen Beobachtungsgabe, die in diesem, seinem bisher wichtigsten Werk ganz evident sei. Ein Rezensent bedauerte, daß dieses außerordentliche Werk durch eine »abscheuliche Genealogie« verunstaltet sei, und andere bemerkten, daß niemand je daran gezweifelt habe, daß der Mensch ein Tier sei – wenn auch nicht *nur* ein Tier. Aber im großen und ganzen waren die Besprechungen fair, voll des Lobes und gründlich. Fast jede Kritik äußerte sich im Rahmen der zu jener Zeit verfügbaren besten Forschungsergebnisse. Mehr als ein Kritiker bestritt Darwins Behauptung, die Theorie leide unter der Unvollständigkeit der Fossildokumentation. Die Dokumentation, so stellten sie fest, sei *zu gut* und dazu angetan, eine Theorie, die eine allmähliche Evolution und die Produktion ganz neuer Arten vorschlägt, zu widerlegen. Was die Dokumentation tatsächlich zeige, seien die einzelnen, unzusammenhängenden Arten, die auf älteren Abbildungen der »speziellen Schöpfung« dargestellt sind. Wieder andere Kritiker wiesen darauf hin, daß selbst nach jahrhundertelanger Zucht keine Art zu etwas anderem geworden sei als zu dem, was sie ursprünglich gewesen war. So ließen die größeren Zeitschriften der Möglichkeit Raum, daß die Geschichte nicht unbedingt die ganze Geschichte war und daß ihr theoretischer Aufhänger vielleicht tatsächlich schwach war, während sie Darwin gleichzeitig für die unerhörte Genauigkeit seiner Beobachtung und Wiedergabe priesen. Keiner von den tonangebenden Kritikern äußerte sich ablehnend oder abwertend; keiner schrie »Häresie«; keiner war erschrocken oder entsetzt. Mehr als ein

Ortspfarrer protestierte gegen solche Blasphemie und versuchte die wortwörtliche Wahrheit der Heiligen Schrift zu bewahren; aber Darwin war wohl nicht nur eine Zielscheibe fundamentalistischer Vorwürfe. In den Kreisen, die zählten, wurden er und sein dickes Buch mit vorsichtiger Bewunderung begrüßt.

In der Dekade, die der Publikation von *Origin of Species* folgte, nahm die *Theorie* der Evolution jedoch sehr bald den Charakter einer Bewegung an – Darwinismus –, deren Grundüberzeugungen in einem sehr andersartigen Buch mit dem Titel *The Descent of Man* (1871) dargelegt wurden. In diesem Buch war Darwin nicht der unbeteiligte Naturbeobachter, der besessene Chronist von Fakten, der zurückhaltende Theoretiker. Er erscheint vielmehr als Kämpfer für eine Idee, wenn er argumentiert, daß das ganze Spektrum der psychischen und moralischen Eigenschaften des Menschen aus Eigenschaften entstanden und gebildet sei, die im Tierreich in großer Fülle zu finden sind. Nicht nur, daß die höheren Affen unsere anatomischen und physiologischen Merkmale vorwegnähmen, sie bewiesen auch die Tatsache der gemeinsamen Vorfahren, indem sie die emotionalen, sozialen und intellektuellen Züge offenbarten, die für ausschließlich menschlich gehalten worden seien. Dasselbe wird in *The Expressions of Emotions in Man and Animals* (1872) eindringlich wiederholt. Mit diesen Werken und ihrer polemischen Verteidigung durch Darwins Anhänger (hauptsächlich Thomas Henry Huxley) wurde der Krieg zwischen Wissenschaft und Kirche erklärt. Bischof Wilberforce, der in Oxford den Vorsitz führte, fragte, ob sein Affenstammbaum auf mütterlicher oder väterlicher Seite zu finden sei, und brachte Huxley damit in den Genuß, auf der Seite der bescheidenen Wahrheit zu stehen. In seiner Antwort gewann Huxley die Oxforder Zuhörerschaft für sich, indem er zugab, daß er lieber einen Affen als Verwandten für sich reklamiere als einen Menschen, der sich weigere, seine Vernunft und sein Urteilsvermögen zu gebrauchen, um Beweise abzuwägen und zu gerechten Schlußfolgerungen zu kommen. An derselben Universität brachte bei anderer Gelegenheit Benjamin Disraeli die Kontroverse auf ihren Kern: Entweder sind wir Affen, nur mit anderem Namen, oder wir stehen gleich unter den Engeln. Für seinen Teil wählte Disraeli, »auf der Seite der Engel« zu stehen.

Vor dem Ende des 19. Jahrhunderts gab es eine Unzahl psychologischer Texte, die fast alle die Darwinistische These als erwiesen ansahen. Die Psychologie war zu der Zeit (wie sie es seitdem immer noch ist) sehr bestrebt, sich als Wissenschaft auszuweisen; und die Wissenschaft stand in dieser Kontroverse fast ausnahmslos auf der Seite der Darwinisten. In der Hoffnung, den wissenschaftlichen Status ihrer Disziplin sicherzustellen, versuchten die neuen Psychologen die traditionellen psychologischen Probleme in die Laboratorien zu verlegen, wo – so dachte man – der bloße Akt des Messens jede Ambiguität eliminieren und jede Kontroverse beenden würde. Bei einem jener Zufälle, die voller Ironie sind, zeigte sich, daß in dem Psychologielabor kein Raum war für die Phänomene des abstrakten Denkens, der Sprache und Ethik, obwohl es für das Studium elementarer sensorischer Prozesse und rudimentärer Formen des Lernens und des Gedächtnisses gut geeignet war. Die letztgenannten Funktionen sind natürlich genau die, die bei allen höherentwickelten Arten reichlich vorhanden sind. Daher stand nichts, was aus der experimentellen Beobachtung der Tiere hervorging, gegen die Behauptung, die gesamte menschliche Psychologie sei im evolutionären Sinne zu erklären. Indem sie genau die Abläufe auswählte, die bekanntermaßen bei allen höheren Arten verbreitet sind, unterstützte die experimentelle Psychologie praktisch eine Darwinistische Psychologie. Wenn es zu so schwierigen Fällen kam wie menschliche Sprache, abstraktes Denken oder ethische Probleme, so bot die neue »wissenschaftliche« Psychologie beschwichtigende Versicherungen an, von denen einige nachweislich falsch sind; zum Beispiel, daß dem Schimpansen die notwendigen anatomischen Voraussetzungen zum Sprechen fehlten; daß abstraktes Denken einfach eine Kette von Trial-and-error-»Assoziationen« sei; daß die vermeintlich der Menschheit vorbehaltene Moral sich in den altruistischen, mütterlichen und sozialen Neigungen widerspiegele, die viele Tiere und alle Primaten zeigten.

Es wäre vielleicht zu hart, wollte man deklarieren, daß diese Perspektive in dem Jahrhundert nach ihrer Einführung durch nichts Wesentliches bestätigt worden sei. Die Theorie – nennen wir sie *psychologischer Darwinismus* – konnte damals nicht mit schwierigen Phänomenen umgehen und kann es auch heute nicht. Was zum Beispiel die Sprache betrifft, so bestehen die einzigen Ergänzungen zu den früheren naturalistischen Beobachtungen aus Experimenten mit Affen und Schimpansen bezüglich des Erlernens einer »Zeichensprache«, wie sie in Kapitel 8 beschrieben werden. Viele haben übertriebene Behauptungen aufgestellt; aber die ehrlichste Darstellung besagt, daß das, was von diesen Tieren erlernt wird, nur eine Kette von Reaktionen ist, in der jedes Glied mit einem bestimmten Gegenstand oder einer einzelnen Handlung assoziiert wird: »*Bob – gib – Lana – Orange*«. In solchen Ketten scheint es nichts zu geben, was Tauben oder Ratten daran hindern könnte, sich die gleichen Sequenzen anzueignen. Was verdächtigerweise fehlt, ist jede Spur eines Verstehens von *Konnotationen* der Worte und Zeichen. Die Tiere können die Symbole anwenden, die bestimmte Bewegungen (»gib«) und Objekte (»Bob«) *bezeichnen*, aber keines, das abstrakte Bedeutungen konnotiert. Das heißt, wir haben keinen Beweis für die intelligente Kombination von Elementen in der Art wie: »Bob – gib – Lana – Gerechtigkeit«.

Man sollte nun nicht meinen, daß sich dies alles irgendwie »mit der Zeit« klären ließe, denn das Problem liegt nicht in der Technik des Trainings oder des Messens, sondern in der buchstäblichen Unmöglichkeit, von der Reaktion der Tiere auf verschiedene Stimuli auf das Vorhandensein eines Verständnisses der abstrakten Bedeutung dieser Stimuli zu schließen. Es ist eine Sache, ein Tier zu trainieren, daß es aufhört, sich zu bewegen, sobald ein achteckiges Zeichen erscheint oder wenn wir »Halt« sagen. Es ist jedoch eine ganz andere Sache, von diesem Sachverhalt den Sprung zu machen zu der Schlußfolgerung, daß das Tier sich einer *Verpflichtung* bewußt sei, den *Befehlen zu gehorchen*, die von einer *verfassungsmäßig dazu ermächtigten* Autorität erlassen werden. Wenn »Sprache« nur bedeutet, daß eine Kette von Symbolen oder Stimuli spezifische Reaktionen bei einem Beobachter hervorrufen kann, dann »erzählen« uns Wolkenformationen von einem bevorstehenden Regen, und der Lärm, der aus dem Kükenstall kommt, ist beabsichtigt, um uns die Nähe eines Fuches zu signalisieren. Aber der Begriff *Sprache* konnotiert gleichzeitig viel mehr als das. Er bezieht sich nicht nur auf regelgebundene Sequenzen des symbolischen Ausdrucks, sondern auch auf die symbolische Darstellung komplexer und abstrakter *Begriffe*, für die es kein objektives oder materielles Äquivalent gibt. Das ist zumindest das, was die menschliche Sprache auch immer mit beinhaltet, selbst wenn sie in sehr primitiven Kulturen oder längst vergangenen Epochen gesprochen wird. Das ist es, was wir mit Sprache *meinen*, und das ist genau der Grund, warum Delphine, Schimpansen, Papageien und alle übrigen einfach nicht dazu geeignet sind. Alle höheren Arten sind in der Lage, komplexe Verhaltensabläufe, inklusive Tonfolgen, zu bilden, in dem Versuch, von ihrer Umgebung Belohnungen zu erlangen oder Strafen zu vermeiden. Es tut der Logik oder den Sachverhalten keinen Abbruch, wenn man sagt, daß Hunde »treu« oder kleine Katzen »verspielt« oder Rotkehlchen »gute Mütter« seien. Wenn wir mit *Treue* die Neigung eines Tieres meinen, Schmerz und Härte zu ertragen, nur um in der Nähe seines Herrn bleiben zu können – die Neigung, auf Befehl seines Herrn sogar selbstschädigende Dinge zu tun –, dann erbringen Hunde sicher außergewöhnliche Beweise von Treue. Schädlich wird es aber dann, wenn wir uns nicht davon abbringen lassen, die Treue des *Hundes* genauso zu behandeln wie die Formen der menschlichen Loyalität, ohne einen Unterschied zu machen, wobei wir doch wissen, daß letztere auf *Prinzipien* der Pflicht beruhen und es bei den ersteren kein Anzeichen dafür gibt. Es mag wohl das Los des Menschen sein, daß er die Tugenden, die unsere Haustiere von Natur aus praktizieren, vernünftig erklären muß – aber so sollte es sein. Es gibt sicher viele Situationen, in denen menschlicher Gehorsam und menschliche Pflichterfüllung auf Faktoren beruhen, die praktisch mit denen, die das Verhalten von Tieren bestimmen, identisch sind. Aber es gibt zu viele Ausnahmen, und es ergibt keinen Sinn, sie im Namen »wissenschaftlicher Objektivität« zu ignorieren oder zu leugnen. Wir können Tiere verehren und lieben für ihre instinktive edle Gesinnung, ohne daß wir diese mit den reflektierten und lästigen Analysen vermengen, die zum Wesentlichen jeder bedeutsamen menschlichen Beziehung gehören.

Die Frage ist hier nicht, ob Affen oder Katzen oder Hunde »denken«, denn wenn man es so ausdrückt, wird jede Antwort eine faktische Grundlage finden. Was wir effektiv über das *menschliche* Denken wissen, ist, daß es fähig ist, allgemeine Sätze aufzustellen, aus denen allgemeingültige Schlußfolgerungen gezogen werden können. Es gibt einfach nicht den geringsten Beweis dafür, daß nichtmenschliche Lebewesen ähnliches tun. Das ist nichts, was sie weniger gut tun, sondern etwas, das sie überhaupt nicht tun. Ein Mensch kann wissen, daß er schuldig ist, fühlt dabei aber vielleicht keinerlei Gewissensbisse. Die Schuld des Hundes besteht nur in diesem Schuld*gefühl*, ohne daß etwas Allgemeines hinzukäme. Der Heilige und der Held tun, was sie tun, im Interesse von Prinzipien und Begriffen, die ihnen diktieren, was »richtig« ist, ohne Rücksicht auf Konsequenzen. Wir können sagen, daß ein Hund sich »heroisch« verhalten hat, ohne daß wir sein Verhalten mit dem des Helden oder des Heiligen verwechseln. Die beiden zu verwechseln, bedeutet, die eigentliche Frage der Evolutionstheorie schon von vornherein als erwiesene Tatsache anzusehen, nicht, sie zu beantworten. Diese Theorie ist in jeder Form, ob in der Darstellung Darwins oder in ihren späteren Revisionen, entweder auf die anatomischen und physiologischen Spielarten der Natur beschränkt, oder sie schließt zusätzlich die menschliche Psychologie ein. Wenn der *psychologische Darwinismus* als Theorie eingeschätzt werden soll, besteht keine Berechtigung, seine Wahrheit als erwiesen anzusehen. Wir müssen vielmehr alle bekannten Aspekte der menschlichen Psychologie gegen ihn aufstellen und seine Verteidiger dazu auffordern, uns zu zeigen, wie die Theorie sie erklären kann.

Die *Fakten* menschlicher Moral und Ethik gehen ganz offensichtlich nicht konform mit einer Theorie, die jedes Verhalten mit der Selbsterhaltung und der Erhaltung der Art erklärt. Es ist erschreckend, sich vorstellen zu können, daß die menschliche Rasse ihre eigene totale Vernichtung riskieren wird gegen die Prinzipien, nach denen menschliches Leben ausgerichtet und gelebt werden sollte. Man kann das als ungesund beurteilen, aber die Möglichkeit genügt, um den Gedanken nahezulegen, daß die »natürliche Auslese« keine derartige Ethik hervorgebracht hätte. Es ist auch keineswegs klar, wie die »natürliche Auslese« für Bachs Partituren oder für abstrakte Geometrie, die für keine mögliche Welt gelten kann, eine Auslese getroffen hat, oder für ein Rechtssystem, das tausend Schuldige ziehen läßt, damit ein einziger Unschuldiger nicht in seiner Freiheit behindert wird. Wir stellen hier keine Gesetze über den letzten Stand des Darwinismus auf. Wir merken nur an, daß keine seiner Versionen diesen Fakten des menschlichen Lebens begegnen kann, und so ist es ein Gebot der Vernunft, einzusehen, daß die Grenzen dieser Theorie erheblich sind, selbst wenn sie nur vorläufige wären.

Wir wollen jetzt unseren Focus eingrenzen und die zeitgenössische Soziobiologie untersuchen, einen Ableger der Evolutionstheorie, die hybride Disziplin, die komplexeste soziale Phänomene nach den Prinzipien der Evolutionstheorie verstehen will.

Kapitel 6
Die menschliche Person in der Gesellschaft

Die menschliche Gesellschaft hat sich in der kulturellen Evolution aus dem ursprünglich irrationalen beziehungsweise von Instinkten gelenkten Verband menschlicher Wesen zu einer hochorganisierten, von Werten bestimmten Struktur entwickelt. Wie Abbildung 6–1 zeigt, hat die biologische Evolution die menschlichen Genotypen geschaffen, die menschliche Gehirne bilden mit ihrer Neigung zu altruistischem Verhalten und allen anderen kulturellen Aktivitäten, welche die Wertsysteme einschließen, von denen die Gesellschaft geformt und gesteuert wird. Werte sind wichtige Bestandteile der Welt 3 und sind in Abbildung 3–3 in der Philosophie enthalten.

Der Ursprung der Werte

Wir können uns Werte ganz einfach als das vorstellen, was wir hochachten, wertschätzen. Sie sind grundlegend für unsere Meinungen und unsere Wahl, dies oder jenes zu tun. Jeder von uns hat eine Wertskala oder ein Wertsystem, das vielleicht nicht bewußt erkannt wird, das aber nichtsdestoweniger unseren Entscheidungen den Rahmen gibt. Aber seine Rolle besteht natürlich darin, Regeln aufzustellen, und nicht darin, alles zu determinieren. Die entsprechenden Verhaltensregeln werden genauso gelernt wie die Sprache. Wie in Kapitel 8 festgestellt wird, ist das Gehirn mit der Neigung zum Erlernen einer Sprache ausgestattet. Während der Evolution entwickelten sich in der Großhirnrinde große Sprachzentren, die zum Zeitpunkt der Geburt vorgebildet sind, ehe sie benutzt werden für jede mögliche Sprache, die gehört wird. So ist also das Gehirn auch mit der Neigung ausge-

EVOLUTION

BIOLOGISCHE EVOLUTION DER GENOTYPEN	KULTURELLE EVOLUTION AUSSCHLIESSLICH DES MENSCHEN
Phänotypen, durch Genotypen gebildet	
Tier – Gehirn mit pseudoaltruistischem Verhalten	
Menschliches Gehirn mit der Anlage für Sprache	Erlernen spezifisch menschlicher Sprachen
Menschliches Gehirn mit der Anlage für altruistisches Verhalten	Erlernen altruistischen Verhaltens
Menschliches Gehirn mit der Anlage für alle kulturellen Tätigkeiten	Erwerb von Kultur

Abb. 6-1: Allgemeines Diagramm der Evolution. Die senkrechte Linie bedeutet eine scharfe Trennung zwischen biologischer und kultureller Evolution. Links davon befinden sich ausschließlich Objekte von Welt 1: Genotypen, Phänotypen, tierische und menschliche Gehirne. Im Gegensatz dazu finden sich rechts der Linie ausschließlich Objekte von Welt 3: Sprache, Werte, Kultur insgesamt, wie in Abb. 3-3 aufgezeigt.

stattet, Wertsystemen gemäß zu agieren; das anfänglich erlernte Wertsystem ist das der umgebenden Kultur.

Ebenso wie es rudimentäre tierische Kommunikationen gibt (Kap. 8), gibt es rudimentäre soziale Organisationen, in denen die Verhaltensmuster sowohl auf Instinkten als auch auf Erlerntem beruhen. Diese »Gesellschaft« unserer Primatenvorfahren bildete vermutlich die Basis, auf der sich die »Kultur« der frühen Hominiden entwickelte. Wir können vermuten, daß die Motivation dafür in dem Bedürfnis nach einem sozialen Zusammenhalt bei Jagd und Kampf, Nahrungsbeschaffung und Werkzeugproduktion lag. Zum Beispiel ist die sehr allmähliche Entwicklung der Handaxt, die sich über Hunderttausende von Jahren hinzog, tatsächlich dokumentiert. Aber am wichtigsten war die allmähliche Verbesserung der sprachlichen Kommunikation, um sozialen Zusammenhalt zu schaffen.

Wenn Sherrington in seinen Gifford-Vorlesungen den evolutionären Ursprung des Menschen behandelt, schreibt er sehr anschaulich:
»Wir denken mit Grausen an jenen uralten, biologischen vor-

menschlichen Schauplatz, von dem, wie wir gelernt haben, wir herkamen; dort war *kein* Leben eine geheiligte Sache ... Für den Menschen, der sich zum Teil von diesen Umständen befreite, hat sich die Lage geändert ... In ihm selber liegt die Veränderung. Woher sind seine ›Werte‹ gekommen? ... Alle diese anderen Geschöpfe außer dem Menschen selbst, sogar die ihm ähnlichsten, scheinen keine ›Werte‹ zu kennen ... Im Gegensatz dazu gewinnt er langsam die Einsicht, daß Altruismus, Nächstenliebe als Pflicht dem denkenden Leben auferlegt sind. Daß ein Ziel bewußter Lebensführung Selbstlosigkeit sein muß. Aber das bedeutet, gerade die Mittel und Wege, die ihn bis hierher gebracht haben und ihn erhalten, zu mißbilligen. Von allen seinen neugefundenen Werten wird sich vielleicht der Altruismus am schwersten durchsetzen. Hat doch so lange Zeit das ›Selbst‹ sich nur um sich als Zweck und Ziel gekümmert ... Wenn [der Mensch] sich mit seinen neugefundenen ›Werten‹ abmüht, hat er dabei doch keine andere Erfahrung als seine eigene, kein Urteil als sein eigenes, keinen Rat als seinen eigenen.«[1]

Schon in der ersten großen Zivilisation, der sumerischen, gab es neben hervorragenden künstlerischen, literarischen und technischen Entwicklungen das früheste Dokument der Menschenrechte, den Code von Ur-Nammu (etwa 2100 v. Chr.). Die komplexe schöpferische Gesellschaft eines sumerischen Stadtstaates mit ihrem Wertekodex wurde von der priesterlichen Bürokratie der Zikkurat geführt, die ihre Autorität von einem Gott oder einer Vereinigung von Göttern herleitete, deren Äußerungen von den Priestern in Verhaltensregeln für die Unternehmungen des Staatsvolkes übertragen wurden. Es wurde kürzlich von Julian Jaynes nahegelegt, daß die Priester der Zikkurat keine Scharlatane waren, sondern daß sie, wenn sie in halluzinatorischer Trance waren, Stimmen hörten, von denen sie wirklich glaubten, es seien die Stimmen der Götter.

In der Retrospektive können wir erkennen, daß die Gesellschaften der frühen Zivilisationen von Wertsystemen gelenkt wurden, die in Vorschriften für Verhalten und Urteil bestanden. Außerdem entwickelten sich diese Systeme langsam und waren, ebenso wie heute, sehr verschieden in den verschiedenen Kulturen – in der sumerischen, der ägyptischen, babylonischen, indischen und chinesischen Kultur. Es

---

[1] Sherrington, C. S. *Körper und Geist* [Lit. 235], S. 383 f., 385 f.

scheint, daß dieses beherrschende kulturelle Milieu unbewußt, ohne kritische Prüfung akzeptiert wurde. Das bewußte Erkennen von Werten scheint mit Sokrates begonnen zu haben, der immer wieder neue Fragen stellte in bezug auf den Wert des Wissens; den Zweck solcher Beschäftigungen wie Wissenschaft, Politik, bildende Künste – und Fragen sogar zum Lauf der Natur. Diese Fragen führten zu der Auffassung, daß alles einen Wert habe, das heißt, es führte zum allgemeinen Begriff des Wertes.

Vor diesem Hintergrund entwickelte Plato seine Ideen vom Sein oder den Idealen, von denen das Gute, das Schöne und das Wahre die wichtigsten waren. Sie wurden als ewig, als von göttlichem Ursprung und als das Absolute begriffen, an dem alle Werte gemessen wurden. Man muß erkennen, daß diese Platonische Dritte Welt völlig verschieden ist von Poppers Welt 3 (vgl. Abb. 3–3), indem sie göttlichen Ursprungs ist, wohingegen Poppers Welt 3 ausschließlich menschlichen Ursprungs ist. Sie ist auch anders im Hinblick auf ihren absoluten Status. Nach Plato ist alles, was außerhalb des Ideals absoluter Schönheit schön ist, *nur aus dem einen Grund* schön, weil es am Ideal absoluter Schönheit teilhat. *Und diese Erklärung kann auf alles angewendet werden.* Die idealistische Trinität der absoluten Werte lebt in den idealistischen Philosophien der Neuzeit weiter.

Werte in unserer Gesellschaft

Werner Heisenberg hat sich mit klugen und tiefgründigen Worten über die Werte in unserer gegenwärtigen Gesellschaft geäußert:

»Die Frage nach den Werten – das ist doch die Frage nach dem, was wir tun, was wir anstreben, wie wir uns verhalten sollen. ... es ist die Frage nach dem Kompaß, nach dem wir uns richten sollen, wenn wir unseren Weg durchs Leben suchen. Dieser Kompaß hat in den verschiedenen Religionen und Weltanschauungen sehr verschiedene Namen erhalten: das Glück, der Wille Gottes, der Sinn, um nur einige zu nennen. ... Aber ich habe doch den Eindruck, daß es sich in allen Formulierungen um die Beziehungen der Menschen zur zentralen Ordnung der Welt handelt. ... Aber letzten Endes setzt sich doch wohl immer die zentrale Ordnung durch, das ›Eine‹, um in der antiken Terminologie zu reden, zu dem wir in der Sprache der Religion in Beziehung treten. Wenn nach den Werten gefragt wird, so scheint also die Forderung zu lauten, daß wir im Sinne dieser zentralen Ordnung handeln sollen – eben um die Verwirrung zu vermeiden, die durch abgetrennte Teilordnungen entstehen kann. Die Wirksamkeit des Einen zeigt sich schon darin, daß wir das Geordnete als das Gute, das Verwirrte und Chaotische als schlecht empfinden.«[2]

Der große Philosoph und Physiker Eddington hat Überzeugungen vertreten, die denen Heisenbergs vergleichbar sind. Die Möglichkeit der Willkür von Werten, die im menschlichen Bewußtsein entstehen, führte ihn dazu, an absolute Werte zu glauben, und daß wir »optimistisch darauf vertrauen« können, »daß unsere Werte ein schwacher Abglanz jener Werte des Absoluten Bewerters sind«.

Obwohl Poppers Welt 3 ausschließlich menschlichen Ursprungs ist, kann sie einem absoluten Wert nahekommen. Popper sagt zum Beispiel im Hinblick auf die Methodologie der Wissenschaft: »So führt die Elimination von Fehlern zum objektiven Erkenntnisfortschritt – zum Fortschritt der Erkenntnis im objektiven Sinne. Sie führt zur Zunahme der objektiven Wahrheitsähnlichkeit: Sie ermöglicht die Annäherung an die (absolute) Wahrheit.«[3]

Popper betrachtet Wissenschaft als *Suche* nach absoluter Wahrheit, die, obwohl unerreichbar, das Ziel und Kriterium unserer Anstrengungen ist.

Der große Physiker Max Planck bestätigte seinen Glauben an absolute Werte ausdrücklich:

»Diese absoluten Werte in Wissenschaft und Ethik sind es, denen zuzustreben die eigentliche Aufgabe eines jeden geistig regsamen Menschen ausmacht, eine Aufgabe, die immer wieder in der einen oder anderen Form, entsprechend der jeweiligen Forderung des Tages, an ihn herantritt. Daß sie niemals ein Ende findet, dafür sorgt das von manchen Scheinproblemen durchsetzte, aber auch stets echte Probleme in unaufhörlichem Wechsel schaffende, uns alle beständig zu neuer Arbeit rufende werktätige Leben. Denn die Arbeit ist das, was unserem Lebensschiff erst den richtigen Tiefgang gibt, und für

---

2 Heisenberg, W. *Der Teil und das Ganze* [Lit. 237], S. 291.
3 Popper, K. R. *Objektive Erkenntnis* [s. Fußn. 8, S. 63], S. 129 f.

die Einschätzung des Wertes dieser Arbeit gibt es ein untrügliches Merkmal altehrwürdigen Ursprungs, ein Wort, das für alle Zeiten das letzte maßgebende Urteil ausspricht: An ihren Früchten sollt ihr sie erkennen!«[4]

Die Unterweisung der jungen Generation hinsichtlich moralischer Werte wird oft verächtlich gemacht als Indoktrination oder sogar Gehirnwäsche. Würden die gleichen Kritiker die gleiche Kritik an der Lehre einer Sprache üben? Wir möchten behaupten, daß es ein Verbrechen an Kindern wäre, überließe man sie beim Lernen einer Sprache sich selbst. Sie können dadurch zu lebenslangen Sprach-Krüppeln werden. Der wunderbare genetische Bau des Gehirns, der für alle sprachlichen Ausdrucksmöglichkeiten des Menschen eingerichtet ist, verfiele, denn das passiert, wenn er in den bildsamen Jahren nicht intensiv entwickelt wird. Dasselbe gilt für die moralische Erziehung. Das beeinflußbare Gehirn des Kindes muß moralische Instruktionen erhalten, sonst wächst das Kind zu einem Erwachsenen heran, der für immer in seinen menschlichen Qualitäten geschwächt oder verkrüppelt ist. Das ist ebenso ein Verbrechen, wie wenn man Kinder mit einer mangelhaften sprachlichen Unterweisung aufzöge. Das wird in Abbildung 6–1 und mit der Leiter der Personalität (Abb. 3–4) zur höchstmöglichen Lebenserfüllung vorgeführt.

Die Unzulänglichkeit moralischer Erziehung in Elternhaus, in Schule und Kirche wird tragisch sichtbar im Zerbrechen der Familien und in der allgemeinen Permissivität, die junge Leute verlangen und erhalten. Wertsysteme, die über Hunderte von Jahren in der Kultur aufgebaut wurden, verfallen, so daß die Gesellschaft von einer sich neu entwickelnden Barbarbei bedroht ist. Verbrechen jeder Art – Diebstahl, Gewalttätigkeit, Mord, Entführung, Drogenhandel – nehmen bedrohlich zu. Die Zahl der Gefängnisinsassen wächst so schnell wie nie zuvor. Das sind die Übel, die aufgrund einer fehlenden Moralerziehung entstehen. Während großes öffentliches Interesse an der Verhütung eines Atomkrieges besteht, der die Gesellschaft von außen zerstören würde, findet man beklagenswert wenig Interesse, wenn es um die Zerstörung der Gesellschaft von innen, durch das Versagen unseres Wertsystems, geht.

---

4 Planck. M. *Scheinprobleme der Wissenschaft* [Lit. 237], S. 30f.

Schlußbemerkungen über die Werte

Die kulturellen Leistungen der Menschheit sind Zeugnis für die Suche nach absoluten Werten, von der die großen schöpferischen Geister motiviert und inspiriert wurden. Man kann sagen, daß die absoluten Werte eine Art wegweisendes Leuchtfeuer abgaben. Das können wir würdigen, wenn wir die wissenschaftlichen Bemühungen eines Kepler, Newton und Einstein um das Verständnis der natürlichen Welt betrachten. Eine ähnliche Einflußnahme auf große Genies erkennen wir auf anderen Gebieten kultureller Leistung: in der Philosophie, Religion, Literatur, Geschichte und Kunst. Das Denken und Streben der Menschheit im Zusammenhang mit Wahrheit, Güte und Schönheit hat zur Suche nach Gerechtigkeit und ethischen Gesetzen in der sozialen Organisation geführt. Die traditionellen Werte der Wahrheit, Güte und Schönheit sind in die großen kulturellen Leistungen eingebettet und werden als Urteilskriterien verwendet. Niemand könnte behaupten, daß in einem menschlichen Werk je absolute Werte erreicht worden seien. Trotzdem schenkt das Streben nach den höchsten Werten dem Abenteuer der menschlichen Personalität als unerwartete Belohnung das Glück der Erfüllung.

Soziobiologie

Bei dem Versuch, die Komplexität des sozialen Lebens, das sich zu unserer Zivilisation entwickelt hat, zu verstehen, ist die Untersuchung des Tierverhaltens eine reizvolle Methode. Sicher muß es Verhaltensmuster bei Tieren geben, so wird argumentiert, die, bei objektiver Untersuchung, Einblicke geben in die Motive, Ideale, Zwänge, Aggressionen, Bestrebungen und altruistischen Neigungen, die offensichtlich das Leben der Individuen in unseren menschlichen Gesellschaften beherrschen.

In seiner großen Abhandlung über Soziobiologie hat Edward Wilson eine neue Wissenschaft des Tierverhaltens begründet, die im Prinzip auf der biologischen Evolution und der genetischen Erklärung der

Vererbung basiert. Es ist Wilsons These, daß die Methodologie und die Ergebnisse der Soziobiologie auch auf das soziale Verhalten des *Homo sapiens* anwendbar seien und daß seine neue Synthese für Anthropologie und Soziologie eine objektive wissenschaftliche Grundlage abgeben könne. Die starken Einwände gegen Wilson stützen sich auf seine Prämisse, daß menschliches Verhalten genetisch determiniert sei.

Die Soziobiologie ist eine herausfordernde Disziplin mit faszinierenden Geschichten über das Verhalten von Tieren. Aber wir können die Art nicht akzeptieren, in der diese Tierbeobachtungen benutzt werden, um dogmatische Feststellungen auf dem Gebiet der Psychologie und Ethik des Menschen zu stützen. Nach der kontroversen Aufnahme seines ersten Buches publizierte Wilson ein Buch *On Human Nature*, das spezifischer auf die menschliche Situation ausgerichtet ist. Sobald Wilson das Feld der Soziologie verläßt und sich auf dogmatische Aussagen über ethische Fragen einläßt, setzt er sich selbst der Kritik aus moralischen Gründen aus. Seine Aussagen sind Beispiele für die im Kern fehlerhaften Konzeptionen der menschlichen Natur, die von Soziobiologen entwickelt werden, deren Fachkenntnis auf nicht-menschliche Lebewesen beschränkt ist, im besonderen auf soziale Insekten. Als Kritik kann angeführt werden, daß Soziobiologen die menschliche Natur mißverstanden haben, weil sie sich auf Modelle des Tierverhaltens, die größtenteils aus Studien an sozialen Insekten abgeleitet wurden, konzentriert haben. Verhaltensbegriffe wie Altruismus und Egoismus wurden unterschiedslos auf Insekten und Menschen angewandt. Der Gebrauch des Wortes »Altruismus« bei Soziobiologen weist auf die Wurzel unserer Mißverständnisse.

Altruismus und Pseudoaltruismus

Im herkömmlichen Gebrauch wird der Begriff Altruismus auf die Ethik menschlichen Verhaltens angewandt. Eine altruistische Handlung wird erkannt an der *Absicht*, in einer Weise zu handeln, die bestimmt ist von der *Rücksicht* auf die Interessen anderer Personen.

Selbst wenn sich verheerende Folgen ergeben sollten, so kann die Handlung doch als altruistisch gelten, wenn sie wirklich die zwei Merkmale *Absicht* und *Rücksicht* aufweist. Es liegt auf der Hand, daß das normale soziale Leben wohlmeindender Menschen ein Gewebe altruistischer Handlungen darstellt. Selbstsucht wird vermieden. Altruistische Handlungen entstehen auf der Grundlage einer moralischen Erziehung des Menschen, wie Abbildung 6–1 veranschaulicht. Im Gegensatz dazu hat der »Altruismus« der Soziobiologen seine exemplarischen Muster in den auf Selbstopfer beruhenden Verhaltensweisen besonders der sozialen Insekten. Beispiele sind die Opfertode der Soldatenameisen, der Honigbienen, die Eindringlinge stechen, und auch der Vögel, die Warnrufe ausstoßen. Diese Opferhandlungen sind rein instinktiv bedingt durch die genetischen Codes, welche die Organismen bilden, die diese Verhaltensweisen zur Schau stellen. Sie sind nicht erlernt, auch nicht im geringsten Maße. Um Verwechslungen zu vermeiden, die der Gebrauch desselben Begriffs für oberflächlich ähnliche, aber im Grunde verschiedene Verhaltensformen mit sich brächte, haben wir vorgeschlagen, daß der »Altruismus« der Soziobiologen als »Pseudoaltruismus« bezeichnet wird, während der Begriff »Altruismus« weiterhin in der gewohnten Weise auf die Ethik menschlichen Verhaltens angewandt werden sollte.

Was wir Pseudoaltruismus nennen wollen, würde sich auf alle Verhaltensmuster beziehen, die sich während der biologischen Evolution entwickelt haben. Bei Menschen sind sie noch als rudimentäre Überbleibsel unserer Tier-Vorfahren zu finden. Wir haben solche Überbleibsel in den einfacheren Formen der sprachlichen Kommunikation, wie zum Beispiel in Rufen und Schreien. Andererseits entwickelt sich Altruismus in unserer kulturellen Evolution ebenso, wie es die Sprache tut (vgl. Abb. 6–1). Die *Neigung zum Altruismus* ist als eine Eigenschaft der neuralen Maschinerie des menschlichen Gehirns vererbt, sie entstand während der biologischen Evolution. Altruismus ist eine Zierde unserer menschlichen Kultur; er muß ebenso gelernt werden, wie wir eine Sprache lernen. Er wird genauso wenig biologisch vererbt wie das Sprechen einer bestimmten Sprache.

Die emotional geladenen Konflikte mit der Soziobiologie entzünden sich an deren dogmatischer Annahme, daß das Studium des Verhaltens von Tieren den Schlüssel zum Verstehen menschlichen Verhaltens in jeder Hinsicht liefere. Unsere Kritik zielt nicht auf eine Diskreditierung der Soziobiologie ab, sondern will zeigen, wie unakzeptabel ihre unkritische Anwendung auf die menschliche Soziologie ist.

Das Beweismaterial für altruistisches Verhalten bei den Hominiden ist überraschend spärlich. Bei den Neandertalern (vor 80 000 Jahren) haben wir jedoch die ersten Beispiele für zeremonielle Bestattungen, die sicherlich altruistische Handlungen darstellten, die mit dem Entstehen des Ichbewußtseins, mit dem Erkennen seiner selbst und anderer als bewußte Iche in Zusammenhang gebracht werden können. Den ersten Nachweis für mitfühlendes Verhalten in der menschlichen Vorgeschichte (vor 60 000 Jahren) hat vor einiger Zeit Solecki an den Skeletten von zwei männlichen Neandertalern entdeckt, die durch schwere Verletzungen zu Krüppeln geworden waren. Die Knochen zeigen jedoch, daß diese behinderten Geschöpfe bis zu zwei Jahren am Leben erhalten worden waren, was nur geschehen sein konnte, wenn sich andere Individuen des Stammes um sie gekümmert hätten. Mitleidsvolle Gefühle kann man auch aus der bemerkenswerten Entdeckung ableiten, daß zu damaligen Begräbnissen in der Shanidar-Höhle Blumengaben gehörten, wie Pollenanalysen ergeben haben. Wir können also die ältesten bekannten Zeichen von Altruismus in der menschlichen Vorgeschichte auf vor 60 000 Jahren datieren. Man könnte hoffen, daß der Altruismus noch weiter zurückreicht, weil die Neandertalmenschen, deren Gehirne ebenso groß waren wie die unsrigen, mindestens schon vor 80 000 Jahren existierten.

In seinem großartigen Buch *Man on his Nature* bezieht sich Sherrington in dramatischer Weise auf die geheimnisvollen Ursprünge der Moral und somit auch des Altruismus. Mutter Natur, wie sie in der biologischen Evolution dargestellt wird, wendet sich an den Menschen:

»Du bist mein Kind. Erwarte nicht, daß ich dich liebe. Wie kann ich dich lieben – ich, die ich blinde Notwendigkeit bin? Ich kann weder lieben noch hassen. Aber jetzt, da ich dich und deine Art hervorgebracht habe, denke daran, daß du eine neue Welt für deine eigene Gattung bist, eine Welt, die eben durch dich Liebe und Haß, Vernunft und Wahnsinn, Moralisches und Unmoralisches, Gutes und Böses enthält. Deine Pflicht ist es, zu lieben, wo Liebe gefühlt werden kann. Das heißt: Euch untereinander zu lieben.

Bedenke auch, daß, wenn du mich kennst, du vielleicht nur das Mittel einer höheren ABSICHT kennst, das Werkzeug einer Macht, die zu groß ist, als daß deine jetzige Einsicht an sie heranreicht. Versuche also, deine Einsicht wachsen zu lassen.«[5]

Wir vermögen uns mit dem großen Meister Sherrington sehr wohl in seine bewegende Botschaft einzufühlen. Wir glauben, daß die biologische Evolution nicht einfach Zufall und Notwendigkeit ist. So hätten wir mit unseren Werten niemals erzeugt werden können. Wir haben mit ihm das Empfinden, daß die Evolution das Instrument einer ABSICHT sein könnte, die sie über Zufall und Notwendigkeit hinaushob, zumindest in der Transzendenz, welche die mit Selbstbewußtsein begabten menschlichen Geschöpfe hervorbrachte. Die kulturelle Evolution folgt der biologischen Evolution und wird sehr schnell zum entscheidenden Faktor in der natürlichen Auslese, nicht nur wegen der Fülle technischer Neuerungen, sondern auch wegen der Schaffung und Entwicklung unserer Werte. Zum Beispiel eignet sich Altruismus gut dazu, die moralische Basis für eine Gesellschaft abzugeben, die sich dem Wohl ihrer Mitglieder widmet.

Liebe und Mitleid

Wir wollen versuchen, auf der einfachen religiösen Lehre, daß wir einander lieben sollen, aufzubauen. Wenn unsere Leser Liebe nicht erfahren hätten, wäre es sinnlos für uns, sie zu definieren oder zu beschreiben, wie es sinnlos wäre, einem Blinden Farben zu beschreiben. Aber wir hoffen, daß alle geliebt haben und geliebt wurden. Die tiefe Gefühlsbeziehung zwischen einem Mann und einer Frau, die sich lieben, ist ein ganz besonderes Beispiel für die – sonst sehr viel allgemeineren – Verbindungen zwischen Menschen. Den Soziobiologen zum Trotz werden Liebe und Fürsorge für andere immer noch praktiziert. Wenn wir Glück haben, dann empfinden wir tiefe Sympathie für unsere Freunde und Verwandten, ohne einen Gedanken an irgendwelche materiellen Vorteile, die sie uns möglicherweise verschaffen könnten, obgleich wir uns natürlich freuen, wenn unsere Zuneigung erwidert wird.

5 Sherrington [Lit. 235], S. 404.

Eine ideale Gesellschaft würde aus menschlichen Verhältnissen bestehen, die von Liebe getragen sind. Menschen guten Willens bemühen sich darum, eine solche Gesellschaft zu schaffen. Wie es sich bei allen anderen absoluten Werten verhält, ist eine Gesellschaft, die durch Liebe regiert wird, ein unerreichbares Ideal, aber wir können uns dafür einsetzen, besonders in einer Familiengemeinschaft. Es ist eine unvergeßliche Erfahrung, in den liebevollen Beziehungen einer solchen Familie mit ihrem außerordentlichen Glück geborgen zu sein. Das ist größtenteils das Verdienst der Mutter, die das Kind vom Säuglingsalter an mit ihrer liebenden Fürsorge umgibt, wie es in Kapitel 2 beschrieben ist.

Aber unsere Welt ist eine unvollkommene Welt, und wir müssen für Familien und soziale Gruppierungen dankbar sein, in denen Liebe wenigstens einen Grundton bildet. Andernfalls ginge das Ideal der Liebe verloren. Es ist wichtig, zu erkennen, daß Liebe sich über die Kerngruppe hinaus ausbreitet. Es gibt eine Fürsorge für andere, besonders für solche im Unglück, die auf der Fähigkeit beruht, sich mit dem anderen in der Vorstellung zu identifizieren, das heißt in mitfühlender Liebe. Aber in der realen Welt des Konkurrenzkampfes zwischen machtorientierten Individuen ist Liebe auf ein Minimum zurückgegangen. Das ist die beklagenswerte Welt, die Edward Wilson in seinem Buch *On Human Nature* beschreibt. Das ist die Welt, die von vielen Jugendlichen heute verabscheut wird, wobei sie sie fälschlicherweise mit ihren materialistischen Übeln wie Umweltverschmutzung, Aufrüstung und kapitalistischer Ausbeutung identifizieren, wohingegen wir auch ausdrücklich auf kommunistische Herrschaft verweisen möchten.

Trotzdem gibt es in unserer modernen Welt beachtenswerte Beispiele von persönlichem Altruismus und Mitleid, die auf Liebe beruhen. Wir können Dr. Albert Schweitzer aus Lambarene anführen, Mutter Theresa aus Calcutta und Dr. Guiseppe Maggi aus Kamerun. Sie alle haben ihr Leben der Sorge für andere gewidmet, für Menschen, die dringend Hilfe brauchen.

Es gibt eine lange und reiche Tradition der Liebe und ihrer dominierenden Rolle in der Literatur – in frühen Romanzen, in der Poesie, in Romanen. Seit der frühesten Zeit des Christentums gibt es zwei widerstreitende Aspekte der Liebe: die Agape, die geheiligte oder christliche Liebe, und der Eros oder die heidnische Liebe mit ihrer

Leidenschaft und ihrem vorherrschend erotischen Charakter. Tatsächlich ist das, worüber wir schreiben und was wir in unserem weltlichen Leben erfahren, eine Mischung von Agape und Eros.

Wir sollten aber selbst erotische Liebe vom Sex in seinen anatomischen, physiologischen und psychologischen Manifestationen unterscheiden, obwohl in unseren unritterlichen Zeiten eine bedauerliche Tendenz besteht, die beiden miteinander zu identifizieren. Wir wollen den sexuellen Aspekt der Liebe nicht leugnen, wir möchten nur sagen, daß Liebe sehr viel mehr ist als Sex. Liebe ist eine tiefe Verbindung zwischen zwei Menschen, angefüllt mit Erinnerungen, Zuneigung, Opfern und Idealen. In der Literatur bleibt die Liebe sehr oft unerfüllt, oder sie zerbricht nach einer ekstatischen Erfüllung. Dann kann sie zu einer Quelle der Sehnsucht und sogar der Verzweiflung werden. Aber wir haben vielleicht auch das Glück, unsere verlorene Liebe in der Erinnerung und Imagination nochmals erleben und genießen zu können. Denis de Rougement hat mit tiefer Einsicht und großem Scharfsinn das Thema Liebe in seinem großartigen Buch *L'amour et l'occident* [Paris 1939] behandelt. Er legt dar, daß die Geschichte von Tristan und Isolde über Jahrhunderte das Modell für die Liebesliteratur war.

Dante erzählt in »La Vita Nuova« von seiner außergewöhnlichen Liebe zu Beatrice, einer Liebe, die niemals Erfüllung fand. Wenn man die Geschichte liest, so spürt man, daß da die Gefühle, die ein jugendlicher Italiener für ein junges Mädchen hat, poetisch übertrieben werden. Dem billigen Schluß hier muß die großartige Schöpferkraft gegenübergestellt werden, die sich später offenbarte in Dantes *Divina Commedia*, die er im Andenken an diese Liebe schuf, in der Geschichte seiner Reise, die er, in Begleitung von Vergil, durch das Inferno und das Fegefeuer machte, um schließlich der geheiligten Beatrice im Paradies zu begegnen. In der romantischen menschlichen Geschichte hat die Liebe, wie in diesem Beispiel, die Erotik transzendiert, und oft wurde sie in großen künstlerischen Schöpfungen sublimiert. In seinem späteren Leben wurde Michelangelo inspiriert von seiner unerfüllten Liebe zu einer wundervollen Frau, Vittoria Colonna, einer Liebe, die sich in vielen Liebesgedichten der beiden entfaltete. Die Lucy-Gedichte von William Wordsworth wurden von seiner Liebe zu dem einfachen Landmädchen Lucy inspiriert, das im Alter von neun Jahren starb.

Selbst in unserer Jugend erlebten wir Jahre der Liebe, Verehrung und Leidenschaft, ohne daß wir an sexuelle Erfüllung dachten. Trotzdem waren die Gefühle tief und gingen in kreatives Denken über, weit mehr, so vermuten wir, als in der heutigen permissiven Gesellschaft, in der oft das, was zu einer hingebungsvollen Liebe führen könnte, durch sofortige Erfüllung erstickt wird. Vieles in der heutigen Literatur und in den Medien ist an Pornographie orientiert; trotzdem gibt es immer noch Beispiele hingebungsvoller Liebe mit tiefen, bewegenden Gefühlen. In seinem großen Roman *The French Lieutenant's Woman* erzählt John Fowles zum Beispiel die Geschichte der großen Liebe des Charles Smithson zu Sarah Woodruff, einer Liebe, die schließlich unerwidert bleibt.

Es stellt sich vielleicht die Frage, zu welcher Kategorie des inneren Sinnes in Abbildung 3–1 die Liebe gehört. Die eindeutige Antwort ist: zu allen Kategorien – zu Gedanken, Gefühlen, Erinnerungen, Träumen, Vorstellungen, Intentionen und Interessen.

Wir hoffen, daß unsere Gesellschaft sich aus dem Sumpf des pornographischen Sex befreien kann, in den sie abgeglitten ist. Wir meinen damit natürlich nicht die Nacktheit beim Sonnenbaden und am Meer, sondern wir sprechen vom pornographischen Exhibitionismus. Dieser degradiert das Liebesleben. Wir wollen nicht, daß die Liebe zweier Menschen zur Leistung zweier Körper wird. Es gibt so vieles, das man auf geistiger Ebene genießen kann durch das Wunder menschlicher Beziehungen, die in einer doppelten Erleuchtung gelebt werden – im sanften Licht der Agape und im intensiven Licht des Eros. Für das Mysterium der Liebe müssen wir dankbar sein. Es kann dem Abenteuer der Personalität viel Freude und Glück geben.

Aggression

Zu Beginn ist es wichtig, wie William Thorpe zwischen Aggression und Gewalttätigkeit zu unterscheiden. Aggressivität ist ein normales biologisches Merkmal im Lebenskampf. Gewalttätigkeit ist aggressives Verhalten, das eindeutig darauf ausgerichtet ist, anderen Schaden zuzufügen.

Es gibt eine riesige Literatur über die menschliche Aggression. Sie ist zu einer Industrie geworden! Diese Lehre von der angeborenen menschlichen Aggression bis zum Extrem wird von einer Phalanx von Autoren verbreitet, die das Beweismaterial entweder bewußt manipulieren oder das, was sie erkennen, sehr punktuell und selektiv behandeln. In Ashley Montagus Buch *The Nature of Human Aggression* findet sich eine scharfe Attacke gegen die extremen Aspekte dieser Lehre von der angeborenen menschlichen Aggression. Man kann hoffen, daß das helfen wird, die Dogmen derer, die an eine eigentliche Bösartigkeit der Menschheit glauben, zu diskreditieren – eine Hoffnung fast jenseits der Hoffnung.

Es ist ein Mythos, von den Verfechtern der angeborenen Aggression verbreitet, daß der Mensch sich unter allen Säugern dadurch hervortut, daß er ein Verhalten zeigt, das zu gewalttätigen Konflikten und zum Tode führt. Ethologen haben von einer größeren Aggressivität bei mehreren Säugerarten berichtet. Zum Beispiel stellt Edward Wilson fest:

»Mord ist im Gegenteil bei vielen Wirbeltierarten weit häufiger und daher ›normaler‹ als beim Menschen. ... Tatsächlich: wenn ein imaginärer Zoologe vom Mars die Erde besuchen würde, um den Menschen einfach wie eine weitere Spezies über einen sehr langen Zeitraum zu beobachten, dann könnte er zu dem Schluß kommen, daß wir zu den friedlicheren Säugern gehören, rechnet er nämlich die schweren Überfälle oder Morde pro Individuum in einer bestimmten Zeit, selbst wenn dabei unsere gelegentlichen Kriege mitgezählt werden.«[6]

Natürlich ist die Geschichtsschreibung der Menschheit angefüllt mit Kämpfen und Morden; aber wir neigen dazu, die unerwähnten Menschenleben in der großen Masse, die unter der Oberfläche dieser ritterlichen Gewalttätigkeit existierten, zu übersehen. Die wunderbare Architektur von der romanischen Zeit bis hin zur Renaissance ist ein Beispiel für die fleißige, schöpferische Arbeit dieser Menschen, ungeachtet des Eindrucks von Gewalttätigkeit. Chaucers *Canterbury Tales* sind ein gutes Beispiel für die Menschen im späten 14. Jahrhundert. Sie strotzen von guter Laune und Derbheit, aber nicht von Gewalt.

---

6 Wilson, E. O. *Sociobiology: The new synthesis* [Lit. 235], S. 247.

Wir möchten nun den Fall der menschlichen Aggression nach allgemeinen Prinzipien untersuchen. Unsere Gehirne sind nach den ererbten genetischen Instruktionen gebaut, hinzu kommen alle möglichen sekundären Einflüsse während des Entwicklungsprozesses. Diese Feststellung kann nur als ein allgemeines Prinzip gelten. Die Einzelheiten sind unbekannt. Von Geburt an ist das menschliche Wesen allen kulturellen Einflüssen seiner Umgebung ausgesetzt und wächst so zu einer menschlichen Person heran. Die Bedeutung des Umwelteinflusses kann gar nicht hoch genug eingeschätzt werden (vgl. Abb. 6–1). Unter dem Einfluß eines zerbrochenen Elternhauses und in dem Gefühl, abgelehnt zu werden, kann ein Kind sich entfremden und von Gruppen vereinnahmt werden, die Aggressionen ungehemmt ausleben, bis sie schließlich in Gewalttätigkeiten übergehen.

Wahrscheinlich übte das Zurschaustellen von Gewalt immer eine faszinierende Wirkung aus. Wir lesen mit Abscheu von den Gladiatorenkämpfen der Römer, die bis heute in weniger extremen Formen menschlicher Aggression, wie zum Beispiel dem Boxen, fortbestehen. Aber heute sind Horror-Filme und die Darstellung von Verbrechen im Fernsehen populäre Attraktionen. Wie Friedrich von Hayek treffend bemerkt:

»Heute ernten wir die Früchte dieser Saat. Jene nicht domestizierten Barbaren, die sich entfremdet nennen von etwas, was sie nie gelernt haben..., sind das notwendige Produkt einer permissiven Erziehung, die es versäumt, die Bürde der Kultur weiterzugeben, und die den *natürlichen Instinkten* vertraut, *die die Instinkte des Wilden sind*.«[7]

Es ist ein bemerkenswerter Tribut an die Menschlichkeit, daß unsere Gesellschaft selbst bei dieser schrecklichen Unterweisung in Gewalttätigkeit so friedlich ist. Die akademischen Mandarine, die Bücher über die Verderbtheit der Menschheit schreiben, scheinen den eigentlichen Anstand des einfachen Volkes, wie sie diese Menschen zu nennen pflegen, nicht wahrzunehmen.

Wir stellen daher die These auf, daß menschliche Wesen mit der Möglichkeit geboren werden, anständige Menschen zu werden, die in Harmonie mit ihren Mitmenschen leben. Unter der Voraussetzung eines guten Elternhauses und eines guten Umgangs mit Gleichaltrigen

---

7 Hayek, F. H. von. *Die drei Quellen der menschlichen Werte* [Lit. 235], S. 46.

können junge Menschen relativ unberührt bleiben von den Greueln eines Großteils der sogenannten Unterhaltungsindustrie und der aggressiven Literatur. Wir alle erben Gehirne mit einer neuralen Maschinerie, die auf aggressive Taten eingestellt ist, ebenso wie wir eine neurale Maschinerie für sprachliche Tätigkeit haben. Sprechen ist jedoch abhängig vom Lernen, dasselbe gilt auch für aggressives Verhalten und Gewalttätigkeit. Wir können lernen, uns zu kontrollieren, was eine Funktion unserer Großhirnrinde ist. Wie wir schon betont haben, ist es besonders die Aufgabe der Mutter, ihre Kinder so zu erziehen, daß sie lernen, sich altruistisch zu verhalten und ihre Aggressionen zu kontrollieren. Ich möchte hinzufügen, daß beim Erlernen der Selbstkontrolle die »Sublimierung« sehr wichtig ist. Auf diese Weise können wir unsere aggressiven Neigungen zum Guten wenden. Ohne die Neigung zur Aggression würden wir nicht um etwas ringen, zum Beispiel um ein Ziel, auf das wir unsere Hoffnungen gesetzt haben. Beim Schreiben dieses Buches wurden wir zum Beispiel durch unsere angeborene Aggression dazu getrieben, ein weites Gebiet der Literatur kritisch zu prüfen, sinnvolle Synthesen aus ihr zu bilden und sie kritisch anzugreifen!

Aber die Zukunft der menschlichen Gesellschaft hat auch ihre dunklen Seiten. Wie Sherrington in seiner letzten Gifford-Vorlesung richtig erkannte, besteht immer die Bedrohung durch den *Homo praedatorius*, der in vielen Verkleidungen auftreten kann im Kampf um die Macht, der große Bereiche der Gesellschaft beherrscht: die Politik, die Wirtschaft und sogar den Wissenschaftsbereich. Immer lauert im Hintergrund die Bedrohung durch jene, die gierig Machtpositionen suchen und die mehr mit ihrem eigenen Aufstieg beschäftigt sind als mit dem altruistischen Motiv, den bestmöglichen Beitrag zur Kultur und zum Wohle ihrer Gesellschaft zu leisten.

Heutzutage sind freie Gesellschaften wie nie zuvor von Terroristen bedroht, die sich aus vielen Ländern zusammenrotten. Sie verstecken sich vielleicht hinter irgendeinem politischen Vorwand, wie zum Beispiel, daß sie die »verdorbene« Gesellschaft, in der sie leben, zerstören wollen, um eine tausendjährige Zukunft zu bringen. Viele »Linksliberale« sind diesen Gefahren gegenüber blind. Aber die kriminellen Greueltaten wie Mord, Menschenraub und Flugzeugentführung entlarven die Terroristen als das, was sie sind – kriminelle Mörder, die über Zerstörung und Tod um ihrer selbst willen triumphieren und denen jede konstruktive Denkweise abgeht. Man hat nun endlich erkannt, daß man mit diesen Kriminellen, die eine besonders abscheuliche Art des *Homo praedatorius* darstellen, nicht verhandeln sollte. Man muß sie bis zum äußersten bekämpfen. In seinem Artikel »Liberty and Terror« kommt Conor Cruise O'Brien zu dem Schluß: »Wie lange er auch dauert, der demokratische Kampf gegen die terroristischen Untergrundorganisationen, was für Schlagworte sie auch immer gebrauchen, es ist ein Kampf um die wirkliche Freiheit für wirkliche Menschen« (in: *Encounter*, Oktober 1977). In der Zwischenzeit muß es einige Freiheitsbeschränkungen geben, damit unsere Gesellschaft mit ihren Werten geschützt wird.

Rückblick und Auswertung

Wenn der Reisende aus dem Weltraum den Planeten Erde wieder besuchen würde, fände er die erstaunlichen Veränderungen vor, die das Leben, das vor 3500 Millionen Jahren begann, hervorgebracht hat. Mars und Mond sind immer noch die gleichen trockenen Wüsten, aber der größte Teil der Landmassen des Planeten Erde ist nun mit Vegetation bedeckt – mit Bäumen, Gras und Sträuchern. Bei genauer Betrachtung würde der Reisende Tiere zu Lande, zu Wasser und in der Luft erkennen. Aber über alle diese lebenden Kreaturen hinaus würde er ein Lebewesen entdecken: den *Homo sapiens sapiens*, der große Veränderungen geplant und bewirkt hat, so daß ein Großteil des Planeten nun unter Kontrolle ist – die Landschaft mit ihren unermeßlichen Gebieten künstlicher Bebauung, die kontrollierte Vegetation selbst der Wälder und die zum größten Teil für den Nutzgebrauch domestizierten Tiere. Auf diesem ländlichen Hintergrund erheben sich die gewaltigen Konstruktionen der Städte und großen Straßen, der Schiffe auf den Ozeanen und der Flugzeuge und Satelliten über der Erde. Aber das ist nur eine oberflächliche Ansicht von dem, was nun in der Tiefendimension vorgeführt werden soll.

Die Leistungen des Menschen sind in der Tat wunderbar, nicht nur auf dem Gebiet der Technik, sondern erstaunlicherweise noch mehr in den Natur- und Geisteswissenschaften – in der gesamten kulturellen Welt –, und sie würden verdientermaßen die Bewunderung unseres Weltraumreisenden erregen. Wenn er sich aber die Bedingungen der vier Milliarden Menschen ansähe, dann fände er viel Grund zu ernster Sorge um die Zukunft. Große Ungleichheiten in den materiellen Lebensbedingungen in den verschiedenen Ländern sind schlimm genug, aber von noch schrecklicherer Konsequenz ist die Art der Organisation und Kontrolle der Menschen, die in diesen Ländern leben. In diesem Buch konzentrieren wir uns auf die Natur der Menschen oder Personen, wie wir sie nennen sollten, und auf die notwendigen Bedingungen, durch die jede Person als geistiges und als körperliches Wesen Erfüllung findet. Was man als Notlage des Menschen bezeichnen kann, entsteht aus den vielen Faktoren, die diese Erfüllung vereiteln. Die ökonomische Situation ist nicht unser Thema; darüber gibt es schon sehr viel Literatur.

Wir beschäftigen uns mit den großen Problemen, die in unserer Gesellschaft entstanden sind, weil die geistigen Werte, auf denen sie aufgebaut wurde, zerfallen sind und durch grobe materialistische Motive ersetzt werden. Letztere sind: das Streben nach Macht durch Aggression und Gewalttätigkeit; die Suche nach Vergnügen in Verbindung mit Hedonismus, Nihilismus, Drogensucht, schließlich Verzweiflung und Selbstmord – all das entspringt der wachsenden Sinnlosigkeit eines Lebens, das seiner geistigen Grundlage beraubt wurde.

Über diesen gesellschaftlichen Übeln steht die imperialistische Drohung der Weltbeherrschung oder Hegemonie durch ein großes Reich versklavter Völker, das mit Waffen von unvorstellbarer Zerstörungskraft ausgerüstet ist. Gegenwärtig wird diese Drohung nur durch eine entsprechende nukleare Abschreckung und durch riesige Lieferungen von Agrar- und Industrieprodukten in unsicheren Schranken gehalten – eine Art Zuckerbrot- und Peitsche-Diplomatie! So wäre unser Weltraumreisender, der über all das, was auf dem Planeten Erde geschaffen wurde, staunen würde, andererseits von bösen Ahnungen für die Zukunft erfüllt, wie auch wir, die Autoren, es sind. Darum tun wir, solange wir dazu imstande sind, was wir können, in unserem Bemühen, den Glauben an geistige Werte wiederherzustellen, damit das Leben in einer freien und offenen Gesellschaft möglich sein kann.

Man könnte denken, daß unser symbolischer Weltraumreisender die mißliche Lage der Menschheit auf unserem unbedeutenden Planeten Erde vielleicht im großen Zusammenhang des Kosmos für ziemlich belanglos hält. Schließlich ist die Erde nicht mehr als ein mittelgroßer Planet, der um eine mittelgroße Sonne kreist, die sich am Rande unseres großen galaktischen Systems befindet, das noch hundert Milliarden anderer Sonnen umfaßt, und es gibt im gesamten Kosmos noch hundert Milliarden anderer Galaxien von vergleichbarer Größe. Da müßten wir eigentlich bis zur Bedeutungslosigkeit zusammenschrumpfen, beziehungsweise das wäre das, was viele grobe Materialisten hoffen, die dogmatisch verkünden, es gebe zahllose Planeten, die sogar Leben von größerer Intelligenz beherbergten, Leben, das vielleicht eine Funkkommunikation im Raum versucht, in der Hoffnung, anderes intelligentes Leben zu finden. Eine Raumreise selbst zu den nächsten Sonnen unserer Galaxie, die Planeten haben könnten, auf denen sich Leben befinden könnte, das sich zu intelligentem Leben entwickelt haben könnte, ist jedoch *für immer unmöglich*. Raumwissenschaftler versuchen trotzdem mit höchst ausgeklügelten Apparaten mögliche codierte Botschaften zu erlauschen, und sie werden mit nichts anderem belohnt als mit kosmischem Schweigen! Unser symbolischer Reisender aus dem Weltraum mag über die mißliche Lage der Menschen tief betroffen sein. Wir aber besitzen hier, ausschließlich auf dem Planeten Erde, vielleicht einen kleinen Schimmer von Selbstbewußtsein, geistigen Werten und Kreativität in einem ansonsten bewußt- beziehungsweise geistlosen und bedeutungslosen Kosmos.

Kapitel 7
Environmentalismus (Umwelttheorie)

Seit der Zeit des Sokrates sind sich Utopisten darüber im klaren, daß es für die, die die menschliche Rasse »perfektionieren« wollen, nur zwei Arten von Manipulation gibt: die Gentechnologie und/oder die totale Kontrolle der persönlichen und sozialen Umwelt. Wenn Sokrates in *Der Staat* gefragt wird, wie die Klasse der Wächter gebildet werden soll, sagt er, sie würden wie Jagdhunde gezüchtet werden!

Die Eugenik hat zwar noch ihre Anhänger, aber selbst diese werden zugeben müssen, daß Menschen sich wohl kaum den Methoden einer kontrollierten und selektiven Zucht unterwerfen werden. Da außerdem mancher Dummkopf ein Genie als Sohn hat – da beinahe jede Sippe mindestens einen Dichter und zwei Hühnerdiebe hervorbringt –, würde selbst ein Zeitalter, das so empfänglich für wissenschaftlichen Aberglauben ist wie das unsrige, schwer von radikal hereditären Versuchen zur Perfektionierung überzeugt werden können. Die männlichen und weiblichen Geschlechtszellen (Gameten) enthalten 23 Chromosomen-Paare. Daher sind die Kombinationsmöglichkeiten, die bei der Bildung eines Nachkommen auftreten, 2^{23}, eine Zahl in der Größenordnung von 10 000 000.[1] Es stimmt schon, daß Kinder durchschnittlich 50 % ihrer Gene mit den Eltern gemeinsam haben, aber es stimmt auch, daß Kinder nicht die *Charakterzüge*, sondern die *Gene* ihrer Eltern erben. In Anbetracht der Kombinationsmöglichkeiten und im Lichte der Tatsache, daß heute in den entwickelten Ländern pro Ehepaar weniger als drei Kinder geboren werden, würden die bloßen Zahlen den Träumen selbst des zuversichtlichsten Eugenikers entgegenwirken. Für die meisten Utopisten

---

[1] Beachte, daß die Zahl 2^{23} für die einfachste (und die am wenigsten repräsentative) Übertragung des genetischen Materials zutrifft. Sobald so typische Prozesse wie »Crossing-Over« eingeschlossen sind – Prozesse, bei denen ganze Chromosomenstücke brechen und sich mit komplementären Stücken anderer Chromosomen vereinigen –, werden die Kombinationsmöglichkeiten sehr viel größer als 2^{23}.

siegt daher die Umwelttheorie über die Gentechnologie. Und sogar Sokrates war sich bewußt, daß die Erzeugung der Wächter, die er im Sinn hatte, selbst bei der richtigen »Mischung« der Erbanlagen nur von einer total reglementierten Umwelt erwartet werden konnte.

Es ist jedoch wichtig, zu erkennen, daß die Bevorzugung der Umwelttheorie vor der Vererbungstheorie den Determinismus als herrschende Metaphysik weiter bestehen läßt. Nach den Lehren beider wird die menschliche Natur durch Kräfte gestaltet, über die das Individuum keine Kontrolle hat und gegen die es im allgemeinen vollkommen blind ist. Besonders betroffen ist in beiden Fällen der freie Wille, denn er kann weder den Erfolg der radikalen instinktivistischen noch den der radikalen environmentalistischen Theorie der menschlichen Psychologie überleben.

Obwohl jede Epoche, die neue philosophische Ideen hervorgebracht hat, den environmentalistischen Determinismus gepflegt hat, war es hauptsächlich das 18. Jahrhundert, in dem diese Thesen mehr oder weniger »offiziell« wurden. Es war das Jahrhundert der französischen und amerikanischen Revolution, das Jahrundert von Paines *Rights of Man*. Besonders in Frankreich wurde durch die ungeheuer einflußreichen Schriften der *philosophes* (Voltaire, Condorcet, Helvetius, D'Alembert) die frühere empiristische Psychologie John Lockes als eine soziale und politische Wahrheit eingeführt, als eine Wahrheit, die alle rationalen Rechtfertigungen für die bestehende und historische Gesellschaftsordnung auflöste. Gegen die Ansprüche der Aristokratie entwickelten die *philosophes* überzeugende Argumente des Inhaltes, daß die Klassenunterschiede ausschließlich durch die traditionellen Methoden der Ausbeutung bestimmt seien. Die katholische Kirche wurde wegen ihrer stetigen Beziehung zur Monarchie die Zielscheibe des Zornes und der Verurteilung. In den sozialen und politischen Unruhen dieser Epoche wurde der Atheismus zu einem Ehrenzeichen. Die neue Gottheit war die NATUR selbst, und in Recht, Politik und Wirtschaft fand das die höchste Billigung, was als »natürlich« galt. »Im gesamten Vokabular Adams«, schrieb Thomas Paine, »gibt es kein solches Wesen wie einen Herzog oder einen Grafen«. Die adeligen Stände, die nirgends *in der Natur* zu finden sind, wurden daher abgelehnt als » ... Kreise, die durch den Zauberstab eines Magiers gezogen wurden, um die Sphäre der menschlichen Glückseligkeit einzuengen«. In der Volkswirtschaftslehre leitete

Adam Smith mit seinem Werk *The Wealth of Nations* die Theorie des *laissez faire* aus der Philosophie des Naturalismus ab. Jean Jacques Rousseaus »edler Wilder« war der gefeierte *Naturmensch*, der von der Künstlichkeit der Zivilisation nicht korrumpiert war. Aufbauend auf den Argumenten, die Thomas Hobbes ein Jahrhundert früher entwickelt hatte, bestanden führende Denker Frankreichs, Englands und Amerikas darauf, daß alle Formen und Verfahren der Regierungen ihre Berechtigungsgrundlage im Naturalismus haben müßten. Da das allen Menschen gemeinsame Streben *natürlicherweise* auf Überleben, Besitz und Glück gerichtet sei, folge daraus, daß der einzige vernünftige Grund für eine Regierung sich aus eben diesem Streben ergebe. Rousseau und (früher) Locke hatten Theorien zum *Gesellschaftsvertrag* entwickelt, um die historische Tendenz menschlicher Gemeinschaften, Rechte und Macht dem Monarchen oder der regierenden Partei zu übertragen, zu erklären; es handelt sich um einen *quid pro quo*-Vertrag, der dem Souverän zumindest implizit Pflichten auferlegt. David Hume – mit seiner politischen Theorie näher bei Mao – verwarf die Theorie des Vertrags, verstärkte aber die allgemeine Vorstellung, nach der die Regierung als solche in all ihrer Vielfalt aus ganz natürlichen Zusammenhängen entsteht und sich ihre Macht durch die Gefühle der Regierten sichert, besonders durch das Gefühl der Furcht!

Die Philosophie einer Epoche wird oft zur Ideologie der folgenden. Im 19. Jahrhundert wurde das Programm der *philosophes* von der Theorie in die Praxis übertragen. Der Naturalismus des 18. Jahrhunderts teilte sich auf: er blühte als *Romantik* in ästhetischen und als *Materialismus* in wissenschaftlichen oder halbwissenschaftlichen Strömungen weiter. Radikale Formen beider gediehen in Deutschland, wo die Romantik durch Goethe, Schiller und Hölderlin genährt wurde und der Materialismus zum Losungswort der linksgerichteten Neuhegelianer Feuerbach und Marx wurde. In Britannien, das weniger zur »Metaphysik« neigte als Deutschland, gaben die »Reform Acts« der 1830er Jahre und die politischen Schriften von John Stuart Mill dem naturalistischen und environmentalistischen Determinismus der *philosophes* Ausdruck. Und in Amerika, »im Zeitalter Jacksons«, wurde der einfache Mann zum eigentlichen Richter über die Wahrheit erhoben!

Es ist weniger wichtig, daß Mills einflußreiche Werke Liberalismus und Individualismus propagierten und daß die Werke von Marx den Sozialismus und Kommunalismus verkündeten. Mill und Marx bekannten sich beide zu einem *psychologischen Determinismus*, nach dessen Verständnis alle sozialen und politischen Institutionen aus rein historischen und »materiellen« Bedingungen des Lebens entstehen – des Lebens konkreter Menschen in realen Situationen. Marx war, im Gegensatz zu Mill, auf dem Gebiet der Philosophie des Bewußtseins noch ganz unerfahren. (Seine Dissertation über Epikur führte ihn in den psychologischen Materialismus von Pierre Gassendi ein, der im 17. Jahrhundert den Epikurismus popularisierte und einer der geschliffensten Kritiker Descartes' war.) Marx verwendete daher nur wenig Zeit für die Analyse der Individualpsychologie, in der Meinung, die Sache sei zugunsten der Sache erledigt! Mill, auf der anderen Seite, war kein Polemiker, sondern ein Philosoph und forderte von seiner eigenen politischen Philosophie, daß sie auf einem gültigen Modell menschlicher Psychologie stehe. Er glaubte, dieses Modell in der *Assoziationspsychologie* gefunden zu haben, einer Lehre, der zufolge das gesamte geistige Leben aus dem Zusammentreffen früherer und gegenwärtiger Erfahrungen entsteht, die durch die Gesetze der Wiederholung, Übung, Belohnung und Bestrafung »miteinander assoziiert« werden. Auf diese Weise konnte er die Quellen geistigen Lebens in der äußeren Umgebung lokalisieren, womit er den Behauptungen der *a priori*-Schule widersprach. Nach der *a priori*-Lehre sind zahllose fundamentale »Wahrheiten« nur durch »intuitive Fähigkeiten« zugänglich und können weder begründet noch in Frage gestellt werden durch bloße Erfahrungsdaten. Einfach gesagt: Mill vertrat die Auffassung, daß der Inhalt des Bewußtseins – der ganze Stoff des psychischen Lebens – aus der Erfahrung entsteht, so daß jeder Wahrheitsanspruch nur durch Beobachtung, Messung und die Prinzipien der induktiven Logik begründet werden kann. Die Angelegenheiten dieser Welt, einschließlich der moralischen und politischen, sind nicht durch Deduktion zu erkennen, können nicht »intuitiv erfaßt« werden und sind nicht im Besitz einiger weniger Privilegierter.

Mill war sich der Fallen, die sich die Deterministen selbst stellen, wohl bewußt, und er war klug genug, sie nicht zu verharmlosen. Er unterschied zwischen seiner eigenen deterministischen Psychologie und dem, was er »asiatischer Fatalismus« nannte, obwohl er das Spannungsverhältnis zwischen seinem eigenen System und dem besagten

Fatalismus nie auflöste. Mill war letzten Endes ein praktischer Philosoph, der bestrebt war, das Denken seiner Zeit zu reformieren. Doch man sollte glauben, daß seine umweltorientierte Psychologie, wenn sie in einem bestimmten Licht gelesen wurde, seine Leser für die Annahme oder Ablehnung seiner Philosophie sensibilisierte, entsprechend der Assoziationsgeschichte des jeweiligen Lesers. Wenn das Bewußtsein tatsächlich vollständig von der Erfahrung bestimmt ist, und wenn unsere Gedanken nur Reflexionen unserer eigenen persönlichen Geschichte sind, dann ist unsere Reaktion auf alle möglichen Vorschläge, einschließlich der von Mill, determiniert.

Bei dem Versuch, das Paradoxon eines deterministischen Reformismus zu vermeiden, hielt Mill es für notwendig, etwas zu postulieren, was er *menschlicher Charakter* nannte und was (irgendwie) die Basis bilden sollte, auf der wir die Dinge selbst in die Hand nehmen und unser Los verbessern könnten. Wenn diese Fähigkeit aber eine Spiegelung unserer (psychisch-kognitiven) *Freiheit* ist, dann sind Inhalt und Form unseres Denkens nicht durch die Geschichte unserer Assoziationen determiniert, und damit zeigt sich die Schwäche der Millschen Psychologie. Dabei war diese Psychologie dazu entworfen, die *a priori*-Lehre von Politik und Ethik zu widerlegen. Mills Dilemma, welches das Dilemma aller Deterministen ist, besteht darin, daß seine Ermahnungen sinnlos sind, wenn nicht gleichzeitig seine Theorie der Psychologie falsch ist!

Wenn Mills Psychologie unzureichend war, so war die von Marx gefährlich vereinfachend, indem sie tatsächlich unterstellte, daß das menschliche »Bewußtsein« nach dem Muster der ökonomischen Kräfte und »Produktionsweisen«, die durch die ganze Geschichte der Zivilisation gewirkt haben, gebildet werde. Es ist hier nicht notwendig, die Zahl der nicht eingetroffenen Vorhersagen aufzuzählen, die von der marxistischen Wirtschaftstheorie ausgingen, noch lohnt es sich, das ungeheure Elend zu erforschen, das durch die ausgedehnten Versuche, nach orthodox marxistischen (oder marxistisch-leninistischen) Prinzipien zu regieren, hervorgerufen wurde. Es genügt hier, sich zu der Überzeugung zu bekennen, daß monokausale Theorien über die menschliche Person zu der Kategorie des Lächerlichen gehören, gleichgültig, wie ernsthaft sie entwickelt oder wie begeistert sie aufgenommen werden.

Wie Feuerbach war Marx davon überzeugt, daß »Gott« eine

menschliche Erfindung sei, mit Kräften und Eigenschaften ausgestattet, durch die die Religion als »Opium des Volkes« dienen könne. Nach dieser Auffassung ist es die historische Aufgabe der Religion, für die Eintracht zwischen den Unterdrückten und der ausbeutenden Klasse zu sorgen, indem sie ersteren die langfristigen Belohnungen des Jenseits verspricht. In der westlichen Zivilisation sah Marx besonders die große Zeit des Christentums als unterdrückerisch, apologetisch, heimtückisch und eigennützig an. Indem die Religion die Aufmerksamkeit des Proletariats bei transzendenten Vorstellungen festhielt, konnte sie der wichtigsten Mission der Privilegierten dienen, die – leider – in der Erhaltung ihrer Privilegien bestand. Der Kommunismus würde dagegen seine Kräfte für die Menschheit *hier und jetzt* einsetzen und dem Bürger, durch die Maschinerie des Klassenkampfes, dazu verhelfen, seine realen irdischen Interessen zu erkennen und zu schützen.

Durch ein systematisches Mißverstehen des Hegelschen Begriffs der *Entfremdung* versuchten marxistische Theoretiker die Probleme der Welt im Sinne der durch die Industrialisierung geschaffenen Trennung von menschlicher Arbeit und Arbeitsprodukt zu erklären. Moderne Produktionsmethoden hätten neue, voneinander getrennte Klassen hervorgebracht, die aber letztlich insofern vereint seien, als sie ein homogenes *Proletariat* bildeten, das dergestalt manipuliert werde, daß es Reichtum für die Klasse der *Bourgeois* und deren aristokratische Gönner produziere. Aber auch die letzteren bildeten eine ausgebeutete Klasse, da ihre ganze Identität an rein kommerzielle Ausdrucksformen gebunden sei. Wir lesen im *Kommunistischen Manifest*, daß dies alles weggefegt und ersetzt werden wird durch eine »freie Assoziation der Individuen«, in der die »höchste Entwicklung der Produktionskraft der Gesellschaft und die allseitige Entwicklung der Einzelnen« gleichermaßen gewährleistet sind. Die Strömung, die in die Gegenrichtung gebracht werden soll, ist die, welche die »Verteilung der Arbeit« einleitete, wodurch sich jeder Arbeiter auf einen engen Produktionsbereich beschränken mußte, dem er nur auf Kosten seines Lebensunterhaltes entfliehen könnte. So eingeschränkt, kann der Mensch keine andere Identität haben als diejenige, die durch seine spezialisierte Arbeit begründet wird. Da er außerdem weniger Lohn erhält, als seine Arbeit wert ist – dieser Wert wird beim wirklichen Verkauf seiner Arbeitsprodukte offenbar –, ist es für die Kapitalbildung der wohlhabenden Klassen unerläßlich, daß er an seinem Platz gehalten wird. Daher werden politische und gesetzmäßige Programme gebildet, um die Arbeitsteilung zu erhalten und den dadurch erwirtschafteten Mehrwert zu gewährleisten. Da die Machthabenden durch ökonomische Motive geleitet werden, kann nicht erwartet werden, daß sie ihre Haltung freiwillig ändern; daher können nur revolutionäre Umwälzungen zur kommunistischen Utopie führen.

Marx' eigene Voraussagen bezüglich des Zeitpunktes, an dem der Kapitalismus zusammenbrechen werde, sind alle von der Geschichte widerlegt worden. Er brach weder 1848 (seine früheste Voraussage) noch 1870 zusammen, und er ist im Jahre 1984 immer noch quicklebendig. Außerdem scheint er auch nicht schwächer zu werden, weil das Proletariat immer mehr über sich und die Welt lernt. Der Kapitalismus hat auch nicht deshalb überlebt, weil seine »Opfer« im Stande der Unschuld oder Ignoranz gehalten werden. Auch hat der Sozialismus – die Zwischenstufe auf dem Weg zum wahren Kommunismus – angesichts der »historischen Unumgänglichkeit« keinerlei Anzeichen eines Rückzuges gezeigt. Es scheint, als ziehe der Marxismus denjenigen an, der Marxens eigene einseitige und verächtliche Ansicht vom Menschen teilt; ein solcher Anhänger des Marxismus wird, wenn er einmal an der Macht ist, ein unbeugsames autoritäres Regierungssystem rechtfertigen, indem er es an einer psychologischen Theorie festmacht, nach der Männer und Frauen nicht in der Lage sind, ihr Schicksal selbst zu bestimmen.

Wenn in Polen die Bewegung der ›Solidarität‹ das marxistische Konzept einer Arbeiterrevolution nicht erfüllt, dann wird nichts es erfüllen. Die brutale Unterdrückung dieser Bewegung zeigt, so haben viele gesagt, daß die sowjetischen Diktatoren keine »wahren Marxisten« sind. Aber sie offenbart noch etwas viel Aufschlußreicheres; sie zeigt, daß diese Diktatoren *nicht* Marxisten *sein können*, ohne den totalen Untergang des Marxismus herbeizuführen. Denn wären sie gewillt, dem »Proletariat« im gesamten sowjetischen Machtbereich zu erlauben, seine Lebensweise und seine Regierung selbst zu wählen – um seine Kräfte zu vereinigen und den Staat zum Nachgeben zu zwingen –, dann wäre in den meisten Ländern der Marxismus das erste Opfer. Es ist kein reiner Zufall, daß in *jedem* Land, in dem die marxistische Theorie die offizielle Theorie der Regierung ist, die Haltbarkeit des Systems durch ein rigoroses System der Staatssicherheitspolizei mit Waffengewalt gesichert wird. Die Maßstäbe, auf deren Anwendung Marx selbst bestand, waren die des »Realismus«. Ausgerüstet mit solchen Maßstäben müßte der objektive Beobachter zu dem Schluß kommen, daß der Marxismus eine fehlerhafte und gescheiterte Konzeption der menschlichen Natur ist; eine Konzeption, die verankert ist in einem beklagenswert dürren Verständnis dessen, was uns unser Gefühl von Würde, Wert und Kostbarkeit gibt. Was das ist, sind selbstverständlich die Eigenschaften, die sich über die rein natürliche Ordnung erheben und die in der verarmten Sprache des Materialismus und des Environmentalismus nicht erklärt werden können. Soweit Religion ein »Opiat« ist, ist sie nicht auf die »Massen« beschränkt. Könige und Despoten, Millionäre und Stammeshäuptlinge, Philosophen und Narren haben sie unwiderstehlich gefunden. Daß einige unsere Sehnsucht nach Transzendenz zum Zwecke der Ausbeutung benutzt haben, verstärkt nur das Postulat, daß diese Sehnsucht unseren tiefsten und natürlichsten Gefühlen entspringt. Richtig verstanden, mögen diese Gefühle die einzige Grundlage bilden für die Behauptung, wir seien alle »gleich«. Sie liefern sicher auch einige der Gründe, aus denen wir für *frei* gehalten werden können – frei, dem nachzustreben, was keine empirisch verifizierbare Existenz hat und nicht Glied einer materiell-kausalen Kette ist. In unserer eigenen Moral – sogar in unserer »bürgerlichen Moral« – erkennen wir die grundlegende Autorität des *Prinzips* und erkennen, daß wir selbst *zu wählen haben*. Das ist der Beweis für unsere Freiheit, und aus der Perspektive jeder adäquaten Theorie der menschlichen Natur ändert es nichts, ob wir tatsächlich frei sind oder nur »denken«, wir seien es. Materie denkt nicht, sie sei es, denn Materie denkt überhaupt nicht.

Die moralische Wahl geht aus dem hervor, was allgemein *Gewissen* genannt wird. Karl Marx und Sigmund Freud hatten beide – der eine im Zusammenhang der Soziologie, der andere im psychoanalytischen Kontext der Individualpsychologie – die schwere Aufgabe, zu zeigen, daß dieses Gewissen dem Menschen – von außen – durch den Prozeß der Sozialisation eingeimpft wird. Im Unterschied zu Marx begann Freud seine berufliche Laufbahn zu einem Zeitpunkt, als Darwins Evolutionstheorie in wissenschaftlichen Kreisen bereits fest etabliert war. Für Freud war daher die Macht der Umgebung, ihr Vermögen, völlig neue Arten zu schaffen, genügend Beweis, daß auch wir *in toto* durch rein natürliche Prozesse geschaffen wurden. Wie Marx argumentierte Freud, daß die Identität der Person – ihr *Ego* – durch äußere Bedingungen geformt werde, die außerhalb ihrer Kontrolle und Einsicht liegen. Aufgrund seiner tierischen Vorfahren ist der Mensch »natürlicherweise« ein sich selbst erhaltendes und sich selbst genügendes Geschöpf, das »sozialisiert« werden muß. Die Konsequenz ist jedoch auch hier wieder *Entfremdung,* dieses Mal zwischen dem künstlich hergestellten sozialen Selbst und dem triebbestimmten eigentlichen Selbst. Das erstere entsteht aus der Verdrängung des letzteren, und so ist die Neurose der Preis, der für die Zivilisation gezahlt wird. Der ungelöste *Ödipuskomplex,* der in der Mutter das ideale Objekt sexueller Befriedigung sieht und Söhne zu einem unbewußten Kampf mit ihren Vätern drängt, ruft die Religion und ihre Rituale hervor: das rituelle Opfer der Vaterfigur, rituelle Totemverehrung, Glauben an die »Wiedergeburt«, die dem Tod Gottes folgt, und das tiefe und lebenslange Schuldgefühl, das im unbewußten Impuls zum Vatermord wurzelt.

Es hat die Ansicht gegeben – und sie ist nicht ohne Berechtigung –, daß die Psychoanalyse eine Theorie der menschlichen Natur aufgestellt und dann Fakten ersonnen habe, die diese Theorie stützen sollten. Was Freuds »universelle« Totemverehrung angeht, so wußte man zu dieser Zeit, daß sie kein universelles Merkmal von Religionen darstellt, seien sie nun primitiv oder hochentwickelt. Dies nur zur Illustration, denn es würde viele, viele Seiten füllen, wollte man alle die Freudschen Thesen aufzählen, denen entweder durch unzweifelhafte Fakten der Boden entzogen wurde oder die durch nichts zu bestätigen sind. Es gibt interessante Parallelen zwischen der Theorie der Psychoanalyse und der tiefen psychischen Not, die in Freuds autobiographischen Schriften offen enthüllt wird; aber das legt nichts weiter nahe, als daß Freud selbst gewisse Probleme »Freudscher« Natur hatte. Wir können Mitgefühl für sein Leiden haben, ohne daß wir uns selbst zu den Opfern derselben »triebbestimmten« Impulse zählen.

Rousseau hat uns den edlen Wilden hinterlassen, aber die Theorie der Psychoanalyse hinterläßt nur den Wilden. Was dem Rousseauschen und dem Freudschen Vermächtnis gemeinsam ist, ist der (angebliche) Preis, der von der Zivilisation gefordert wird, der Preis der *Entfremdung,* der Verlust der Freiheit, *wir selbst zu sein.* Während der Aufklärung glaubte man, diese Freiheit sei das Geschenk einer vernunftbestimmten Regierung, die um die etablierten und neu entstehenden Fakten und Methoden der Naturwissenschaften herum organisiert war. Eine tiefere und dunklere Quelle der Freiheit hat Rousseau entdeckt, und in dieser Hinsicht ist er mehr der Romantiker des 19. Jahrhunderts als der Rationalist des 18. Jahrhunderts. Mit dem marxistischen Materialismus erreichte die Epoche des naturalistischen Rationalismus ihren Höhepunkt, um dann durch den Freudschen und Darwinschen naturalistischen Irrationalismus ersetzt zu werden – einen Naturalismus, der gotisch geworden war. Marx hatte beabsichtigt, eines seiner Werke Darwin zu widmen, in der Überzeugung, daß der »dialektische Materialismus« in Darwins großer wissenschaftlicher Leistung eine Bestätigung gefunden habe.[2] Auch Freud hob Darwin hervor als den, der einen besonderen Einfluß auf seine Entwicklung als Theoretiker gehabt habe. Was Marx in Darwins Theorie fand, waren die primitiven und höchst materiellen Lebensbedingungen, die den Charakter jeder Art formen; Freud dagegen fand die Argumente, die er brauchte, um die animalische und triebbestimmte Ausstattung des »Unbewußten« zu verifizieren. Ausgebeutet durch das Klassensystem, lebt der Marxsche Mensch das unechte Leben eines Sklaven, der durch die Mythen der Religion betäubt und zum Gehorsam gebracht wird. Ausgebeutet durch den Prozeß der »Sozialisation« lebt der Freudsche Mensch das unechte Leben eines Neurotikers, der sich selbst durch ein Gewissen betäubt, das so raffiniert gebildet ist, daß es die wahren Triebe und Leidenschaften des Ichs hinter einer Maske verbirgt. Die Befreiung des Marxschen Menschen findet erst statt, wenn er ein echtes Klassenbewußtsein entwickelt hat, so daß er die historisch-materiellen Kräfte erkennt, die ihn zum Dasein einer Schachfigur verdammt haben. Die Befreiung des Freudschen Menschen erfolgt nur nach einer langen und gelenkten *Psycho*analyse, die die unterdrückten Energien ins Bewußtsein holt, die uns durch die Evolution verliehen wurden, das heißt also: durch historisch-materielle Kräfte.

In diesen beiden begrenzten und schließlich umstrittenen Erklärungsversuchen sind die Begriffe von Freiheit und Befreiung nicht definiert, oder sie sind gegebenenfalls falsch definiert. Der zeitgenös-

---

2 Darwins Ablehnung war auf seine Weise höflich.

sische amerikanische Verhaltensforscher B. F. Skinner weicht dem Dilemma aus, indem er argumentiert, daß wir uns *jenseits von Freiheit und Würde* bewegen und einfach die Tatsache akzeptieren, daß die »menschliche Natur«, wenn dieser Begriff überhaupt etwas bedeutet, nichts weiter ist als jene Konstellation von Wahrnehmungen und Verhaltensweisen, die durch die jeweils persönliche Geschichte der Belohnungen und Bestrafungen oder »Verstärkungen« entstanden ist. Aber das Dilemma kann nicht so leicht aufgelöst werden, denn auch Skinner *appelliert* an uns, eine bestimmte Theorie anzunehmen, und er erkennt damit an, daß wir *frei* sind, das zu tun. Was seine Schriften mit den Marxschen und Freudschen Interpretationen gemein haben, ist die Überzeugung, daß wir von *außen* bestimmt werden durch den Prozeß der Sozialisation, einen Prozeß, der ineffektiv, oft ausbeuterisch und den auf diese Weise »geformten« Geschöpfen weitgehend unbekannt ist. Das ihnen Gemeinsame ist daher der *historisch-materialistische Determinismus,* der menschliche Initiative, Individualität, Inspiration, Schöpferkraft und Transzendenz entweder verneint oder abwertet – mit einem Wort: *der freie Wille* wird geleugnet.

Der Konflikt zwischen freiem Willen und Determinismus ist schon ausführlich in Platos *Staat* behandelt worden; dort wird der Mensch als Marionette beschrieben, die von den Göttern bewegt und hin- und hergestoßen wird. Es gibt jedoch eine Schnur, an der jeder Mensch selbst ziehen und daher sogar olympischen Mächten erfolgreich widerstehen kann: es ist »die goldene Schnur der Vernunft«.

Die Philosophen der Antike maßen diesem Sachverhalt eine tiefe metaphysische Bedeutung bei; aber für die späteren Lehrer des Christentums war er von noch größerer Wichtigkeit. Der christlichen Deutung des Lebens gemäß hat jeder Mensch eine einzigartige Seele erhalten, deren Schicksal in der Ewigkeit davon bestimmt ist, wie der betreffende Mensch sein Erdenleben gelebt hat. Daher gibt es die vollkommene *persönliche Verantwortung* für die eigenen Handlungen. Aber dieselbe Lebensdeutung sagt auch, daß der Mensch mit der Anteilnahme und Vorsehung eines gnädigen Gottes gesegnet ist, der zugleich allwissend und allmächtig ist. Das Problem dabei, das zumindest von den christlichen Theologen in den letzten tausend Jahren immer wieder formuliert wurde, ist, Gottes unbegrenztes Wissen, seine Macht und Güte mit der Tatsache der moralischen Freiheit des Menschen zu vereinbaren. Wenn Gott allwissend ist, dann muß es eine vollständige Kenntnis dessen geben, was wir je tun *werden*. Wenn Gott allmächtig ist, dann muß es die Möglichkeit geben, uns zum Handeln oder Nicht-Handeln zu veranlassen. Und wenn gleichzeitig grenzenlose Güte besteht, dann müßte die Macht Gottes so angewendet werden, daß nur Gutes geschieht und alles Böse abgewendet wird. Trotzdem handelt der Mensch böse. Daher (so lautet der Einwand) ist Gott begrenzt in seiner Macht oder Voraussicht oder Güte. Und *begrenzt* sein heißt, leider, weniger als Gott sein.

Wir haben hier natürlich nicht vor, die höchst beunruhigenden und verzwickten Rätsel christlicher Theologie zu »lösen«. Wir haben diese Kontroverse nur berührt, um den Leser an den zentralen Stellenwert des Problems *freier Wille – Determinismus* im religiösen Denken zu erinnern und die wissenschaftlichen Bemühungen der Theologen zu diesem Thema zu erläutern. Schon im 13. Jahrhundert wurde die strittige Frage hauptsächlich durch den genialen Thomas von Aquin soweit »geklärt«, daß das offenkundige Paradoxon wenigstens teilweise beseitigt wurde. Wir erwähnen hier einige der Glanzpunkte der Teillösung, indem wir zeitgenössische Lesarten des Themas zur Sprache bringen.

Beginnen wir mit der These, daß die bösen Taten des Menschen bestätigen, daß es Gott an Macht oder Voraussicht oder Güte mangelt. Erstens ist es ein erheblicher Unterschied, ob jemand eine Macht vorenthält oder keine Macht hat. Daß Gott unsere Handlungen *nicht* vollkommen bestimmt, beweist nicht, daß ER es nicht kann. Zweitens, aus der Tatsache, daß ein anderer weiß, was wir tun wollen, folgt nicht, daß unsere Taten in irgendeiner Weise *determiniert* sind. Wir wissen zum Beispiel, daß ein bestimmter Flug von der Fluggesellschaft annulliert wurde, und diese Information dringt vielleicht zu uns, während Smith auf dem Weg zum Flughafen ist. Wir *wissen*, daß er nach Hause zurückkommen wird, nachdem er gemerkt hat, daß es keinen anderen Flug gibt, so daß die Reise an diesem Tag nicht möglich ist; aber die Aktivitäten, die er unternehmen wird, sind nicht durch unser Vorauswissen *determiniert*. So ist die Feststellung, daß Gott allwissend und allmächtig ist, als solche nicht genug, um zu beweisen, daß menschliche Handlungen auf göttliche Weise determiniert sind.

Das bringt uns zu jenem großen theologischen Problem, dem *Problem des Bösen*, das in vielen Tonarten zum Ausdruck kommt. Wir lassen den Tod von Säuglingen, das Leiden der Kranken und alle ähnlichen »natürlichen« Vorkommnisse beiseite. Diese sind, wenn richtig verstanden, bedauerlich, aber sie sind nicht das *Böse*, wenn wir nicht im weiteren Gründe dafür anführen, daß ein bestimmter Urheber die Absicht hatte, sie zu verursachen. Sind sie statt dessen die unvermeidliche Konsequenz der natürlichen, materiellen Welt, wie sie ist, dann sind Tod und Leiden nicht »böser« als die Gezeiten, das Wetter, die Berge und die Bäume. Die schwierige Lesart des Problems rührt von den absichtlichen Handlungen menschlicher Bosheit her. Wie aber, so ist die Frage, kann ein allmächtiger und allgütiger Gott *zulassen*, daß der Mensch deutlich unrechte Handlungen gegen unschuldige Menschen begeht? Und die Antwort, die so naheliegend ist, daß sie fast falsch erscheint, ist, daß es unmöglich ist – *logisch unmöglich* –, Verantwortung für Handlungen aufzuerlegen, über die der Handelnde absolut keine Gewalt hat. In dem Maße, in dem wir moralisch verantwortlich sind für das, was wir tun, *müssen* wir frei sein, es zu tun. Selbst Gott kann das Gesetz der Unvereinbarkeit nicht verletzen!

Abhandlungen über diesen Gegenstand füllen ganze Bibliotheken, also wollen wir nicht weiter darüber sprechen. Als Thomas von Aquin seine scharfe Intelligenz auf diese Frage ansetzte, konnte er mehrere Beweise für den freien Willen des Menschen ans Licht bringen. Und einer von ihnen hat einen sehr modernen Klang: *die Wirkung von Ermahnung, Belohnung und Strafe.* Es ist zu beachten, daß der heutige radikale Environmentalist – der radikale behavioristische Psychologe – aus der Wirksamkeit von Belohnung und Bestrafung schließt, daß wir in allen unseren Handlungen durch unsere Umgebung bestimmt sind. Unter Anführung derselben Fakten kommt Thomas von Aquin zu dem genau entgegengesetzten Schluß. Wer hat recht?

Die Thomistische Schlußfolgerung gründet im Alltagsverstand. Die einzige Möglichkeit, daß Ermahnungen oder Belohnungen oder Bestrafungen vielleicht den Kurs menschlichen Tuns beeinflussen könnten, ist dann gegeben, wenn der Mensch geneigt ist, Belohnungen zu *wählen* und Bestrafungen *absichtlich* zu vermeiden. Durch rhetorische und andere mahnende Einflüsse motiviert zu werden, bedeutet, daß man imstande ist, »seine Meinung zu ändern«, sich *überreden* oder *bekehren* oder *vernünftig mit sich verhandeln* oder sich *überzeugen* zu lassen. Aber Begriffe wie diese setzen praktisch einen freien Akteur voraus. Der Felsbrocken, der einen Berghang hinabrollt, kann weder durch Rhetorik abgelenkt noch durch positive Reize motiviert werden. Ihm kann seine Reise nicht ausgeredet werden, man kann auch nicht mit Vernunftgründen an ihn appellieren oder ihn zu einem anderen Weg überreden. Der springende Punkt ist der, daß die Wirksamkeit der »Verstärkung« bei der Beeinflussung des menschlichen Verhaltens, weit davon entfernt, ein Beweis für die Unfreiheit des Willens zu sein, nur ein anderer Beleg für eben diese Willensfreiheit ist.

Bei seiner Erwiderung gibt der radikale Environmentalist vielleicht zu, daß wir, wenigstens sozusagen, »frei« sind, Freude statt Schmerz zu wählen, aber er wird auch anführen, daß unsere Wahl so sehr in unserer eigenen Natur verankert sei, daß unser Verhalten praktisch nichts anderes sei als die Konsequenz aus früheren, gegenwärtigen und möglichen Befriedigungen. Wir sind von unserer Umgebung so vollkommen »geformt«, daß wir als freudesuchende und schmerzvermeidende Geschöpfe in unserem Verhalten völlig vorhersagbar gemacht werden können, sobald die »Geschichte unserer Verstärkungen« bekannt ist oder unter Kontrolle gebracht wird. Zum Beispiel liegt der bedeutsamste Unterschied zwischen einem Richter des obersten Gerichtshofes und einem gewöhnlichen Landstreicher in der verschiedenen Umgebung ihrer jeweiligen Lebensumstände. Vererbung zählt bis zu einem gewissen Grad, aber im großen und ganzen sind die immensen Unterschiede zwischen sonst physiologisch normalen Menschen von den Unterschieden in der Erziehung (Konditionierung) her zu verstehen. Sollten der Jurist und der Landstreicher ihre Biographien tauschen, so würden sie damit auch ihre gegenwärtigen Identitäten tauschen.

Zwei sehr populäre Folgerungen gehen aus dieser These hervor. Da ist erstens der moralische Relativismus, den wir schon diskutiert und, wie wir hoffen, erledigt haben. Das, was die Moral *relativieren* soll, sind eben jene verschiedenen Geschichten der Verstärkung, die unterschiedliche »Werte« hervorrufen. Unter den Aspekten des radikalen Environmentalismus könnten wir unsere Kinder ebenso leicht zu wahnwitzigen Mördern »formen«, wie wir sie jetzt im allgemeinen zu gesetzestreuen Bürgern »formen«. Daraus folgt, daß sowohl der Kriminelle wie der Rechtschaffene nur die Neigungen zum Ausdruck bringen, die ihnen durch ihre Umwelt eingeprägt wurden. Die zweite Folgerung ist natürlich, daß im Grunde niemand Lob oder Tadel *verdient,* da Vor- und Nachteile heute so ungleich in der Welt verteilt sind. Da jede bei uns festgestellte psychologische (lies: behavioristische) Einzigartigkeit uns durch eine Geschichte der Belohnungen und Bestrafungen »einprogrammiert« wurde, verdienen wir weder Ruhm noch Verurteilung für unsere Taten. Mit einem Wort: wir sind nicht *verantwortlich.*

Wie im Materialismus und der ihm verbundenen Roboter-Theorie ist in dem hier Gesagten etwas von dem Paradoxon des Lügners enthalten. Es müßte schließlich ziemlich sinnlos sein, auf unsere Intelligenz einzuwirken, damit wir eine Theorie dieser Art anerkennen, wenn diese Theorie im Grunde fordert, daß unsere ganze psychische Konstellation – einschließlich unserer *Bereitschaft,* Vorschläge dieser Art zu *erwägen* – von vornherein determiniert ist. In der Tat, wie können wir zwischen einer wissenschaftlichen Theorie und der seltsamen »Geschichte der Verstärkungen« unterscheiden, die unseren Protagonisten dazu veranlaßt, einen radikalen Environmentalismus zu vertreten? Wir werden niemals wissen, ob die Theorie richtig ist, denn nach ihren eigenen Begriffen muß jede grundsätzliche *Zustimmung,* die wir ihr entgegenbringen, auch das Resultat einer »Formung« sein. Was sagen wir einem Menschen, der darauf besteht, daß alle unsere Entscheidungen, alle unsere Überzeugungen, geistigen Aktivitäten, Wahrnehmungen, Motive und dergleichen in uns »hineinprogrammiert« sind? Wenn wir ihm mitteilen, daß wir oft recht unpopuläre Ansichten hegen oder daß wir für einige unserer Überzeugungen gelitten haben oder daß wir uns regelmäßig alle möglichen Befriedigungen verbieten, weil sie es nicht wert sind, daß wir uns für sie engagieren, dann wird er schnell antworten, daß auch diese – unsere Ansichten, unsere Überzeugungen, unsere Selbstverleugnung – »programmiert« seien. Und um seine Behauptung zu belegen, wird er Ergebnisse von Konditionierungsversuchen an Tieren und (sogar) die Konditionierung bestimmter menschlicher Handlungen anführen.

Tatsache ist, daß wir eigentlich nichts entgegnen können, nicht, weil der radikale Environmentalismus sich mit seinem Standpunkt durchgesetzt hätte, sondern weil er im Grunde nichts gesagt hat, was eine wissenschaftliche Prüfung rechtfertige. Er könnte ebenso gut behaupten, daß das Universum – einschließlich aller existierender

Menschen mit ihren Erinnerungen und ihrem Wissen – erst vor 20 Jahren entstanden sei. Wenn wir auf die ägyptischen Pyramiden verweisen, dann wird er uns erklären, daß auch die erst vor 20 Jahren entstanden seien, aber daß man sie so behandelt habe, daß sie Tausende von Jahren alt zu sein scheinen. Was seine Darlegungen mit dieser absurden Vorstellung vergleichbar macht, ist, daß unsere persönlichen Erinnerungen nicht ausreichen, um uns Gegenbeweise zu liefern. Nach Auffassung des radikalen Environmentalisten findet der größte Teil der »Formung« in den ersten Lebenstagen und -monaten eines Menschen statt. Wenn daher ein *Erwachsener* behauptet, seine Eltern hätten die Tat X nicht belohnt und die Tat Y nicht bestraft, so wird der radikale Environmentalist wahrscheinlich behaupten, daß dies alles während der »formenden« Phase geschehen sei, die der Erzähler jetzt vergessen habe. Und nach einer anderen Lesart der Theorie sind wir auch unfähig, diese These zu widerlegen, denn sie läuft darauf hinaus, uns die Kompetenz abzusprechen, uns über unsere eigentlichen Motive Rechenschaft zu geben. Von dem Helden, der sein Leben riskiert, um das Leben anderer zu retten, wird gesagt, er tue das um der »Anerkennung« willen, einer Art »sozialem Verstärker«, den Eltern wirkungsvoll einsetzen, um ihre Kinder zu sozialen Wesen zu »formen«. Wenn unser Held (uncharakteristischerweise) darauf besteht, daß nichts Geringeres als die Liebe zum Mitmenschen, sein Wunsch, das *Richtige* zu tun, ihn dazu bewogen habe, dann kann man ihn immer noch widerlegen mit der Begründung, er *glaube*, deshalb so tapfer gehandelt zu haben. Seine »Geschichte der Verstärkungen« schließt auch solche rechtfertigenden Rationalisierungen ein. Aber der Grund, weshalb er tun *wollte*, was er tat, ist der, daß derartige Handlungen während seiner Kindheit regelmäßig verstärkt und seit dieser Zeit von der Gesellschaft sehr anerkannt wurden.

So tritt der FOO (Fallacy of Origins = Trugschluß des Ursprungs) noch einmal auf, indem er hier die Methode, mit der das Gewissen anfänglich gebildet wird, mit den späteren Handlungen verwechselt, die aus einem voll entwickelten und persönlich gesteuerten Gewissen kommen. Es ist durchaus möglich, daß Billy von seinen Eltern in der Weise »geformt« wird, daß er nicht am Schwanz des Hundes zieht, weil seine Eltern solchem Tun mit Mißbilligung begegnen. In diesem Fall erklären wir Billys verändertes Verhalten mit seinem Wunsch, die elterliche Mißbilligung zu vermeiden. Sind wir aber dreißig Jahre später, wenn wir den erwachsenen Billy gegen die Grausamkeit gegenüber Tieren reden hören, immer noch berechtigt, die gleiche Begründung dafür zu geben? Wir erfahren von diesem Erwachsenen nicht, daß er bestrebt sei, die elterliche Mißbilligung zu vermeiden, sondern, daß er prinzipielle Gründe dafür hat, sich um wehrlose Geschöpfe zu kümmern. Er geht vielleicht sogar so weit, daß er sich sein eigenes kindliches Verhalten in Erinnerung ruft und erkennt, was hinter den elterlichen Protesten stand. Aber es wäre töricht, anzunehmen, daß der ethische Standpunkt des Erwachsenen dem Gehorsam des Kindes gegenüber einem elterlichen Befehl irgendwie »gleiche«. Zu wissen, daß ein Gebäude als eine Ansammlung von Backsteinen sozusagen »begann«, heißt, sehr wenig über das Gebäude als solches zu wissen und nichts darüber, wie es sich von anderen Steinbauten unterscheidet. Noch einmal, es ist, wie wenn man uns erzählt, daß wir alle als Zygoten begonnen haben. Es ist eine Tatsache ohne Informationswert, die sich bemüht, eine sublime Wahrheit zu werden; daß das mißlingt, ist im Trugschluß ihrer wichtigsten Prämisse begründet: daß nämlich der Ursprung einer Entität oder eines Zustandes oder einer Beschaffenheit alles enthält, was sie später ausmacht. Das ist der »Trugschluß des Ursprungs«, der, weit davon entfernt, eine progressive Lehre zu sein, die schändlichsten Formen des *status quo* sanktioniert. Menschen ihrer Verantwortlichkeit zu berauben, bedeutet letzten Endes, menschliche Gemeinschaften ihrer Verantwortlichkeit zu berauben. Es bedeutet, jeden Grund, jede Rechtfertigung aufzugeben, das Los der Benachteiligten zu verbessern. Am Ende ihrer scheinbar ethischen Kraft angekommen, wird diese These aus dieser Welt die »beste aller möglichen Welten« machen, indem sie sie zur einzig möglichen Welt macht: zu einer Welt, die durch ihre eigene Geschichte der Belohnungen und Bestrafungen »geformt« wurde. Aber die Geschichte der Welt spricht gegen diese These und offenbart oft und dramatisch die außerordentliche Macht, die wir über unsere Umwelt haben und dadurch über uns. Alles, was wir über uns wissen, tendiert dahin, die radikalen Formen des Environmentalismus zu widerlegen. Er ist eine der ungeheuerlichen abergläubischen Anschauungen unserer Zeit und hat seit langem das Recht verloren, von uns zu fordern, ihr zu folgen.

Kapitel 8
Sprache, Gedanke und Gehirn

Die Sprachebenen

Wir erkennen die Qualitäten der Personalität in einem anderen Menschen durch die wechselseitige Kommunikation in dem einen oder anderen Sprachmodus. Diese Kommunikation ist der innerste Kern der Gesellschaft. Auf dem höchsten Niveau sind menschliche Sprachen äußerst wichtige Bestandteile von Welt 3 und spielen eine Schlüsselrolle in der Entwicklung jeder menschlichen Person in der Interaktion von Welt 2 ⇌ Welt 3 auf der »Stufenleiter der Personalität« (Abb. 3–4).

Der umfassendste Überblick über alles, was unter der Kategorie Sprache subsumiert werden kann, ist der, den Karl Bühler im Jahre 1930 dargelegt hat und der von Karl Popper weiterentwickelt wurde. Es ist wichtig, daß Tiersprachen zusammen mit menschlichen Sprachen untersucht werden. In einer Sprache gibt es gemeinhin einen Sender, ein Kommunikationsmedium und einen Empfänger. Das ist ein besonderes semiotisches System.

In der Klassifikation von Bühler/Popper (Abb. 8–1) gibt es zwei niedere Sprachformen (1 und 2), die Tier- und Menschensprache gemeinsam haben, und zwei höhere Formen (3 und 4), die wahrscheinlich ausschließlich menschlich sind, obwohl das bestritten wird, wie wir später sehen werden. Mittlerweile besteht Konsens über die niederen Sprachformen; es sind:

1. *Die Ausdrucks-Funktion oder bezeichnende Funktion*: Das Tier drückt seine inneren Zustände oder Gefühle – wie der Mensch – durch Rufe, Schreie, Lachen usw. aus.

2. *Die auslösende oder Signal-Funktion der Sprache*: Der »Sender« will durch Kommunikationsversuche im »Empfänger« eine Reaktion hervorrufen. Zum Beispiel signalisiert der Alarmruf eines Vogels dem

FUNKTIONEN	WERTE
(4) argumentative Funktion	Gültigkeit/ Ungültigkeit
(3) Darstellungs-Funktion	Wahrheit/ Falschheit
(2) Signal-Funktion	Wirksamkeit/ Unwirksamkeit
(1) Ausdrucks-Funktion	offenbarend/ nicht offenbarend

} MENSCH

Abb. 8-1: Die vier Stufen der Sprachklassifikation nach Bühler-Popper. Die Funktionen und die damit verbundenen Werte sind gezeigt. Es wird dargelegt, daß wir mit Tieren nur die zwei niederen Funktionen gemeinsam haben.

Schwarm eine herannahende Gefahr. Ethologische Studien haben die enorme Vielfalt dieser Signale zutage gefördert, hauptsächlich bei den sozialen Tieren. In der Kommunikation zwischen Mensch und Tier gibt es eine breite Skala von Signalen, wie zum Beispiel im Falle von Haustieren oder in der Beziehung zwischen einem Mann und seinem Schäferhund oder zwischen einem Reiter und seinem Pferd. Aber die wortlosen Kommunikationen zwischen Menschen sind weitaus umfassender. Denken wir an all die Signale von Augen, Händen, Gesicht und Lippen, die alle Nuancen der Sensibilität und Intimität vermitteln können. Eine Person kann auf diese Weise, ohne zu sprechen, sehr viel mitteilen. Stellen wir uns zum Beispiel das Signalisieren von Ärger und Verachtung vor.

Die zwei höheren Ebenen:

3. *Die Darstellungs-Funktion der Sprache* bestimmt den größeren Teil der menschlichen Kommunikation. Wir beschreiben anderen unsere Erfahrungen, zum Beispiel den Einfluß des Wetters auf den Garten; die Preise und die Qualität der Waren in den Geschäften; unsere letzte Reise; das Verhalten von Kindern, Freunden oder Nachbarn; jüngste politische Ereignisse, technische Errungenschaften oder wissenschaftliche Entdeckungen – die Liste ist endlos. Man muß erkennen, daß die beiden niederen Sprachfunktionen mit Äußerungen verbunden sind, die beides sind: Ausdruck und Signal. Das besondere Merkmal der Darstellungs-Funktion der Sprache ist, daß die gemach-

ten Aussagen faktisch richtig oder faktisch falsch sein können. Die Möglichkeit der Lüge ist darin eingeschlossen.

4. *Die argumentative Funktion* war in der ursprünglichen Bühlerschen Triade nicht vertreten und wurde von Popper ergänzt. Es ist Sprache auf ihrem höchsten Niveau. Mit ihrem hochentwickelten Charakter war sie sicher die letzte, die sich phylogenetisch entwickelte, und dies spiegelt sich ontogenetisch wider. Die Kunst der kritischen Argumentation ist eng an die menschliche Fähigkeit des rationalen Denkens gebunden.

Die vier Sprachebenen werden gut veranschaulicht durch die Entwicklung vom Säugling zum Kind, in der es eine fortschreitende Eroberung der Ebenen gibt, von der anfänglichen Ausdrucks-Ebene zur Signal-Ebene, dann zur Darstellungs-Ebene und vielleicht zur argumentativen Ebene. Dabei ist es wichtig, zu wissen, daß jede Sprachebene die niedrigeren Stufen einschließt. Beim Diskutieren werden zum Beispiel Gefühle ausgedrückt, und bei dem Versuch, den Gegner zu bekehren, werden Signale durch Gesten gegeben; Darstellung ist dann gegeben, wenn Argumente mit faktischen Verweisen untermauert werden.

Die oben gegebenen Erläuterungen sind von dualistisch-interaktionistischer Philosophie durchdrungen. Im Gegensatz dazu wird der Physikalist, wie Popper sagt:

»... eine physikalische Erklärung – eine kausale Erklärung – des Sprachphänomens zu geben versuchen. Das ist gleichbedeutend mit einer Interpretation der Sprache als Ausdruck des Zustandes des Sprechers und folglich alleine der Ausdrucks-Funktion. ... Doch die Folgen davon sind verheerend. Denn wenn die gesamte Sprache bloß für Ausdruck und Kommunikation gehalten wird, dann läßt man all das außer acht, was für die menschliche Sprache im großen Unterschied zur tierischen Sprache charakteristisch ist: ihre Fähigkeit, wahre und falsche Aussagen zu machen und gültige und ungültige Argumente vorzubringen. Das wiederum hat zur Folge, daß der Physikalist nicht in der Lage ist, dem Unterschied zwischen Propaganda, verbaler Einschüchterung und rationaler Argumentation Rechnung zu tragen.«[1] Der Behaviorist scheitert ebenfalls, weil er nichts über der Signalfunktion der Sprache (Ebene 2) anerkennt.

---

[1] Popper, K.R./Eccles, J.C. *Das Ich und sein Gehirn* [Lit. 236], S. 87 f.

Der sprachliche Ausdruck

Im subjektiven Sinn bezieht sich der Begriff »Gedanke« auf eine geistige Erfahrung oder einen geistigen Prozeß. Wir können auch von einem »Gedankenprozeß« sprechen, und dieser hat den Status von Welt 2 (Abb. 3–1). Im Gegensatz dazu steht die Welt der Produkte aus Gedankenprozessen, die Welt menschlicher Kreativität, das heißt Welt 3 (Abb. 3–3). Durch den sprachlichen Ausdruck erreichen subjektive Gedankengänge einen objektiven Status (Welt 3), und unter ganz besonderen Umständen kann der sprachliche Ausdruck ein hohes ästhetisches Niveau erreichen, wie zum Beispiel in einer Ode von John Keats.

Descartes hob die Beziehung zwischen Sprache und Denken hervor sowie das Schöpferische der Gedanken im sprachlichen Ausdruck, was ausschließlich zum Menschen gehört. Er führt diese menschliche Einzigartigkeit auf das Einwirken eines neuen Prinzips, der menschlichen Seele, auf das Gehirn zurück, das mit der Urteilskraft verknüpft sei und bei den Tieren fehle. Das entspricht dem neuen Prinzip, das von Chomsky für die Kreativität des Sprachgebrauchs vorgeschlagen wird.

Bevor wir diesen schöpferischen Prozeß weiter untersuchen, durch den subjektive Gedankengänge in Sprache umgesetzt werden, was sogar eine künstlerische Schöpfung sein kann, ist es notwendig, die Operationen zu umreißen, durch die wohlgeformte Sätze geschaffen werden. Nach Chomsky ist die Konstruktion eines Satzes ein einzigartiges Geschehen. Im Laufe einer Unterhaltung können wir alle einzigartige, nie vorher geschaffene Sätze bilden. Wir haben in der Tat die Fähigkeit, eine unendliche Vielfalt von Sätzen ins Leben zu rufen.

Sprachliche Äußerungen können auf drei Ebenen betrachtet werden. Erstens ist da der Bedarf nach einem angemessenen, verständlichen Vokabular aus allen Bereichen der Sprache: das ist die Ebene des Wortschatzes beziehungsweise der Lexik. An zweiter Stelle steht die korrekte Zusammenstellung der Wörter nach den Regeln der Grammatik: das ist ein Erfordernis auf der Ebene der Syntax. Das Kriterium dabei ist, daß erfahrene Muttersprachler die Sätze als richtig gebildet beurteilen. Drittens müssen die Sätze als sinnvoll empfunden werden: das ist das Kriterium auf der Ebene der Semantik. Sätze mit einer befriedigenden syntaktischen Struktur können trotzdem unsinnig sein. Ich gebe ein Beispiel von Chomsky: »Farblos grüne Ideen schlafen wütend.«

Diese Kriterien einer menschlichen Sprache werden später von entscheidender Bedeutung sein, wenn zu beurteilen ist, inwieweit dressierte Affen fähig sind, Spuren von dem zu zeigen, was als menschliche Sprache erkannt werden kann, das heißt Sprache auf der Ebene 3 oder 4.

Das Erlernen einer menschlichen Sprache

Wie in Kapitel 2 vermerkt wurde, probiert ein Baby seine Sprechorgane schon in den ersten Lebensmonaten kontinuierlich aus und beginnt auf diese Weise, die komplizierteste aller motorischen Koordinationen zu erlernen. Das Sprechenlernen wird durch das Hören gelenkt und besteht anfangs in der Imitation gehörter Laute; das führt weiter zu den einfachsten Worten wie »Dada«, »Papa«, »Mama«, die im Alter von einem Jahr produziert werden. Man muß sich klarmachen, daß das Sprechen von der Rückkoppelung durch das Hören der gesprochenen Worte abhängig ist. Der Taube ist stumm. In der sprachlichen Entwicklung überholt das Erkennen von Worten bald das Ausdrucksvermögen. Ein Kind hat einen wahren Hunger nach Worten, es fragt nach Bezeichnungen und übt unaufhörlich, selbst wenn es allein ist. Es hat den Mut, Fehler zu machen, die eigenen Regeln entspringen, wie zum Beispiel bei den unregelmäßigen Pluralformen der Substantive. Eine Sprache kann nicht durch einfache Nachahmung erworben werden. Das Kind leitet Regelmäßigkeiten und Beziehungen von dem ab, was es hört, und wendet diese syntaktischen Prinzipien auf die Bildung seiner eigenen sprachlichen Ausdrucksformen an. Die frühesten Stadien der funktionalen Entwicklung sind vielleicht fast ausschließlich *pragmatischer* Natur, wenn das Kind seine »Protosprache« dazu benutzt, seine Umwelt zu beeinflussen, Gewünschtes zu bekommen und zur Interaktion einzuladen. Diese Protofunktionen entwickeln sich zu der reiferen *mathetischen* (kenntniserwerbenden) Funktion, bei der das Kind die Sprache benutzt, um etwas über die Welt zu lernen: also zu dem kognitiven Aspekt der Sprache. Aber natürlich sind diese beiden Funktionen, die pragmatische und die mathetische, in der Sprache, die ein Kind laufend verwendet, untrennbar miteinander verbunden.

Es ist höchst erstaunlich, welche Verfahren der Selbstgestaltung Kinder einsetzen. Wir möchten annehmen, daß der bemerkenswerte sprachliche Fortschritt, den das Kind in den ersten Jahren macht, dem sich entwickelnden Selbstbewußtsein des Kindes in seinem Streben nach Selbstverwirklichung und Selbstausdruck zuzuschreiben ist. Seine geistige und sprachliche Entwicklung stehen in einer positiven Wechselbeziehung. Als eine notwendige Bedingung der menschlichen Sprache mag sich die Fähigkeit erweisen, *sich selbst* symbolisch darzustellen.

Wenn die Eltern normal hörender Kinder von Geburt an taub sind, so hören ihre Kinder keine Sprache von ihnen und können sich mit den eigenen Vokalisationen nicht das verschaffen, was sie haben wollen. Trotzdem fangen diese Kinder zur üblichen Zeit an zu sprechen und zeigen eine normale Sprachentwicklung. Das ist vermutlich darauf zurückzuführen, daß die gelegentlichen Begegnungen außerhalb des Elternhauses als Richtlinien für das Lernen ausreichen. So macht das Kind aufgrund seiner sprachlichen Fähigkeit Gebrauch von allem, was die Umwelt ihm bietet, mag es auch noch so begrenzt sein. Die Fähigkeit zu sprechen, ist, auch wenn die Gelegenheit zur praktischen Ausübung minimal ist, ein Teil unseres biologischen Erbes. Daß der Mensch mit dieser Neigung und Empfänglichkeit für Sprache ausgestattet ist, hat eine genetische Grundlage (vgl. Abb. 6–1), aber man kann nicht von Sprachgenen sprechen. Andererseits können wir, über unser gegenwärtiges Verstehen hinaus, annehmen, daß die Gene tatsächlich codierte Anweisungen liefern für den Aufbau der speziellen, für die Sprache zuständigen Regionen der Großhirnrinde sowie aller an der Verbalisierung beteiligten Hilfsstrukturen. Diesen strukturellen Merkmalen werden wir uns später zuwenden.

Das allgemeine Diagramm der Evolution (Abb. 6–1) zeigt eine scharfe Trennung zwischen der Biologischen Evolution auf der linken Seite, die vollständig in Welt 1 liegt, und der Kulturellen Evolution auf der rechten Seite, die vollständig in Welt 3 liegt. Es zeigt, daß das menschliche Gehirn durch den genetischen Code mit der *Neigung* für Sprache ausgestattet ist und daß jede menschliche Sprache erlernt werden kann. Die Sprache, die gehört wird, ist die Sprache, die gelernt wird. In Kapitel 6 wurde darauf hingewiesen, daß Abbildung 6-1 auf die ganze Spannweite der kulturellen Neigungen des Menschen anwendbar ist. Gehirne in Welt 1, die das bewußte Lernen nutzen – eine Leistung in Welt 2 – speichern die Kultur in Welt 3, wie das im Diagramm 3-4 dargestellt ist.

Das Sprachtraining von Affen

Descartes schlug vor, daß es zwischen Mensch und Tier einen qualitativen Unterschied gebe, wie sich teilweise an der Sprache zeige. Bei Descartes sind Tiere Automaten, denen ein Äquivalent zum menschlichen Selbstbewußtsein fehlt. Sie kommunizieren durch ein begrenztes Zeichenvokabular miteinander, haben aber kein Sprachvermögen, durch das die Sprache Gedanken formt und mitteilt. Die Menschen werden durch die Vernunft, die Tiere durch den Instinkt geleitet; und für Descartes ist die menschliche Sprache eine Aktivität der menschlichen Seele. Durch die Darwinsche Evolutionstheorie wurde der phylogenetische Status des Menschen als der eines Primaten und eines nahen Verwandten des Affen etabliert. Es wurde zu einem attraktiven Forschungsprogramm, zu zeigen, daß es in *jeder Hinsicht* eine Kontinuität gab, mit nur quantitativen Unterschieden. Das einzige Hindernis dieses sanften Übergangs war die Einmaligkeit der menschlichen Sprache. Es bestand offensichtlich ein deutlicher qualitativer Unterschied zwischen der menschlichen Sprache und den Affensprachen, die nur für die zwei untersten Ebenen in Abbildung 8-1 geeignet waren. Die Folge war eine ganze Reihe von Forschungsprogrammen, die dazu bestimmt waren, die sprachlichen Fähigkeiten der Affen zu demonstrieren und gleichzeitig zu begründen, daß der Unterschied zwischen Mensch und Affe nur quantitativer Art sei. Im Falle des Gelingens hätte sich die Lücke in der Phylogenese geschlossen und die »evolutionäre Kontinuität« wäre gewahrt worden. Roger Brown drückt die Motivation dazu recht lebensnah aus: »Warum interessiert sich überhaupt jemand dafür? Vielleicht aus dem gleichen Grund, aus dem wir uns für Weltraumreisen interessieren. Man ist einsam, wenn man die einzige sprechende Spezies im Weltraum ist. Wir möchten, daß ein Schimpanse spricht, damit wir sagen können: Hallo, du da draußen! Wie fühlt man sich, wenn man ein Schimpanse ist?«[2] Die anfänglichen Projekte bestanden in einer Serie mutiger Versuche von Furness, den Hayes und Kellogg, Affen, die in menschlichen Familien aufwuchsen, das Sprechen beizubringen. Auch noch nach Jahren beschränkte sich die Sprachleistung auf vier Wörter: papa, mama, cup, up! Liebermann schrieb diesen Mißerfolg dem anatomisch unzulänglichen Sprechapparat des Affen zu, der die Artikulation einiger Vokale einschränke. Es gibt jedoch Menschen, die bei schweren Läsionen der Sprechwerkzeuge – zum Beispiel bei völligem Verlust von Kehlkopf oder Zunge – immer noch sprechen können, also trotz dieser großen Behinderungen. Auch verschiedene experimentell herbeigeführte Störungen der menschlichen Sprechorgane können durch bemerkenswerte Anpassungen kompensiert werden. Ein normaler menschlicher Sprechapparat ist weder notwendig noch ausreichend, um die einzigartige Sprachfähigkeit des Menschen zu erklären; das war Descartes' Schlußfolgerung.

Das Scheitern des Versuchs, Affen im Sprechen auszubilden, hat zu einer Anzahl verschiedener Projekte geführt, die andere Ausbildungsverfahren benutzten. Diese Projekte haben ein ungeheures Interesse geweckt, weil es schien, daß die Barriere zwischen dem Menschen und anderen Lebewesen durchbrochen würde. Gleichzeitig wurden systematische Studien an Affen in ihrer natürlichen Umgebung durchgeführt, wie zum Beispiel von Jane Goodall an den Schimpansen im Gombe-Stream-Reservat. 1980 publizierten Thomas Sebeok und Jean Umiker-Sebeok von der Universität Indiana eine bemerkenswerte Dokumentation dieser Projekte zur Affensprache, wie sie ihnen von den Versuchsleitern geliefert wurde, und ebenfalls die kritische Auswertung dieser Berichte durch eine Anzahl von Sprachexperten. Darüber hinaus haben sich die Experimentatoren gegenseitig ebenso kritisch rezensiert! Ich habe den deutlichen Eindruck, daß diese Kritik eine dringend benötigte Katharsis in einem Bereich bewirkt hat, der an zuviel Publizität leidet.

Der umfassendste und sorgfältigste Versuch, sprachliche Fähigkei-

---

2 Brown, R. in: Sebeok, T. A., and Umiker-Sebeok, J. (Eds.) *Speaking of Apes* [Lit. 236], S. 88.

ten bei Affen nachzuweisen, wird seit 1966 von den Gardners durchgeführt. Sie benutzen die amerikanische Zeichensprache (ASL)[3], um den Affen die Chance zu geben, ein System von Handsignalen zu benutzen, das ihrer eigenen natürlichen Kommunikationsgestik entspricht. So haben die Affen die Möglichkeit, ihre Fähigkeit zum Erlernen einer Sprache zu zeigen, ohne durch ihre angeblich unzureichenden Sprechorgane behindert zu sein. Das junge Schimpansenweibchen Washoe war viele Jahre lang das Versuchsobjekt in den meisten Untersuchungen. In jüngster Zeit kamen noch drei weitere dazu. Jeden wachen Augenblick verbrachte Washoe in Gesellschaft von Menschen, die sowohl untereinander als auch mit Washoe die ASL verwendeten. Washoe erwarb sich ein Vokabular von 130 Zeichen, die sie zu Sinneinheiten bis zu jeweils vier »Worten« zusammensetzen konnte. Fast alle diese Zeichen-Botschaften waren Bitten um Futter oder um soziale Zuwendung; es handelt sich also dabei um eine pragmatisch orientierte, instrumentelle Kommunikation. Im Gegensatz dazu ist die Sprache des Kindes weitgehend auf das Erkunden und Kennenlernen der »Welt«, auf ihre oben erwähnte mathetische Funktion ausgerichtet.

In den ersten eineinhalb Lebensjahren können die Schimpansenbabys den Menschenbabys im Erlernen einer Zeichensprache überlegen sein; aber mit zwei Jahren hat das Kind einen größeren Wortschatz. Allerdings ist die Größe des Wortschatzes kein angemessenes Kriterium für Sprachfähigkeit, die an der Art des Wort*gebrauchs* beurteilt werden muß. Es besteht kein Zweifel, daß die Schimpansen Absichten mitteilen können, das heißt, sie stellen mit ihrer ASL eine semantische Fähigkeit zur Schau. Es bestehen jedoch Zweifel daran, daß die Zeichen-(Wort)-Folgen, die die Schimpansen hervorbringen, irgendwelchen syntaktischen Regeln gehorchen. Zum Beispiel werden die Zeichen für »mich«, »kitzeln« und »du« in beliebiger Reihenfolge verwendet, um dieselbe Bitte, nämlich: du sollst mich kitzeln, auszudrücken. Im Gegensatz dazu hat ein Kind von drei Jahren bereits bestimmte syntaktische Vorstellungen, wenn es Sätze bildet, die geeignet sind, Wünsche, Befehle, Verneinungen und Fragen mitzuteilen.

Die Pionierarbeit der Gardners ist auf einige Kritik gestoßen. Diese

---

3 ASL = American Sign Language [Red.].

verweist zum Beispiel auf die Gefahr der Überinterpretation, was das Zeichengeben von Affen angeht, obwohl die Gardners sehr strenge Kriterien aufgestellt haben. Eine gravierendere Kritik ist der Hinweis, daß das Zeichengeben der Affen von unbewußten Signalen des Trainers abhängen kann, das heißt, daß die Leistung des Affen eher ein »Kluger-Hans-Effekt« ist (so bezeichnet nach dem Pferd, dessen Additionen und Subtraktionen nachweislich von den unbewußten Fingerzeigen abhingen, die der Trainer ihm gab). Man hegte die optimistische Hoffnung, daß ein so kompetenter »Zeichengeber« wie Washoe auch bestrebt sein werde, die Zeichensprache unerfahrenen Schimpansen beizubringen, die sie nur ansatzweise zeigten. Unter den Affen fand jedoch nur eine minimale Kommunikation durch Zeichen statt. Außerdem wurde die Hoffnung, Washoe werde ihrem Nachwuchs die ASL beibringen, enttäuscht. Daß es also intern, innerhalb der Art, keine gegenseitige Spracherziehung gibt, wirft die Frage auf, ob die ASL-trainierten Affen die Zeichensprache tatsächlich als Kommunikationsmittel so besonders schätzen.

Was haben diese Untersuchungen mit der ASL denn nun eigentlich gezeigt? Erstens: die Fähigkeit der Affen, Zeichen für Dinge und Handlungen zu erlernen. Zweitens: sie können diese Symbole als Instrument gebrauchen, um Wünsche nach Futter und Annehmlichkeiten zu signalisieren und auch, um ihre Gefühle zum Ausdruck zu bringen. Die Kommunikation durch ASL fällt daher unter die beiden niederen Sprachkategorien (Abb. 8–1). Es gibt keine sicheren Beweise dafür, daß sie in einer deskriptiven Weise verwendet wird, und sei es nur auf einem so einfachen Niveau, wie der Satz »Hund beißt Katze« oder seine modale Umkehrung »Katze wird von Hund gebissen« es darstellen.

David Premack wollte klarer und systematischer testen, inwieweit Affen fähig sind, ein symbolisches Kommunikationssystem zu erlernen, das eine gewisse Beziehung zur Sprache hat. Er entwickelte dazu ein sehr raffiniertes System, in dem Plastikchips als Symbole für Worte benutzt werden. Die Farben und Formen dieser Chips geben den Hinweis, das heißt, ein bestimmtes Wort oder Ding wird durch einen Chip von bestimmter Form oder Farbe bezeichnet. Die Trainingsmethode ist die operante Konditionierung, bei der Erfolg belohnt wird. Durch diese Methode konnte eine junge Schimpansin, Sarah, ein Vokabular für Gegenstände, Farben und Tätigkeiten (»hineinstecken«, »nehmen«) und für die Präposition »auf« entwickeln. Premack hat dieses Verfahren zur Erforschung des Denk- und Unterscheidungsvermögens der Affen sehr geschickt eingesetzt. Aber diese Experimente wurden viel kritisiert. Die Tests, die von Eric Lenneberg berichtet wurden, sind dabei von besonderer Bedeutung. Er trainierte normale High-School-Studenten nach den von Premack beschriebenen Methoden, wobei er Premacks Studie so buchstäblich wie möglich nachahmte. Zwei menschliche Versuchspersonen waren schnell in der Lage, beträchtlich niedrigere Fehlerquoten zu erreichen als die von den Schimpansen berichteten. Sie konnten jedoch nicht einen einzigen Satz, den sie gebildet hatten, in korrektes Englisch übertragen. Sie verstanden tatsächlich nicht, daß eine Beziehung bestand zwischen den plastischen Symbolen und der Sprache. Statt dessen standen sie unter dem Eindruck, daß es ihre Aufgabe sei, Rätsel zu lösen.

In einem Versuch, Computertechnik einzusetzen, um Schimpansen symbolische Kommunikation beizubringen, hat Duane Rumbaugh eine außerordentlich raffinierte »Lehrmaschine« entwickelt. Diese Maschine besteht hauptsächlich aus zwei Konsolen mit je 25 Tasten, von denen jede ein Wort oder einen Satz symbolisiert. In wichtigen Punkten erinnert das Verfahren an das von Premack mit seinem Gebrauch von Symbolen; es ist aber darauf angelegt, daß alle Operationen, die von dem Schimpansen (Lana) rund um die Uhr an den Tasten ausgeführt werden, gespeichert werden. Die Einrichtung war besonders bestimmt für die Bitte nach Futter, Wasser und Hilfeleistungen; das mußte jedoch in der korrekten grammatischen Form der Sprache geschehen, die für das System bestimmt war. Wie schon bei Premacks Untersuchungen an Sarah glauben wir auch hier, daß Lanas Kommunikation nur auf den zwei untersten Sprachebenen angesiedelt ist (vgl. Abb. 8–1).

Faßt man alle diese experimentellen Versuche, Affen Sprache beizubringen, zusammen, so kann man sagen, daß diese eine bemerkenswerte Fähigkeit gezeigt haben, symbolische Kommunikation zu erlernen. Diese Kommunikation wird von den Affen pragmatisch verwendet, um Futter oder soziale Kontakte zu erbitten. Sie wird nicht mathetisch benutzt, um etwas über die Umwelt zu erfahren, wie das von einem dreijährigen Kind sehr wirkungsvoll getan wird. Es besteht kein Zweifel, daß Affen symbolische Sprache auf der Ebene 2, das heißt als Signale, gut erlernen, aber es ist zweifelhaft, ob sie es je schaffen würden, bis zur Ebene 3, bis zur Darstellungs-Funktion zu gelangen; und natürlich steht Ebene 4 ganz außer Frage. Diese charakteristischen Merkmale der menschlichen Sprache wurden von Affen nie gezeigt, auch nicht nach den mühevollsten Prozeduren. Affen können eine Sprache semantisch benutzen, besonders in der ASL, aber es gibt keinen eindeutigen Beweis dafür, daß ihre sprachlichen Äußerungen eine syntaktische Form hätten.

Als außenstehende Beobachter dieser Sprachtrainingsprogramme für Affen haben wir den Eindruck, daß die ursprünglichen Hoffnungen, mit Affen auf einem menschlichen Niveau kommunizieren zu können, enttäuscht wurden. Es schien nichts von Interesse zu geben, das die Affen unbedingt mitteilen wollten. Es war, als ob sie nichts besäßen, was dem menschlichen Denken gleichwertig wäre.

Wir stimmen mit Karl Popper überein, daß menschliche Sprache auf der Ebene 3 und 4 in Abbildung 8–1 außerhalb der Kapazität von Affen liegt. Die Unterschiede sind qualitativer Art. Es scheint, als ob das menschliche Gehirn besondere Eigenschaften besäße, die es nicht mit anderen Arten teilt. Nichtsdestoweniger muß die Kluft zwischen tierischer und menschlicher Sprachleistung irgendwann im Evolutionsprozeß überbrückt worden sein; aber leider sind alle Zwischenformen, wie der *Homo habilis* und der *Homo erectus,* ausgestorben. Vermutlich wurde eine primitive menschliche Sprache auf allen in Abbildung 8–1 enthaltenen Ebenen während des evolutionären Aufstiegs des *Homo sapiens* entwickelt.

Die Evolution der Hominiden

Aus den letzten zwei Jahrzehnten sind wunderbare Funde hominider Fossilien in Ostafrika bezeugt, die hauptsächlich von den Leakeys gemacht wurden. Der primitivste Hominide, der *Australopithecus afarensis,* lebte vor 4 bis 2,5 Millionen Jahren; er hatte eine aufrechte Haltung, aber sein Gehirn war nur etwas größer als das eines Menschenaffen. Vor etwa 2,5 bis 1,5 Millionen Jahren tauchten in kleinen isolierten Stammesgruppen Hominiden mit viel größeren Gehirnen (bis zu einem Volumen von 770 ccm) auf: der *Homo habilis*. Richard Leakey hat kürzlich mehrere erstaunlich gut erhaltene Schädel geborgen. Die spätere evolutionäre Entwicklung führte zu dem mit einem noch größeren Gehirn (800 bis 1050 ccm) ausgestatteten *Homo erectus*, der vor 1,5 Millionen bis etwa 500 000 Jahren lebte. Diese Hominiden waren über Afrika und Asien verstreut und hatten eine fortgeschrittene Werkzeugkultur sowie Feuerbenutzung. Über die Stadien des *Homo präneandertalis* trat schließlich der *Homo sapiens neandertalis* auf, der vor etwa 80 000 Jahren lebte und dessen Gehirnvolumen ungefähr 1400 ccm betrug, also mindestens ebenso groß war wie das gegenwärtige menschliche Gehirn *(Homo sapiens sapiens)*. Die aufeinanderfolgenden Stadien der Sprachentwicklung und ihre Beziehung zur Entwicklung des Gehirns werden wir nie kennenlernen. Es ist jedoch eine bestechende evolutionäre Hypothese, daß Sprachentwicklung und Gehirnentwicklung Hand in Hand gingen.

Die höheren Sprachebenen sind wahrscheinlich im Zusammenhang mit der Jagd und der Nahrungssuche der primitiven Hominiden aufgetaucht. Die pragmatische Stufe der Affensprache könnte sich zu den objektiveren Beschreibungen von Standort, Zahl und Bewegung der Beutetiere entwickelt haben, oder es könnte Beschreibungen von den Fundorten und der Natur eßbarer Früchte gegeben haben. Mit Verbesserungen in der Beschreibung hätte die Prüfung ihres Wahrheitsgehalts einhergegangen sein können; daraus hätte das Argumentieren entstanden sein können, wie man es auch bei Kindern findet, und später die wichtigsten Begriffe der Zeit und der Zukunft. Auf diesem Hintergrund sprachlicher Fähigkeiten entwickelte sich schließlich die Erkenntnis der Selbstheit und des Todes. Es gibt überzeugende Beweise dafür, daß sich das ereignete, als der Neandertaler zeremonielle Begräbnisse veranstaltete, vor ca. 60 000 bis 80 000 Jahren. Wir können sicher sein, daß zu diesem Zeitpunkt Denken und Sprache als Eigenschaften des großen Gehirns gut entwickelt waren; gleichzeitig gab es eine Verbesserung der Werkzeugkultur mit Formen und Mustern, die eine ästhetische Wirkung hatten. Wir stehen vor dem Ausbruch der menschlichen Personalität.

Die Sprachzentren des menschlichen Gehirns

Die drei Sprachzentren des Gehirns sind in Abbildung 8–2 dargestellt und, wie bei 95% der Fälle, in der linken cerebralen Hemisphäre lokalisiert. Sie wurden ursprünglich identifiziert aufgrund von Sprachstörungen, die aus der Zerstörung dieser Zentren resultierten. Die hintere Sprachrinde, die von dem jungen deutschen Neurologen Wernicke im letzten Jahrhundert entdeckt wurde, steht besonders mit dem gedanklichen Aspekt der Sprache im Zusammenhang. Es gibt ein Unvermögen, Sprache zu verstehen, sei sie nun geschrieben oder gesprochen. Obwohl der Patient mit normaler Schnelligkeit und normalem Rhythmus sprechen kann, ist seine Sprache auffallend inhaltslos, eine Art unsinniges Kauderwelsch. Noch früher im 19. Jahrhundert entdeckte der französische Neurologe Broca, daß bei Verletzungen einer Zone, die wir heute das Sprachzentrum von Broca nennen, der Patient die Fähigkeit zu sprechen verloren hatte, obwohl er gesprochene Sprache verstehen konnte. Die Störungen lagen im Gebrauch der Sprachmuskulatur. Das dritte Sprachzentrum wurde von Wilder Penfield aus zwei Gründen entdeckt. Erstens bewirkte seine Stimulierung die Äußerung von Lauten (Vokalisation), aber nicht von erkennbaren Worten. Zweitens erfolgte auf seine Entfernung eine temporäre Unfähigkeit zu sprechen, die ungefähr zwei Wochen andauerte. Man glaubt heute, daß die Wiedererlangung der Sprechfähigkeit dem oberen Sprachzentrum der anderen Seite zu verdanken ist, wie das noch in Kapitel 11 beschrieben wird. Das heißt, daß die oberen Sprachzentren sich von den vorderen und hinteren darin unterscheiden, daß sie bilateral sind.

Wie Untersuchungen von Hirnläsionen bei Kleinkindern und Kindern gezeigt haben, sind anfänglich beide Hemisphären an der Sprache beteiligt. Normalerweise gewinnt die linke Hemisphäre bei der sprachlichen Leistung allmählich die Dominanz, sowohl im Verstehen als auch im Ausdruck; das liegt vermutlich an ihrer besseren neurologischen Ausstattung. Gleichzeitig wird die andere Hemisphäre – im allgemeinen die rechte – in bezug auf Sprachproduktion unterdrückt, sie behält aber eine gewisse Fähigkeit zu verstehen. Dieser Prozeß des Sprachtransfers ist normalerweise mit dem vierten bis fünften Lebensjahr abgeschlossen.

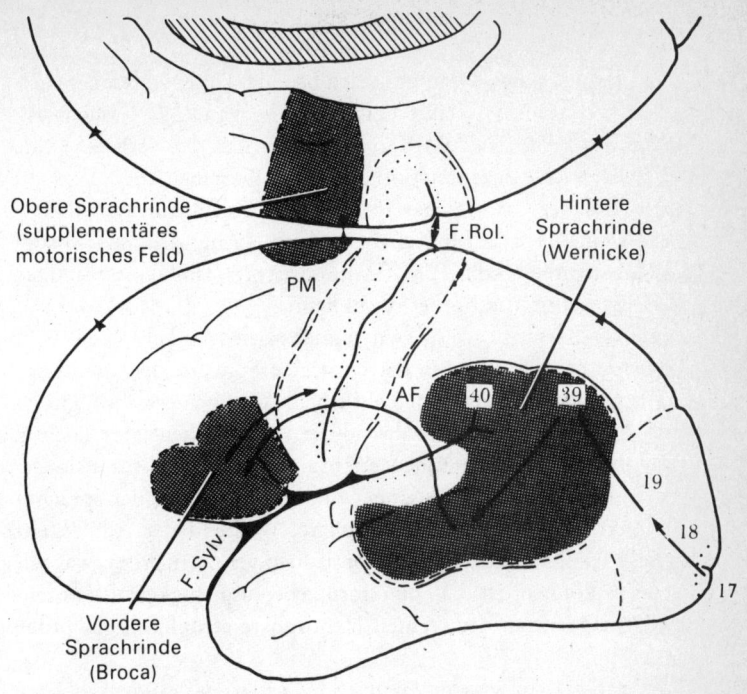

Abb. 8-2: Corticale Sprachfelder der dominanten linken Hemisphäre. Beachten Sie, daß die Darstellung der linken Hemisphäre sowohl von lateral als auch von medial (über der Seitenansicht) gesehen ist, so daß die Verbindung von der konvexen zur medialen Oberfläche wahrgenommen werden kann. Die Bahn für lautes Lesen ist durch Pfeile bezeichnet. Sie verläuft von den visuellen Feldern der Hirnrinde, den Brodmannschen Feldern 17, 18, 19 zum Gyrus angularis im hinteren Teil des Wernickeschen Sprachzentrums, dann über den Fasciculus arcuatus (AF) zum vorderen Brocaschen Sprachzentrum und von dort zur motorischen Rinde für die Sprachproduktion. Beachten Sie, daß das obere Sprachfeld mit dem supplementären motorischen Feld identisch ist (Beschreibung in Kapitel 11). F. Rol. ist die Fissura Rolandi, die die motorische Rinde (vorn) von der sensorischen Rinde (hinten) trennt (s. auch Abb. 11-1).

Unser Verständnis von den cerebralen Sprachmechanismen ist immer noch sehr grob. Die Pfeile in Abbildung 8–2 bezeichnen die neuralen Bahnen, die am lauten Lesen beteiligt sind. Von den visuellen Feldern 17, 18 und 19 läuft die Bahn zu Feld 39 (Gyrus angularis). Läsionen des Feldes 39 führen zu Dyslexie. Auf der nächsten Stufe findet semantische Interpretation durch das Wernickesche Feld statt, dann ein Transfer über den Fasciculus arcuatus zum Brocaschen Zentrum, wo eine Verarbeitung in die komplexen motorischen Muster erfolgt, die für die Aktivierung der motorischen Rinde nötig sind, so daß eine Sprachproduktion erfolgen kann.

Unglücklicherweise wissen wir immer noch ziemlich wenig über die anatomischen Strukturen der corticalen Sprachfelder, die diesen ihre einzigartigen Eigenschaften verleihen. Wie oben erwähnt, gibt es funktionelle Sprachzentren während der ersten Lebensjahre auch in der rechten Hemisphäre. Eine Zerstörung der Sprachzentren in der linken Hemisphäre führt zu einer vollen Entwicklung der sprachlichen Funktion der rechten Hemisphäre. Während der Adoleszenz geht diese Fähigkeit zur Substitution jedoch verloren. Alles, was wir dazu sagen können, ist, daß eine formgebende Fähigkeit der potentiellen Sprachzentren der rechten Hemisphäre atrophisch geworden ist.

Es ist wichtig, zu wissen, daß die Sprachzentren des menschlichen Gehirns schon vor der Geburt gebildet sind; sie sind ontogenetisch entwickelt, bereit, eine Sprache zu lernen. Das Ganze ist ein genetisch codierter Prozeß, und erstaunlicherweise sind die Sprachzentren, die auf diese Weise gewachsen sind, imstande, jede menschliche Sprache zu lernen. Es steht außer Zweifel, daß Kinder verschiedener Rassen für das Erlernen von Sprachen die gleiche Fähigkeit haben. Chomsky hat diese Tatsache genutzt, als er seine Ideen über die allgemeinen Prinzipien einer universellen Grammatik formulierte. Vielleicht kann die Tiefenstruktur der Grammatik mit der Mikroorganisation der Sprachzentren des Gehirns in Übereinstimmung gebracht werden. In diesem Sinne ist es zu verstehen, daß ein Kind mit einem »Wissen« um die Tiefenstruktur der Sprache geboren wird, weil das verschlüsselt ist in der Mikrostruktur der Sprachzentren der Hirnrinde; durch genetische Instruktionen wird die Bildung der Sprachzentren schon vor der Geburt verursacht.

Denken und Gehirn

Zu Beginn dieses Kapitels haben wir auf die Art und Weise verwiesen, in der Gedanken sprachlich ausgedrückt werden. Wir können nun fragen, wie das Gehirn instrumentell an dieser Transformation beteiligt ist. Eine sehr wichtige Entdeckung machten Roger Sperry und seine Mitarbeiter, nämlich, daß bei Trennung der beiden Hemisphären durch Kommissurotomie der Patient nur an geringen Sprachschwierigkeiten bei der Formulierung von Gedanken litt, weil sein selbstbewußter Geist durch die Sprachzentren der linken Hemisphäre offenbar in normaler Weise wirkte. Im Gegensatz dazu zeigte die rechte Hemisphäre zwar eine gewisse Fähigkeit, gesprochene und geschriebene Sprache zu verstehen, aber ihre Fähigkeit, sich mündlich oder schriftlich auszudrücken, war praktisch gleich Null. Es ist jedoch nachgewiesen worden, daß die rechte Hemisphäre die Fähigkeit besitzt, Gesichter wiederzuerkennen und sogar Selbsterkenntnis zu zeigen. Im allgemeinen kann man daher sagen, daß die rechte Hemisphäre in ihrer Leistung an das Affengehirn erinnert, weil ihr die cerebralen Sprachzentren fehlen, obwohl sie im Erkennen von Sprache überlegen ist. Man kann voraussagen, daß die rechte Hemisphäre effektiver lernen könnte als die Affen, wenn man sie mit den Lehrmethoden trainierte, mit denen man Affen eine künstliche Sprache beibringt. Die linke Hand könnte dazu benutzt werden, mittels der künstlichen Sprachtechniken von Premack und Rumbaugh etwas auszudrücken.

Gedanken in Welt 2 können über die Sprachzentren der linken Hemisphäre sprachlich ausgedrückt werden; das ist ein besonders klares Beispiel für den dualistischen Interaktionismus, wie er im Diagramm 3–1 dargestellt ist. Diese Erklärung entspricht im wesentlichen der von Descartes vorgeschlagenen: der selbstbewußte Geist oder die Seele nimmt sprachliche Form an, indem er/sie auf das Gehirn einwirkt. Trotzdem brauchen wir Tiere nicht als Automaten im Cartesianischen Sinn aufzufassen. Sie haben bewußte Erfahrungen (vgl. Kapitel 2); aber es ist zweifelhaft, ob selbst ein Schimpanse ein Wissen von sich selbst hat, ungeachtet der Gallupschen Untersuchungen. Da Schimpansen außer ihren sehr beschränkten pragmatischen Mitteilungen keine sprachlichen Ausdrucksmöglichkeiten haben, können wir uns fragen, inwieweit sie überhaupt Erfahrungen haben, die dem menschlichen Denken auf den kognitiven Sprachebenen 3 und 4 entsprechen (Abb. 8–1).

Ein Merkmal des sprachlichen Ausdrucks wird selten gründlich betrachtet. Wir können uns alle erinnern, daß wir bei dem Versuch, subtile Gedanken in Worte zu fassen, vor allem, wenn sie neu und noch nicht klar sind, mal diesen, mal jenen Ausdruck ausprobieren. Das ist übrigens genau das, was beim Schreiben dieses Kapitels geschieht. Wenn man versucht, eine Erfahrung mitzuteilen, ist es schwierig, für seine Gedanken eine befriedigende verbale Form zu finden. Man sucht nach den richtigen Worten und der richtigen syntaktischen Zusammenstellung, damit man hoffen kann, daß die eigenen Gedanken bei den Zuhörern oder Lesern eine deutliche Gestalt annehmen.

Wie kann man diesen schöpferischen Akt verstehen? Wir können es im Sinne der dualistisch-interaktionistischen Hypothese des Geist-Hirn-Problems, die eng mit der oben erwähnten Cartesianischen Sprachtheorie verbunden ist. Die subjektiv erfahrenen Gedanken sind ursprünglich im Bewußtsein (Abb. 3–1, Welt 2). Ein Ausdruck in verbaler Form kommt dann zustande, wenn die mentalen Ereignisse Aktionsmuster in den Sprachzentren des Gehirns hervorbringen; das geschieht zuerst im oberen Sprachzentrum (Abb. 8–2), dann im Wernickeschen, dann im Brocaschen Sprachzentrum, und dann kommt es zum offenen Ausdruck im Sprechen oder Schreiben. Diese Wirkungen sind Ereignisse der Welt 1, aber, wie wir oben schon gesehen haben, haben Gedankenäußerungen außerdem auch einen Welt 3-Status. Eine dauernde Beurteilung durch das Bewußtsein sorgt dafür, daß die gedanklichen Prozesse in Welt 2 angemessen in Welt 3 dargestellt werden. Dazu drei Erläuterungen:

Erstens kann diese Bewertung ablaufen, bevor eine offene Äußerung getan ist. Sensible Sprecher oder Schreiber beurteilen eine verbale Formulierung, sobald sie in ihrem Selbstbewußtsein auftaucht. Wir können in unserem Bewußtsein mit Worten spielen, bevor wir irgend etwas sagen oder schreiben, bevor wir, sozusagen, die Feder auf das Papier setzen. Und das kann sich auch während einer improvisierten Vorlesung abspielen. Unsere Sätze scheinen kurz vor der Äußerung gebildet zu werden und können doch augenblicklich einer Änderung unterzogen oder im Nu in verbesserter Form ausgedrückt werden. Das alles kann einem erfahrenen Sprecher geschehen, als wären magische Kräfte am Werk. Manchmal hat man das Gefühl, daß man besser gesprochen hat, als man hat hoffen können! Wir befinden uns hier in der wunderbaren Kraft und Fülle der Hirn-Geist-Interaktion. Unsere Hypothese geht dahin, daß gedankliche Prozesse, wenn sie Ausdruck gewinnen – und sei es auch nur in ungesprochenen Worten –, in Aktionsmuster in der neuralen Maschinerie übertragen worden sind, zuerst im supplementären motorischen Feld SMA [aus englisch: Supplementary Motoric Area] (Abb. 8-2). Doch wir in Welt 2, die wir unsere sprachlichen Leistungen bewußt beurteilen, stehen außerhalb der Gehirnvorgänge in Welt 1 und ihrem Ausdruck in Welt 3. Wir beginnen jetzt, das Wunder und Geheimnis des großen Sprachkunstwerks zu schätzen, zum Beispiel, wie die Gedanken von John Keats in seinen Oden ihre unvergängliche Form fanden. Materialisten müssen wohl ganz außerstande sein, die hohe Leistung eines schöpferischen Geistes zu erkennen und zu schätzen. Sie können es nur, wenn sie sich verstellen!

Zweitens: Bei dem Versuch, etwas auszudrücken, können wir zu einem klaren Verständnis dessen kommen, was vorher dunkel war. Ein Lehrer sollte seine Schüler dazu anhalten, ihre Gedanken aufzuschreiben oder sie in ein Diagramm zu übertragen. Es mißlingt vielleicht, aber wenn sie es schaffen, dann werden sie sehr viel gelernt haben, und es existiert zudem ein Objekt der Welt 3, das beurteilt werden kann.

Drittens haben wir Gedanken in uns, die keine Verbindung zur Sprache haben und die vielleicht nie ausgedrückt werden. Denken wir zum Beispiel an die vielen Seh- und Hörerlebnisse, die man hat, wenn man allein auf einer Landstraße wandert. Einige Behavioristen stellen die absurde Behauptung auf, daß diese Erfahrungen von lautlosen Äußerungen abhängig seien. Aber wie könnte man es äußern, daß und wie man einen Baum in seiner ganzen verzweigten Komplexität erlebt? Es ist in der Tat so, daß wir große Erfahrungsbereiche haben, die sich der Verbalisierung entziehen, wie einem sofort klar wird, wenn man an einen Musiker oder einen bildenden Künstler denkt. In seinem späteren Leben störte sich Gilbert Ryle an der starren behavioristischen Lehre, die in seinem Buch *The Concept of Mind* [deutsch: Der Begriff des Geistes, 1969] zutage trat; in seinen posthum erschienen Schriften gibt es einen Bericht, wie er sich Gedanken vorstellt, die existieren können, ohne sich in irgendeiner Weise auszudrücken, sei es nun verbal oder in einer anderen Verhaltensweise.

Auf der höchsten Stufe bewußter Erfahrung können unsere Gedanken eine außerordentliche Variationsbreite haben, wobei sie oft stark emotional getönt sind. Da wären zum Beispiel zu nennen: Gefühle der Freude, der Zufriedenheit und des Verstehens; ein mystisches Gefühl des Staunens und der Verehrung; Gedanken der Freude an der Schönheit und Lieblichkeit in der Natur, der Freude an Literatur, Musik und Kunst und an Mitmenschen. Aber Erfahrungen können auch düster und erschreckend sein. Da kann es Einsamkeit, Melancholie, Angst, Furcht oder Schrecken geben. Wir meinen, daß diese Erfahrungen im Bewußtsein (Welt 2) keine neuronale Entsprechung in der Gehirntätigkeit haben müssen (Welt 1). Sobald wir allerdings versuchen, diese Erfahrungen klar zu definieren, um sie sprachlich oder in anderer Weise auszudrücken, dann vollzieht sich selbstverständlich eine Umwandlung in Gehirntätigkeit. Dann findet eine wechselseitige Kommunikation über die in Abbildung 3–1 dargestellte Grenze statt, besonders dann, wenn der Ausdruck einem selbstkritischen Urteil unterzogen wird.

Sprache und menschliches Denken: eine Nachbewertung

In diesem Kapitel wird im Zweifelsfall durchgehend zugunsten der Theoretiker und Forscher argumentiert, die die These eines engen Zusammenhangs zwischen sprachlicher und kognitiver Fähigkeit verfechten. Unsere bescheidene Schlußfolgerung in dieser Hinsicht ist, daß selbst die Affen die Stufe sprachlicher und kognitiver Leistung, die der menschlichen Spezies eigen ist, nicht erreicht haben, obwohl die Affen tatsächlich gewisse Ansätze in beiden Bereichen zeigen.

Es gibt jedoch eine radikalere Schlußfolgerung, die darum nicht weniger vertretbar ist, weil sie radikal ist. Man kann argumentieren, daß es in *keiner* der Studien, die sich mit dem »Sprach-Training« nicht-menschlicher Organismen befassen, auch nur den geringsten Anschein von *sprachlicher* Kompetenz im Sinne der Bühler-Popperschen Sprachebenen 3 und 4 (Abb. 8–1) gibt. Gestützt wird diese These durch zwei allgemeine Überlegungen. Erstens: Jedes Beispiel für das »Erlernen von Sprache« kann als nicht mehr und nichts anderes erklärt werden als die Art von folgerichtigem, unterschiedlichem Verhalten, das von Ratten, Tauben und anderen Nicht-Primaten durch die Verwicklungen der operanten (Skinnerschen) Konditionierung leicht erworben werden kann. Zweitens ist jedes »Symbol«, das sich die trainierten Affen angeeignet haben, als *Denotation* zu begreifen, die sich auf einen bestimmten physikalischen Stimulus oder auf eine Kette von Stimuli bezieht. Keines der Symbole weist Konnotationen auf oder wird konnotativ gebraucht. Das heißt: In keiner der Verhaltensweisen, die auf diese Weise untersucht und dokumentiert werden, gibt es einen Hinweis auf *Abstraktion* und auf die Darstellung (Symbolisierung) abstrakter Begriffe. Vor diesem Hintergrund ist es völlig gerechtfertigt, im strittigen Fall darauf hinzuweisen, daß in allen diesen Arbeiten *Sprache* als solche gar nicht untersucht wurde! Diese beiden Überlegungen sind es wert, ausführlicher behandelt zu werden.

Es ist sehr anerkennenswert, daß B. F. Skinner und seine Schüler den außerordentlich großen Aktionsradius des Verhaltens veranschaulicht haben, der durch geeignete Manipulation der unmittelbaren Umgebung des Tieres bewirkt werden kann. Variiert man die Intervalle zwischen aufeinanderfolgenden Belohnungen, und wandelt man das Verhältnis von Reaktion und Belohnung ab, so ist es möglich, das Verhalten so zu »formen«, daß es über Wochen oder sogar Monate stabil bleibt. Auf ähnliche Weise kann das Verhalten auch in lange Reaktionsketten ausgeweitet werden, wie sie Barnabas, die berühmte Ratte der Columbia University, zeigte; sie erklomm Gerüste, ruderte kleine Boote und löste sonst noch eine Anzahl verschiedenster Probleme, nur um ein Bröckchen Futter zu bekommen.

Selbst die (cerebral) tiefstehende Taube kann so weit konditioniert werden, daß sie nach bestimmten Stimulationsmustern, die sehr kompliziert angeordnet sind, pickt; und sie tut das sogar mit der gewünschten Schnelligkeit und in fast jeder gewünschten Reihenfolge.

Wenn man einer Washoe, einer Lana oder einer Sarah beibringt, was recht fragwürdig als *Sprache* bezeichnet wird – ob das nun amerikanische Zeichensprache oder das Manipulieren von bestimmten

Objekten in einer angegebenen Reihenfolge ist –, so nimmt das tatsächlich konditionierte Verhalten die Form von Reaktionsfolgen an, die von bestimmten äußeren Stimuli abhängen. Erinnern wir uns an das in Kapitel 5 gegebene Beispiel, wo von Lana berichtet wird, daß sie so etwas wie

DON – GIB – LANA – WASSER signalisiert haben soll.

Was ein Schimpanse hier tatsächlich getan hat, ist, daß er ein paar Tasten in einer bestimmten Reihenfolge gedrückt hat. Es waren schließlich Dr. Rumbaugh und seine Kollegen, die beschlossen haben, daß eine bestimmte Taste »DON« war und drei weitere »GIB«, »LANA« und »WASSER« darstellten. Nehmen wir an, wir zeichnen auf die DON-Taste einen Würfel, auf die GIB-Taste eine Pyramide, auf die LANA-Taste einen Zylinder und auf die WASSER-Taste einen Kreis. Nun wählen wir aber statt eines Schimpansen eine Taube und bringen ihr mit Hilfe sukzessiver Verstärkungen bei, daß sie nur Wasser bekommt, wenn sie die Bilder dieser Symbole in der richtigen Reihenfolge: DON – GIB – LANA – WASSER anpickt. Die durchschnittliche Labortaube lernt so eine Sequenz in ein bis zwei Wochen. Wenn das erreicht ist, bringen wir einen Fremden in das Labor und erklären, wir hätten eine »sprechende« Taube, die um Wasser bittet. Mit ziemlicher Sicherheit wird der Vogel, sobald die Demonstration beginnt, an einer Tafel mit etwa dreihundert Symbolen, mit der er konfrontiert wird, sofort nur die vier Symbole anpicken, die mit der Verstärkung durch Wasser assoziiert sind. Im Laufe der Zeit würde die gleiche Taube zweifellos um Futter, Wärme, Beendigung des Schocks, Licht, ja vielleicht sogar um einen Partner »bitten«.

Es ist wichtig, daß diese Feststellung unter Verwendung von Tauben gemacht wird, denn hier haben wir ein Mitglied der Spezies, deren »corticale« Mitgift mit dem Merkmal »Spatzenhirn« gekennzeichnet wird! Erinnern wir uns: Eines der wichtigsten Argumente für die Ansicht, daß Schimpansen fähig sein müßten, eine Sprache zu erlernen, ist, daß ihre Gehirne (irgendwie) den unseren »ähnlich« seien. Wenn aber ihre angebliche Sprachleistung fast ganz von Vögeln übernommen werden kann, dann fällt das Argument der (anatomischen) Analogie einfach zusammen.

Wenden wir uns nun dem zweiten Punkt zu, der sich mit der konnotativen Natur und Funktion der Sprache befaßt. Der Begriff *Denken* ist nicht nur ein anderer Name für Erkenntnis und Erinnerung! Wenn alles, was mit »Denken« umschrieben wird, nichts anderes als ein Wiedererwecken vergangener Wahrnehmungen wäre, dann wäre »Erinnerung« eines seiner Synonyme.

Als Descartes Kriterien suchte, nach denen eine gut konstruierte und klug gebaute Maschine als nicht-menschliches Wesen definiert würde, fand er drei Kriterien: Keine Maschine würde je zum Gottesbegriff gelangen, würde je mit abstrakten Gedanken, noch je auf schöpferische Weise mit Sprache umgehen. Tatsächlich können alle drei Kriterien zu dem einen Kriterium des *abstrakten Denkens* verschmolzen werden. Was Descartes im Sinn hatte, war das Denken, das durch logische und mathematische Sätze und durch gewisse nichtphysikalische (aber in ihrer Realität bewußte) Phänomene wie Moral, Recht, Wahrheit, Tugend in Anspruch genommen wird. Jede Maschine, gleichgültig, wie komplex sie ist, kann nicht mehr sein als eine Ansammlung physikalischer *Teile*, die als solche nur durch physikalische *Gegenstände* beeinflußt werden können. Ein derartiger Apparat könnte äußere Ereignisse dokumentieren, könnte sich in Übereinstimmung mit äußeren Kräften und Anwendungen bewegen, usw. Wir würden vielleicht sagen, daß ein solcher Apparat das zeigen könnte, was wir oft als Beweis für Lernen, Gedächtnis, ja selbst Wahrnehmung ansehen! Sicher könnte so eine Maschine etwas wie DON – GIB – LANA – WASSER äußern, wenn ihre Wassertanks sich leeren. Was ein solcher Apparat aber *nicht* kann, ist, Gerechtigkeit und Fairneß zu fordern; er könnte keine Bindungen haben und nicht unter Schuld leiden; er könnte keinen Glauben an das Unsichtbare haben, noch könnte er sich selbst *kennen*, selbst wenn er seine Bestandteile aufzählen könnte. Nehmen wir wieder auf, was in Kapitel 3 entwickelt wurde, so können wir sagen, daß dieser Apparat kein Wissen von einem *Selbst* haben kann, denn auch das ist ein abstrakter Begriff. Ebenso wie jeder Zusammenhang unseres eigenen materiellen Körpers dauernden Wechseln unterliegt, so muß sich das auch mit jedem Zug des materiellen Körpers dieses Apparates verhalten. So würde das Selbst als eine einheitliche und beständige Entität durch nichts repräsentiert, für das der Apparat sensibilisiert werden könnte.

Nehmen wir an, die Evolutionstheorie sei das letzte Wort, das über die menschliche Personalität gesprochen wurde. Dann müßten wir natürlich erwarten, daß jede menschliche Eigenschaft ihre Vorgänger im Tierreich hat. Wir müßten daher überrascht sein, wenn wir entdecken, daß zum Beispiel nur wir über die beiden höheren Sprachebenen und über die entsprechende kognitive Leistung verfügen, wie sie in Abbildung 8–1 gezeigt werden. Aber all das ist Verrat am eigentlichen Charakter wissenschaftlicher Integrität und Objektivität. Was der objektive Wissenschaftler fordert, ist, daß jede Hypothese an den beobachtbaren Fakten in der Natur geprüft wird. Wenn die Hypothese den Test nicht besteht, muß sie modifiziert werden; wenn sie einer Modifikation widersteht, muß sie aufgegeben werden.

Menschliche Personen haben unzweifelhaft die Gabe der Sprache (Abb. 6–1), die als die Fähigkeit definiert ist, Objekte zu symbolisieren (bezeichnen), Begriffe mitzuteilen und diese Symbole und Mitteilungen nach unendlichen Kombinationsmöglichkeiten, grammatikalischen Regeln gemäß, anzuordnen. Im Besitz dieser Gabe kann die menschliche Spezies die materielle Welt nach Prinzipien strukturieren, die als solche immateriell sind, aber in großem Einklang mit der transzendenten Natur der menschlichen Person stehen und von ihr gebraucht werden. Diese Struktur enthält in ihrer höchstentwickelten Form die Bestandteile der *Kultur,* die selbst nur auf der Stufe kognitiver Abstraktion – der Welt 3 – verständlich wird.

Es erübrigt sich, zu sagen, daß die Vorbehalte, die Descartes hinsichtlich der Abstraktionsfähigkeit des mechanischen Apparates hatte, auf jedes rein materielle Ding ausgedehnt werden müssen. In dieser Hinsicht wäre es sogar gewagt, vom menschlichen Gehirn zu sagen, es sei »mit abstraktem Denken« oder »mit Sprache beschäftigt«. Für Personen mit gesundem Menschenverstand genügt es, die Tatsache zu respektieren, daß *Personen* in dieser Weise beschäftigt sind und daß Personen sich zu diesem Zweck ihrer Gehirne bedienen (vgl. Abb. 3–1). Nimmt man aber alle feststehenden Merkmale von Personen – Merkmale, die nur an Personen erscheinen – und überträgt sie auf *jede beliebige* materielle Entität, einschließlich des Gehirns, dann verläßt man den Bereich der Wissenschaft und begibt sich in den des Aberglaubens.

Es ist außerdem nachdrücklich darauf hinzuweisen, daß der Tatbestand der menschlichen Sprache nicht nur mit dem Vermerken unserer exzeptionellen Fähigkeiten in bezug auf Lernen und Gedächtnis – das Thema des nächsten Kapitels – erklärt werden kann. Das heißt, daß sich eine *behavioristische* Erklärung der Sprache bis jetzt als deutlich unzulänglich erwiesen hat. Eine jede solche Erklärung muß sich letzten Endes auf eine Art »Trial-and-error«-Prozeß stützen, für den Übung und Belohnung wesentlich sind. Aber nur einige Fakten genügen, um die schwersten Zweifel an einer solchen Erklärung zu wecken:

1. Überall in der Welt beginnen Kinder in ungefähr gleichem Alter, eine grammatische Sprache zu benutzen, trotz der riesigen Unterschiede in der Erziehung allgemein und der Aufmerksamkeit, die man der Spracherziehung widmet.

2. Eltern interessieren sich bekanntlich nicht für die *Grammatik* in den Äußerungen ihrer Kinder und richten ihre Belohnungen fast überall nur nach dem besonderen *Inhalt* der besagten Äußerungen. Trotzdem benutzt das Kind diese Grammatik erkennbar, größtenteils gegen das »Gesetz« der Verstärkung.

3. Kinder, die in einer sprachlich verkümmerten Umgebung aufwachsen (zum Beispiel bei taubstummen Eltern in ländlicher Umgebung), erwerben sehr schnell eine normale oder fast normale Sprechfähigkeit, sobald sie in eine sprachlich fördernde Umgebung versetzt werden. Die Schnelligkeit, mit der die Sprache dann auftritt, beweist, daß einem assoziativen Trial-and-error-Prozeß nur sekundäre Bedeutung zukommt.

4. Kinder verstehen und befolgen sprachliche Aussagen, lange bevor sie sie selbst artikulieren können. Es gibt demnach ein Wissen um die Sprache, das ganz getrennt von ihrem (verhaltensmäßigen) Gebrauch oder Ausdruck besteht.

5. Menschen können in ihrer Muttersprache eine wirklich *unendliche* Anzahl grammatisch korrekter Sätze verstehen und artikulieren. Dieser Bereich ist einfach *zu* groß, um ihn als das Ergebnis von belohnter Einübung zu erklären.

6. Das Kind – ein »sich entwickelnder Sprachwissenschaftler« – spricht anfangs keine dürftige oder falsche Version der Erwachsenensprache, sondern eine Kindersprache, die ihre besonderen Regeln und Strukturen hat. Die Erwachsenensprache *ersetzt* diese und ist nicht einfach nur ihre korrigierte Fassung.

Die behavioristische Erklärung kann höchstens erklären, wie wir in den Besitz bestimmter *Wörter* kommen, sie kann jedoch nicht Sprache *qua* Sprache erklären. Die Addiermaschine mag in Analogie den Unterschied erhellen. Eine Addiermaschine ist ein Apparat, der so konstruiert ist, daß er, wenn es uns gelingt, richtige Eingaben zu machen, diese Eingaben addiert, das heißt: die Eingaben werden nach festgelegten Regeln verarbeitet, in diesem Fall nach den Regeln der Arithmetik. Wir können also sagen, daß Trial-and-error-Lernen und belohntes Einüben die Mittel sind, durch die Worte in das Sprachsystem eingebracht werden. Aber es sind die Grundzüge des Systems, die bestimmen, wie diese »Inputs« verarbeitet werden. Die Regeln und formalen Strukturen, die der Sprache den kennzeichnenden Charakter geben, sind alle innerlich/geistig und müssen vorausgesetzt werden, wenn Sprache überhaupt erscheinen soll. Das menschliche Gehirn besitzt die notwendige Komplexität und die notwendigen Verbindungen, durch die solche Regeln und formalen Strukturen vertreten werden können. Auf diese Weise ist der Mensch imstande, sein Gehirn als das wesentliche Werkzeug bei der Formung der Erwachsenensprache und der Gedanken, soweit diese Sprache das erlaubt, zu gebrauchen.

Kapitel 9
Lernen und Gedächtnis

Ohne Gedächtnis gäbe es kein Wissen um die Existenz. Das Gedächtnis verbindet die Erfahrungen, die wir von einem Augenblick zum anderen machen, zu einem Faden, der in der Zeit zurückläuft und jene existentielle Einheit ergibt, die das Ich oder das Selbst ist, das jeder von uns kennt. Ohne bewußtes Gedächtnis könnten wir nichts von dem Geheimnis des Menschseins wissen. Ohne Gedächtnis würden wir nur von Augenblick zu Augenblick auf eine standardisierte, stereotype Weise, dem aus der Umgebung kommenden Input gemäß, reagieren, so unbewußt wie zum Beispiel Fische. Dann könnte es keine menschliche Personalität geben.

Es gibt keine großartigere und notwendigere Funktion des Gehirns als seine Fähigkeit zu *lernen* und das Gelernte im *Gedächtnisprozeß* wieder hervorzuholen. Zu den wertvollsten Tätigkeiten während unserer Lebenszeit gehört für jeden von uns das Speichern von Erfahrungen, die auf diese Weise ausschließlich zu unseren Erfahrungen werden insofern, als sie uns zur *Wiederholung* oder zum *Abruf* im Gedächtnisprozeß zur Verfügung stehen. Diese zwei Begriffe wurden gewählt, weil es zwei Haupttypen von Lernen und Gedächtnis gibt, obwohl diese in vielen Situationen eng miteinander verknüpft sind. Das *erste* ist das motorische Lernen und Erinnern, welches das Erlernen aller geschickten Bewegungen umfaßt. Das Repertoire ist weitgespannt: es reicht vom Spielen aller Musikinstrumente und Spiele bis zum Erlernen aller Kunsthandwerke und Techniken. Außerdem gehören alle Bewegungen dazu, die etwas zum Ausdruck bringen, wie beim Sprechen, Tanzen, Liebkosen, Singen, Zeichnen und Schreiben. Das *zweite* ist das, was wir kognitives Lernen und Gedächtnis nennen können. Auf der einfachsten Stufe ist es die Fähigkeit, sich irgendeine erfahrene Empfindung ins Gedächtnis zu rufen, aber alle Stufen können beteiligt sein, zum Beispiel das Erinnern von Gesichtern, Namen, Szenen, Ereignissen, Bildern, musikalischen Themen. Auf höherer

Ebene liegt dann das Lernen von Sprache, von Geschichten und das Lernen der Inhalte von Fachgebieten von den einfachsten Techniken bis hin zu den differenziertesten Studien in den Geistes- und Naturwissenschaften.

Es ist eine jedem vertraute Beobachtung, daß es ein bleibendes kognitives Gedächtnis für eine einzelne stark emotionale Erfahrung geben kann. Wir wissen heute, daß diese Dauer auf einen fortgesetzten Abruf dieser Erfahrung zurückzuführen ist. Wir sagen häufig, daß uns »etwas tagelang nicht aus dem Sinn wollte«. Auf der anderen Seite müssen motorische Erinnerungen durch kontinuierliches praktisches Üben verstärkt werden, wenn sie auf einem hohen Fertigkeitsniveau gehalten werden sollen. Ganz verschiedene Teile des Gehirns sind für diese beiden Typen des Gedächtnisses zuständig. Nichtsdestoweniger scheinen neurale Mechanismen von der gleichen Art beteiligt zu sein.

In den letzten drei Jahrzehnten sind hinsichtlich des Verstehens vieler Gehirnaktivitäten große Fortschritte gemacht worden. Das gilt sowohl für die elementare Ebene, wie zum Beispiel die Weiterleitung von Nervenimpulsen in Nervenfasern und die Erzeugung dieser Impulse durch synaptische Einwirkungen auf Neuronen, als auch für die komplexeren Ebenen, wie zum Beispiel das Wirken neuronaler Bahnen, die an den vielen sensorischen und motorischen Systemen beteiligt sind, wie in Kapitel 11 beschrieben wird. Auf allen diesen Gebieten besteht ein großes Maß an Übereinstimmung. Im Gegensatz dazu gehen die Ansichten über die Natur der am Lernen und am Gedächtnis beteiligten neuronalen Mechanismen vielfach auseinander oder sind sogar unvereinbar. Diese Situation hat sich aber in den letzten Jahren dramatisch verändert. Wir haben jetzt ein ausgezeichnetes neuronales Modell für Gedächtnis im Hippocampus, einem primitiven Teil der Großhirnrinde, der tief im Temporallappen liegt. Diese Geschichte wird genauer in dem Abschnitt »Neurale Bahnen, die an der Aufzeichnung von Langzeiterinnerungen beteiligt sind« berichtet. Ich werde meine Darstellung auf das kognitive Gedächtnis im weitesten Sinn beschränken, da es für das Geheimnis des Menschseins von besonderer Bedeutung ist und auch, weil man diese Darstellung aus Beobachtungen an menschlichen Subjekten aufbauen kann und Experimente an nicht-menschlichen Primaten nur zu streifen braucht.

Ich werde versuchen, eine Antwort auf die Frage zu geben: Wie können wir irgendwelche Ereignisse oder irgendeine einfache Testsituation, wie zum Beispiel eine Zahlen- oder Wortfolge, wieder hervorholen oder wieder erleben? Man wird erkennen, daß hier zwei verschiedene Probleme angesprochen sind: Speicherung und Wiedergabe oder, im Zusammenhang mit unserem gegenwärtigen Problem des bewußten Gedächtnisses, Lernen und Erinnern. Ich schlage vor, diese Probleme auf zwei Ebenen zu behandeln.

Zuerst soll unser Gegenstand als ein Problem der Neurobiologie betrachtet werden, das heißt, wir beschäftigen uns mit den strukturellen und funktionellen Veränderungen, welche die Grundlage des Gedächtnisses bilden. Es wird allgemein angenommen, daß der Abruf einer Erinnerung einschließt, daß die neuronalen Ereignisse, die ursprünglich für die zu erinnernde Erfahrung verantwortlich waren, in sehr ähnlicher Weise wieder abgespielt werden. Bei Kurzzeiterinnerungen von nur einigen Sekunden gibt es kein besonderes Problem. Man kann vermuten, daß diese durch die neuralen Ereignisse bewirkt werden, die während der verbalen oder bildlichen Wiederholung andauern. Die andersartigen modulären Aktivitätsmuster, auf die in Kapitel 3 verwiesen wurde, rezirkulieren also für die gesamte Dauer dieser kurzfristigen Erinnerung und stehen zum Ablesen zur Verfügung. Andererseits muß noch entdeckt werden, wie bei Erinnerungen, die über Minuten bis Jahre andauern, die neuronalen Verknüpfungen verändert werden, so daß eine Tendenz zum Wiederabspielen der räumlich-zeitlichen Muster modulärer Aktivität, die bei der ursprünglichen Erfahrung auftrat und inzwischen abgeklungen ist, stabilisiert wird.

Zweitens muß bei kognitiven Erinnerungen die Rolle des selbstbewußten Geistes betrachtet werden. In Kapitel 3 haben wir vermutet, daß eine bewußte Erfahrung entsteht, wenn der selbstbewußte Geist in eine wirksame Beziehung zu bestimmten aktivierten Moduln, »offenen« Moduln, in der Großhirnrinde tritt (Abb. 3–1). Bei dem willentlichen Abruf einer Erinnerung muß der selbstbewußte Geist wieder in einem Verhältnis stehen zu einem Muster modulärer Reaktionen, die den ursprünglichen Reaktionen ähneln, die von dem zu erinnernden Ereignis ausgelöst wurden, so daß ein Ablesen der annähernd gleichen Erfahrung stattfindet. Wir müssen überlegen, auf welche Weise der selbstbewußte Geist daran beteiligt ist, die modulären Ereignisse hervorzurufen, die die erinnerte Erfahrung sozusagen auf

Verlangen liefern. Darüber hinaus fungiert der selbstbewußte Geist als Schiedsrichter oder Bewerter in bezug auf die Richtigkeit oder Relevanz der Erinnerung, die auf Verlangen geliefert wird. Zum Beispiel kann der selbstbewußte Geist den Namen oder die Zahl als falsch erkennen, und ein weiterer Abrufprozeß kann eingeleitet werden und so weiter. So umfaßt das Rückrufen einer Erinnerung zwei unterschiedliche Prozesse im selbstbewußten Geist: erstens denjenigen, der den Abruf von den Datenbanken im Gehirn initiiert; zweitens das Erkennungsgedächtnis, das seine Richtigkeit beurteilt.

Die Rolle des selbstbewußten Geistes für das Kurzzeitgedächtnis

Betrachten wir eine einfache und einzigartige Wahrnehmungserfahrung, zum Beispiel den ersten Anblick eines uns bisher unbekannten Vogels oder einer uns fremden Blume oder eines neuen Automodells. Zuerst kommen die vielen Stadien codierter Übertragung vom retinalen Bild zu den verschiedenen Ebenen in der Sehrinde. In einem weiteren Stadium schlagen wir die Aktivierung von Moduln des Liaison-Hirns vor, die gegenüber Welt 2 offen sind, und das folgende Ablesen durch den selbstbewußten Geist, das die Wahrnehmungserfahrung in ihrer ganzen sinnlichen Fülle ergibt. Dieses Ablesen durch den selbstbewußten Geist schließt die Integration der spezifischen Aktivitäten vieler Moduln (vgl. Kapitel 3) zu einer einheitlichen Erfahrung ein, eine Integration, die der Erfahrung die beschriebene Einzigartigkeit verleiht. Es ist außerdem eine Aktion in zwei Richtungen, wobei der selbstbewußte Geist die moduläre Aktivität ebenso modifiziert, wie er von ihr empfängt (vgl. die gegenläufigen Pfeile in Abb. 3-1) und sie möglicherweise mit Prüfverfahren nach dem Input-Output-Modus bewertet. Wir müssen außerdem in diesen ablaufenden Mustern modulärer Interaktion geschlossene, sich selbst wieder erregende Ketten von Nervenzellen postulieren. Auf diese Weise setzt sich das dynamische Aktivitätsmuster in der Zeit fort.

Solange die modulären Aktivitäten in diesem spezifischen Interaktionsmuster anhalten, nehmen wir an, daß der selbstbewußte Geist ununterbrochen in der Lage ist, sie gemäß seinen Interessen und seiner Aufmerksamkeit herauszulesen. Wir können sagen, daß die neue Erfahrung auf diese Weise im Gedächtnis behalten wird, wie wir zum Beispiel eine Telefonnummer zwischen Nachsehen und Wählen zu behalten versuchen.

Wir sind der Ansicht, daß die fortgesetzte Aktivität der Moduln durch die beständige aktive Intervention oder Verstärkung durch den selbstbewußten Geist gesichert werden kann, der auf diese Weise Erinnerungen durch Prozesse, die wir als verbale oder nicht-verbale (z. B. bildliche oder musikalische) Wiederholungen erleben und bezeichnen, behalten kann. Sobald der selbstbewußte Geist sich einer anderen Aufgabe widmet, hört diese Verstärkung auf, das spezifische Muster neuronaler Aktivitäten flaut ab, und die Kurzzeiterinnerung geht verloren. Der Abruf hängt nun von Gedächtnisprozessen von längerer Dauer ab.

Neurale Bahnen, die an der Aufzeichnung von Langzeiterinnerungen beteiligt sind

In Anlehnung an Tanzi, Ramón y Cajal, Sherrington, Adrian, Hebb und Szentágothai müssen wir, allgemein gesagt, annehmen, daß Langzeiterinnerungen irgendwie in den neuronalen Verknüpfungen des Gehirns codiert sind. Wir kommen so zu der Vermutung, daß die strukturelle Basis des Gedächtnisses in den dauernden Modifikationen von Synapsen liegt, die funktionelle Verbindungen zwischen Nervenzellen sind. Bei Säugern gibt es keine Anhaltspunkte für Wachstum oder Veränderung größerer neuronaler Bahnen im Gehirn nach ihrer anfänglichen Bildung. Es ist nicht möglich, Gehirnbahnen in dieser Größenordnung aufzubauen oder wiederaufzubauen. Doch sollte es möglich sein, die notwendigen Veränderungen im neuronalen Netzwerk durch mikrostrukturelle Veränderungen in Synapsen sicherzustellen. Diese können zum Beispiel für die Speicherung einer Erinnerung hypertrophiert sein, wie es in Abbildung 9–1 diagrammatisch für Spine(Dorn)-Synapsen am Dendriten einer Nervenzelle gezeigt wird, oder sie können, beim Vergessen, verkümmern. Es wäre

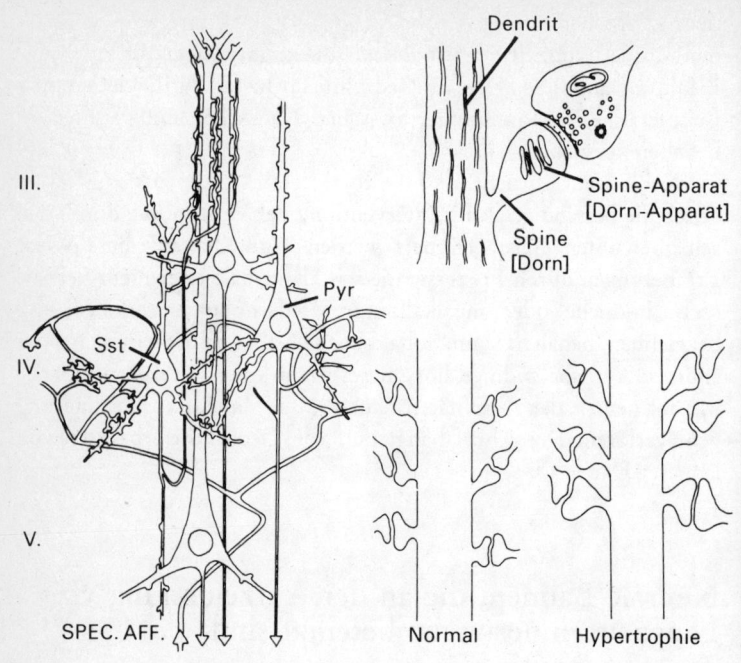

Abb. 9-1: Zeichnung von vier Neuronen der Großhirnrinde. Sie zeigt die exzitatorischen synaptischen Verbindungen, die durch eine afferente Faser vom Thalamus (SPEC. AFF.) gebildet werden. Der Thalamus ist ein sehr großer Kern im Gehirn, der die wichtigsten Inputs an die Großhirnrinde liefert. Diese SPEC. AFF. Faser verzweigt sich sehr stark, um exzitatorische Synapsen auf der dornigen Sternzelle (Sst) und auf einer Pyramidenzelle (Pyr) zu bilden. Alle drei Pyramidenzellen empfangen auf ihren Spines [Dornfortsätzen] exzitatorische Synapsen von der Sst; und es gibt eine spezifische exzitatorische Struktur, von Szentágothai ›Cartridge‹ genannt, die durch die synaptischen Endigungen auf den apikalen Dendriten zweier Pyramidenzellen gebildet wird. Alle drei Pyramidenzellen, aber nicht die Sst, senden ihre Axone aus der Großhirnrinde, wie die unteren, absteigenden Pfeile zeigen. Die obere Zeichnung stellt die Vergrößerung einer Spine-Synapse dar, mit Synapsenbläschen in der präsynaptischen Endigung und dem Dornfortsatz, der aus einem Dendriten herauswächst.

Die beiden unteren Zeichnungen stellen normale und hypertrophierte Spine-Synapsen schematisch dar. (Große Zeichnung nach Szentágothai, 1978.)

zu erwarten, daß eine erhöhte synaptische Leistungsfähigkeit aus einer starken konditionierenden synaptischen Aktivierung entstehen würde, und es hat sich gezeigt, daß diese Potenzierung auch auftritt und bei mehreren Arten von Synapsen im Gehirn, besonders im primitiven Teil der Hirnrinde, der Hippocampus[1] heißt, sogar mehrere Wochen bestehen bleibt.

Physiologische Experimente haben gezeigt, daß die modifizierbaren Synapsen, die für das Gedächtnis verantwortlich sein könnten, exzitatorisch sind und besonders auf den höheren Stufen des Gehirns in Erscheinung treten. In der Großhirnrinde befindet sich der größte Teil exzitatorischer Synpasen von Pyramidenzellen auf ihren Dendriten-Spines, wie es in Abbildung 9–1 dargestellt ist, wobei eine einzelne im Detail auf einem Ausschnitt oben gezeigt wird. Es wird vermutet, daß diese Spine-Synapsen auf den Dendriten solcher Neuronen wie der Pyramidenzellen der Großhirnrinde und des Hippocampus die modifizierbaren Synapsen sind, die für das Lernen zuständig sind. Diese wären danach die Synapsen, die die für das Langzeitgedächtnis notwendige unbegrenzt andauernde Potenzierung aufweisen. Man kann sich vorstellen, daß die durch diese Synapsen erbrachte höhere Leistung unbegrenzt anhält, weil sich ein Wachstumsprozeß in den dendritischen Dornen entwickelt hat, der eine strukturelle Veränderung bewirkt, die von langer Dauer sein könnte. Außerdem gibt es jetzt eine überzeugende Demonstration des Wachstums aktivierter Spine-Synapsen auf Körnerzellen des Hippocampus in elektronen-mikroskopischen Aufnahmen von Eva Fifková und Mitarbeitern.

Die Faktoren, die am Gedächtnisprozeß des Hippocampus beteiligt sind, werden intensiv erforscht. Auf der Grundlage dieser Forschungsarbeit wurde die Hypothese entwickelt, daß die starke und andauernde synaptische Stimulierung zur Auslösung der für die Erinnerung notwendigen anhaltenden Veränderungen durch den Zustrom von Calcium in die Dendriten hervorgerufen wird. Das Calcium verbindet sich mit einem kürzlich entdeckten Protein – Calmodulin – zu einem Komplex, der eine sehr starke metabolische Wirkung bei der Produktion von Proteinen und anderen Makromolekülen zeigt, die

---

[1] Der Hippocampus befindet sich tief im Temporallappen, ungefähr 6 cm vom Ohransatz entfernt.

wiederum für eine permanente Steigerung der synaptischen Leistung erforderlich sind. Das führt zu dem neuen riesigen Gebiet der Neurochemie, das aber außerhalb des Rahmens dieser allgemeinen Abhandlung über das Langzeitgedächtnis liegt.

Der Verlust des Langzeitgedächtnisses nach Hippocampektomie

Eine fruchtbare Methode, das Problem des Langzeitgedächtnisses anzugehen, ist, das Gehirn von Patienten zu erforschen, die die Fähigkeit verloren haben, neue Erinnerungen zu speichern. Die geschädigten Hirnregionen dieser Amnesie-Patienten sollten einen Hinweis darauf geben, welche Bereiche des Gehirns an der Gedächtnisspeicherung beteiligt sind.

Der klinische Zustand, der deutlich durch Gedächtnisverlust, Amnesie, gekennzeichnet ist, wird gewöhnlich Korsakoffsches Syndrom genannt, nach seinem Entdecker, der es im Jahre 1887 als erster beschrieb. Solche Patienten haben ein gutes Erinnerungsvermögen für ihre Erlebnisse vor dem Einsetzen der Krankheit, und sie können sich auch an Dinge erinnern, die gerade vor ein paar Sekunden geschehen sind, sie haben also ein Kurzzeitgedächtnis, das oben behandelt wurde. Bei einer normalen Unterhaltung fällt ihre Behinderung vielleicht gar nicht besonders auf. Ihre Merkfähigkeit versagt jedoch sofort, wenn sie durch eine neue Situation abgelenkt werden. Ein geeigneter klinischer Test ist zum Beispiel, den Patienten zu bitten, sich einfache Informationen, wie den Namen des Arztes, das Datum und die Tageszeit, zu merken. Der Patient besteht so einen Test nicht, selbst wenn er unter Anleitung die Antworten Hunderte von Male wiederholt hat. Diese Störung betrifft natürlich jede neue Erfahrung, die der Patient macht. Er kann sich weder an Namen noch an Dinge oder Ereignisse erinnern – tatsächlich behält er nichts von dem, was er liest oder sieht oder hört. Die Erinnerung an längst vergangene Zeiten, an Jahre vor dem Beginn der Krankheit, bleibt jedoch ganz erhalten. Nichtsdestoweniger wird die gut erinnerte Vergangenheit nicht scharf von der späteren amnestischen Periode abgegrenzt. Dazwischen treten bruchstückhaft Erinnerungen auf, die häufig in falscher Zeitfolge und mit unterschiedlichen Genauigkeitsgraden wiedergegeben werden. Seltsamerweise erkennen die Patienten die Schwere ihrer Gedächtnisbeeinträchtigung nicht, oder sie sind sich vielleicht nicht einmal bewußt, daß eine solche überhaupt besteht. Häufig wird der Defekt durch Konfabulation verdeckt, bei der der Patient Geschehnisse und Erlebnisse erfindet. Ein bettlägeriger Patient kann zum Beispiel behaupten, daß er gerade von einem Spaziergang im Garten zurückgekommen sei, und eine Beschreibung seiner Erlebnisse dort geben!

Das klassische amnestische Syndrom, wie es von Korsakoff beschrieben wurde, war auf Alkoholismus zurückzuführen; aber man weiß heute, daß es durch viele andere Krankheiten ausgelöst werden kann. Die vielleicht häufigsten Fälle von Gedächtnisstörungen verschiedener Schweregrade werden durch senile Demenz und durch das Alzheimer-Syndrom verursacht, in denen man heute die hauptsächlichen Bedrohungen des Alters erkennt. Unglücklicherweise sind die degenerierten Regionen so weit gestreut und die Unterschiede von einem Patienten zum anderen so groß, daß kein klares Bild der für Lernen und Gedächtnis zuständigen Hirnregionen entstehen kann. Die sehr viel schärfer abgegrenzten Läsionen, die bei chirurgischen Exzisionen entstehen, müßten daher von unschätzbarem Wert sein, und ihnen wollen wir uns jetzt zuwenden.

Bemerkenswerte Belege für die Vorstellung, daß der Hippocampus beim kognitiven Gedächtnis des Menschen eine Schlüsselrolle spielt, wurden hauptsächlich von Brenda Milner gefunden. Es mag zwar Skepsis aufkommen, wenn wir feststellen, daß der wirklich überzeugende Beweis von den Untersuchungen an einem einzigen Patienten (H. M.) stammt, an dem 1953 eine bilaterale operative Exzision des Hippocampus und des angrenzenden medialen Schläfenlappens durchgeführt wurde. Die Operation sollte eine Erleichterung schwerster epileptischer Anfälle erbringen, die selbst durch Höchstdosen antikonvulsiver Medikamente nicht kontrolliert werden konnten. Therapeutisch war die Operation ein Erfolg, da sie die Anfälle milderte, aber sie hatte ein extremes amnestisches Syndrom zur Folge, das dem Korsakoffschen Syndrom ähnelte, aber schwerer war. Diese Operation wird natürlich nie wieder vorgenommen werden, so daß H. M. und drei andere Patienten für immer einmalige Fälle bleiben.

Trotz seiner schweren Amnesie ist H. M. ein bemerkenswert toleranter und kooperativer Mensch mit einer relativ guten Intelligenz. Tatsächlich ist er seit fast dreißig Jahren eine ideale Versuchsperson und ist vielleicht gründlicher untersucht worden als jeder andere neurologische Patient in der Geschichte. Sehen wir uns nun einige der Befunde an, die an diesem einzigartigen Patienten erhoben wurden. H. M. lebt ausschließlich mit Kurzzeiterinnerungen von ein paar Sekunden Dauer und mit Erinnerungen, die er aus der Zeit vor der Operation bewahrt hat. Milner berichtet anschaulich über seinen Gedächtnisverlust:

»Seine Mutter beobachtet, daß er Tag für Tag dasselbe Puzzle zusammensetzt, ohne daß sich ein Übungseffekt zeigt, und daß er dieselben Zeitschriften wieder und wieder liest, ohne daß ihm ihr Inhalt jemals bekannt vorkäme. Die gleiche Vergeßlichkeit zeigt sich gegenüber den Menschen, die er seit der Operation kennengelernt hat. Seine anfängliche emotionale Reaktion mag intensiv sein, sie ist aber kurzlebig, da das Ereignis, das sie hervorrief, bald vergessen ist. So war er äußerst bestürzt, als er vom Tod seines Onkels hörte, den er sehr gern gehabt hatte, aber er schien die ganze Sache dann zu vergessen und fragte danach von Zeit zu Zeit, wann der Onkel zu ihnen zu Besuch käme; jedesmal, wenn er wieder vom Tod des Onkels erfuhr, zeigte er die gleiche starke Bestürzung, ohne ein Zeichen der Gewöhnung.«[2]

Er kann laufende Ereignisse behalten, solange er nicht abgelenkt wird. Er hat es zum Beispiel geschafft, sich eine dreistellige Zahlenfolge wie 5, 8, 4 bis zu 15 Minuten zu merken, indem er sie sich ständig wiederholte. Wird er aber abgelenkt, so wird jede Spur von dem, was er noch ein paar Sekunden vorher getan hat, ausgelöscht. H. M. ist ein einzigartiges Beispiel für Kurzzeitgedächtnis in seiner reinsten Form. Die einzige Möglichkeit für den Patienten, neue Informationen zu behalten, ist die dauernde wörtliche Wiederholung; Vergessen setzt ein, sobald diese Wiederholung durch irgendeine neue Tätigkeit, die seine Aufmerksamkeit beansprucht, verhindert wird.

Es sind noch drei andere Fälle einer vergleichbar schweren anteretrograden Amnesie (Amnesie für alle Ereignisse nach der Operation) dokumentiert, die durch die Zerstörung beider Hippocampi hervor-

---

2 Milner, B. Amnesia following operation on the temporal lobes. [Lit. 236], S. 113 f.

gerufen wurde. Bei diesen Patienten zeigen sich keine offensichtlichen Störungen des Intellekts oder der Persönlichkeit trotz des akuten Gedächtnisverlustes. Tatsächlich leben sie in der unmittelbaren Gegenwart oder mit erinnerten Erlebnissen aus der Zeit vor der Operation. Es wurde durch ein Testverfahren mit Soufflier-Hilfe gezeigt, daß eine minimale Speicherung bildlicher Informationen selbst für Erlebnisse nach der Operation stattfindet; aber das nützt dem Patienten nichts, weil er sich die Soufflier-Hilfe selbst nicht geben kann.

Eine unilaterale Hippocampektomie führt zu einer begrenzten Amnesie: für Wörter und Zahlen bei Entfernung des linken, für Muster und Formen bei Entfernung des rechten Hippocampus. Da das aber nicht übermäßig behindert, wird die Operation häufig durchgeführt. Es ist jedoch von entscheidender Bedeutung, vorher festzustellen, ob der andere Hippocampus normal ist.

Der Ort der Gedächtnisspeicherung

Hans Kornhuber hat für die Rolle des Hippocampus bei der Gedächtnisspeicherung drei Konzepte erarbeitet. 1) Beim Rückruf der Erinnerung an ein Ereignis, das nicht kontinuierlich im Kurzzeit-Gedächtnisprozeß wiederholt wird, ist der selbstbewußte Geist von einer Konsolidierung oder einem Speicherprozeß abhängig, der durch die Aktivität des Hippocampus bewirkt wird. 2) Der Hippocampus selbst ist nicht der Ort der Speicherung. 3) Wir vermuten, daß die Beteiligung des Hippocampus an dem Konsolidierungsprozeß von neuronalen Bahnen abhängt, die von den Moduln der Assoziationsrinde zum Hippocampus und von dort zurück zum Präfrontallappen führen.

Die Rolle des Hippocampus bei der Gedächtniskonsolidierung ist schematisch in Abbildung 9–2 veranschaulicht. Alle in diesem Blockdiagramm dargestellten Bahnen wurden anatomisch identifiziert. Jede Bahn besteht aus Hunderttausenden oder sogar Millionen von Nervenfasern. Oben rechts ist ein sensorischer Input zu den primären sensorischen Feldern für Sehen, Hören und Berührung gezeigt (Abb. 11–1), und dann erfolgt in herkömmlicher Weise die Übertragung auf

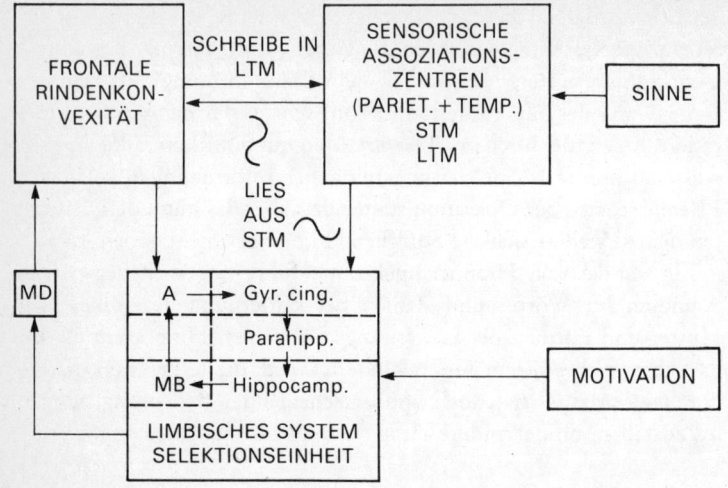

Abb. 9-2: Von Hans Kornhuber gezeichnetes Diagramm: Illustration der Schaltkreise, die bei der Niederlegung von Langzeit-Erinnerungen eine Rolle spielen. Das Diagramm zeigt die sensorischen Inputs auf der Bahn zu den sensorischen Rindengebieten (s. Abb. 11-1) und die beiden von dort ausgehenden Schaltkreise zur Frontalrinde (wie im Text beschrieben); einer verläuft direkt durch Assoziationsbahnen der Großhirnrinde, der andere indirekt durch den Hippocampus.
Kurzzeitgedächtnis (STM), Langzeitgedächtnis (LTM), MB = Corpus mamillare, A = anteriorer Thalamuskern, MD = mediodorsaler Thalamuskern.

die vielen sensorischen Assoziationsfelder, besonders zu den Parietal- und Frontallappen. In diesem Stadium findet eine Gabelung statt, in dem eine Assoziationsbahn zur Präfrontalrinde und eine Bahn zum Hippocampus hinunterläuft. Der Output des Hippocampus geht teilweise, wie man sieht, über den medial-dorsalen Thalamus (MD) zur Präfrontalrinde und verläuft teilweise in einer sich dort befindenden Schleife: MB → A → Gyrus cinguli → Hippocampus, der sogenannten Papez-Schleife.

In Abbildung 9-2 sind zwei im frontalen Cortex zusammenlaufende Bahnen gezeigt: Eine kommt direkt von den sensorischen Assoziationsfeldern, die andere führt indirekt, auf einem Umweg durch den Hippocampus und den MD-Thalamus, dorthin. Im frontalen Cortex müßte dieser Input vom MD die dornigen Sternzellen (Sst in Abb. 9-1) erregen, die Cartridge-Typ(Patronengurt-Typ)-Synapsen auf den apikalen Dendriten der Pyramidenzellen bilden (vgl. Abb. 9-3). Auf der anderen Seite erfolgt der direkte Input durch Assoziations-(ASS) und Kommissur-(COM)Fasern, die sich, wie in Abbildung 9-3 gezeigt wird, gabeln, um die Horizontalfasern zu bilden, die einen synaptischen Kontakt mit den Spine-Synapsen auf den apikalen Dendriten der Pyramidenzellen herstellen.

Es wird vorgeschlagen, daß die Synapse vom Cartridge-Typ eine derart starke synaptische Wirkung ausübt, daß ein Zustrom von Calcium-Ionen erfolgt, wie oben beschrieben wurde, und so die Langzeit-Potenzierung der aktivierten Synapsen hervorbringt. Gleichzeitig würden Impulse von der sensorischen Assoziationsrinde (Abb. 9-2) durch die Horizontalfasern synaptisch auf die apikalen Dendriten wirken (Abb. 9-3); von diesen Synapsen entfallen etwa 2000 auf jede Pyramidenzelle. Diese wenigen Horizontalfaser-Synapsen, die gleichzeitig mit den Cartridge-Synapsen aktiviert werden, nehmen an der Langzeit-Potenzierung teil, die durch den Calcium-Zustrom herbeigeführt wird. Somit findet eine Selektion auf der Basis einer Zeitbeziehung statt, und zwar so, wie es ursprünglich von David Marr vorgeschlagen wurde. Es wird vorgeschlagen, daß diese hochselektive Potenzierung die Grundlage der Gedächtnisspeicherung in der Großhirnrinde bildet. Der ganze Vorgang ist zu kompliziert, um ihn im Kontext dieses Buches zu beschreiben. Was wir hier mitteilen, ist nur der Umriß einer ersten verständlichen Geschichte der synaptischen Ereignisse im Gedächtnis und der Schlüsselrolle des Hippocampus. Diese Hypothese wird eine große Herausforderung sein.

Wir alle wissen, daß wir Erfahrungen, die für uns nicht von Interesse sind und denen wir keine Aufmerksamkeit schenken, nicht als Erinnerungen speichern. Es ist eine ebenso vertraute Feststellung, daß eine einzige heftige Erfahrung ein Leben lang erinnert wird; doch es wird dabei übersehen, daß die intensive emotionale Beteiligung unmittelbar nach dem ursprünglichen gefühlsgeladenen Erlebnis unablässig wieder erfahren wird. Offensichtlich hat eine lange Folge von »Wiederabspielungen« der mit dem ursprünglichen Erlebnis verbundenen corticalen Aktivitätsmuster stattgefunden, und diese Aktivität müßte besonders das Limbische System einbeziehen, wie die stark emotionale Tönung anzeigt. Es muß also in der neuronalen Maschinerie des Cortex und der Papez-Schleife des Hippocampus die

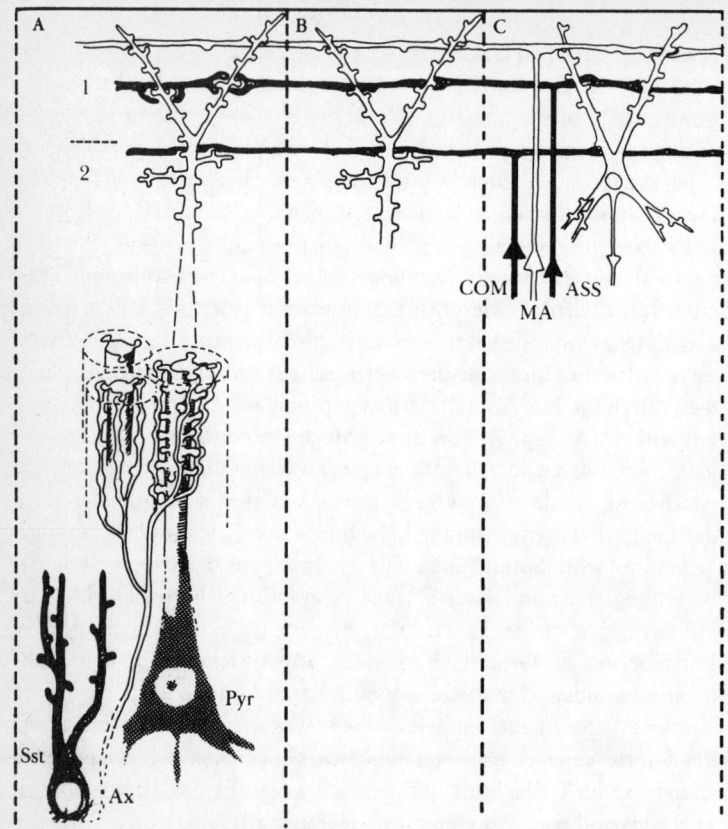

Abb. 9-3: Vereinfachtes Diagramm von Verknüpfungen im Neocortex. Es soll Bahnen und Synapsen nach der vorgeschlagenen Theorie des cerebralen Lernens darstellen. Das Diagramm zeigt drei Moduln: A, B und C. In den Schichten 1 und 2 sind Horizontalfasern gezeigt, die als sich gabelnde Axone von Kommissur- (COM) und Assoziationsfasern (ASS) und auch von Martinotti Axonen (MA) aus Modul C entstehen. Die Horizontalfasern bilden Synapsen mit den apikalen Dendriten der Pyramidensternzelle in Modul C und der Pyramidenzellen in den Moduln A und B. Weiter unten ist eine dornige Sternzelle (Sst) mit Axon (Ax) gezeigt, die mit den Schäften apikaler Dendriten von Pyramidenzellen (Pyr) Cartridge-Synapsen bildet. Bedingt durch die – im Text beschriebene – Verbindung, ist es zu einer selektiven Hypertrophie der Synapsen gekommen, die durch die horizontalen ASS-Fasern auf den apikalen Dendriten der Pyramidenzellen in Modul A, aber nicht in Modul B, gebildet sind.

Neigung zu der sich wiederholenden zirkulären Aktivität eingebaut sein, die die synaptische Potenzierung bewirkt, die das Gedächtnis ergibt.

Bei der Weiterentwicklung unserer Hypothese über das bewußte Langzeitgedächtnis schlagen wir vor, daß der selbstbewußte Geist auf zweierlei Weise in diese Transaktion zwischen den Moduln des Liaison-Hirns (Abb. 3–1) und des Hippocampus eingreift: erstens, indem er die mudulare Aktivität durch die allgemeine Wirkung von Interesse oder Aufmerksamkeit (Motivationssystem von Kornhuber, Abb. 9–2) aufrechterhält, so daß die Schaltung des Hippocampus (wie in Abb. 9–2 dargestellt) kontinuierlich verstärkt wird; und zweitens, auf eine konzentriertere Weise, indem er die geeigneten Moduln sondiert, um ihre Speicherung herauszulesen und diese, wenn nötig, durch eine gezielte Wirkung auf die entsprechenden Moduln zu verstärken oder zu modifizieren. Beide vorgeschlagenen Vorgänge gehen vom selbstbewußten Geist zu jenen Moduln, die die besondere Eigenschaft besitzen, für ihn »offen« zu sein (vgl. Abb. 3–1).

Der Abruf von Erinnerungen

Es wird vermutet, daß buchstäblich Millionen von Neuronen am Aufbau eines spezifischen Musters oder Engramms beteiligt sind, das eine bestimmte Erinnerung ins Bewußtsein bringt. Gemäß der allgemein akzeptierten Wachstumstheorie des Lernens – und der präziser formulierten und hier vorgeführten Hypothese des Lernens – werden Synapsen durch Aktivität selektiv potenziert. Auf diese Weise kann ein zeitlich-räumliches Muster neuronaler Aktivität durch Gebrauch stabilisiert werden, so daß zu einem späteren Zeitpunkt veranlaßt werden kann, daß es in der neuralen »Maschinerie« des Cortex wieder abgespielt wird und damit im Bewußtsein erinnert werden kann. Es ist von zentraler Bedeutung, zu erkennen, daß jedes einzelne Neuron beziehungsweise jede modulare Ansammlung von Neuronen an einer praktisch unendlichen Vielfalt von räumlich-zeitlichen Mustern teilhaben kann, und damit an potentiellen Erinnerungen. Die Vorstellung, daß eine Erinnerung auf ein Neuron oder eine bestimmte neuronale Ansammlung (ein Modul) kommt, ist durch die großen Fortschritte in unserem wissenschaftlichen Verständnis der Großhirnrinde obsolet geworden.

Beim Abruf einer Erinnerung, so müssen wir ferner vermuten, sucht der selbstbewußte Geist ständig Erinnerungen, wie zum Beispiel Worte, Sätze, Redensarten, Ideen, Ereignisse, Bilder, Melodien, wiederzugewinnen, indem er aktiv das moduläre Netz der Großhirnrinde abtastet, das auf so unzulängliche Weise in Abbildung 3-1 abgebildet ist, und er versucht, durch seine Einwirkung auf die bevorzugten aktiven Modul das gesamte neurale Aktionsmuster zu evozieren, das er als erkennbare Erinnerung – von emotionalen und/oder intellektuellen und kognitiven Inhalten erfüllt – ablesen kann. Dies könnte weitgehend ein Trial-and-error-Vorgang sein. Wir wissen, wie leicht beziehungsweise wie schwer es sein kann, die eine oder andere Erinnerung abzurufen, und wir kennen die Strategien, die wir lernen, um uns zum Beispiel Namen ins Gedächtnis zurückzurufen, die sich aus unbekannten Gründen der Erinnerung widersetzen. Wir können uns vorstellen, daß unser selbstbewußter Geist ständig mit der Herausforderung konfrontiert ist, die gewünschte Erinnerung abzurufen und dafür den geeigneten Zugang zu der Moduloperation zu entdecken, aus der sich das richtige Anordnungsmuster der Moduln entwickeln würde. Selbst bei dem Abruf einer einfachen Erinnerung würden wahrscheinlich am Anfang Hunderte von Moduln auszuwählen sein, um die Besonderheit der Erinnerung zu definieren, zusammen mit Tausenden von Moduln, die in Erwiderung die voll ausgebildete Erinnerung mit Hilfe eines spezifischen räumlich-zeitlichen Aktivitätsmusters liefern; ein Analogon zur Datenbank.

Es wird vorgeschlagen, daß es zwei verschiedene Arten bewußter Erinnerung gibt. Die Datenbank-Erinnerung wird im Gehirn gespeichert, und ihr Abruf vom Gehirn geschieht oft durch einen willentlichen geistigen Akt. Dann kommt ein anderer Gedächtnisprozeß ins Spiel, den wir als Erkennungsgedächtnis bezeichnen können. Der Abruf von den Datenbanken wird im Bewußtsein kritisch geprüft. Er mag als fehlerhaft beurteilt werden – vielleicht ein kleiner Irrtum bei einem Namen oder einer Zahlenfolge. Das führt zu einem zweiten Abrufversuch, der vielleicht wiederum als falsch beurteilt wird, und so geht es weiter, bis der Abruf als richtig erkannt oder bis der Versuch aufgegeben wird. Daher wird vermutet, daß es zwei verschiedene Arten von Gedächtnis gibt: 1) das Gehirnspeichergedächtnis, dessen Inhalte in den Datenbanken des Gehirns, besonders im Cortex, gelagert sind, und 2) das Erkennungsgedächtnis, das der selbstbewußte Geist bei seiner Prüfung der aus dem Gehirnspeicher abgerufenen Erinnerungen anwendet. Eine weitere Diskussion des Erinnerungsabrufs findet sich in den Büchern von Popper und Eccles (1977) beziehungsweise von Eccles (1979).

Wilder Penfield gab uns eine höchst anschauliche Schilderung von den Erlebnisreaktionen, die bei 53 Patienten durch die Stimulierung der Großhirnrinde während Operationen unter Lokalanästhesie hervorgerufen wurden. Diese Reaktionen unterschieden sich von denen, die durch die Stimulierung der primären sensorischen Felder hervorgerufen wurden (vgl. Abb. 11-1) und die nur Lichtblitze, Berührungsempfindungen oder Parästhesien waren, insofern, als die Patienten Erlebnisse hatten, die Träumen ähnelten. Während der fortgesetzten schwachen elektrischen Stimulation von Stellen auf der exponierten Gehirnoberfläche berichteten die Patienten von Erlebnissen, die sie häufig als zurückgerufene längst vergessene Erinnerungen erkannten. Wie Penfield feststellt, ist das, als wenn ein längst vergangener Bewußtseinsstrom während der elektrischen Stimulierung wiedergewonnen würde. Die häufigsten Erlebnisse waren visuell oder auditiv, aber es gab auch viele aus visuellen und auditiven Eindrücken kombinierte Fälle. Die Erinnerung an Gesang oder Musik vermittelte sowohl dem Patienten als auch dem Neurochirurgen sehr eindrucksvolle Erlebnisse. Alle diese Ergebnisse wurden bei den Gehirnen von Patienten gewonnen, deren Krankengeschichten epileptische Anfälle verzeichneten. Es ist erwähnenswert, daß die Temporallappen die bevorzugten Stellen für die Stimulation waren und daß die untergeordnete Hemisphäre effektiver war als die dominante Sprachhemisphäre (vgl. Kapitel 3). Die primären sensorischen Zentren (vgl. Abb. 11-1) sind ausgeschlossen. Zusammenfassend wird über diese hochinteressanten Untersuchungen festgestellt, daß der Patient bei diesen Erlebnissen ebenso wie in Träumen ein Beobachter und kein Teilnehmer ist. Die Zeiten, die am häufigsten herbeigerufen werden, sind Gelegenheiten, bei denen Handlung und Rede anderer beobachtet oder gehört wird oder Musikhören im Mittelpunkt steht.

Man kann den Schluß ziehen, daß die Stimulation wie eine Methode des Abrufs vergangener Erfahrungen wirkt. Wir können sie als instrumentelles Mittel für die Wiedergewinnung von Erinnerungen ansehen. Man kann vermuten, daß die Speicherung dieser Erinnerungen wahrscheinlich in den cerebralen Bereichen erfolgt, die nahe an den wirksam stimulierten Stellen liegen. Man muß jedoch beachten, daß diese Erlebniserinnerung von Feldern in der Region der gestörten Hirnfunktion, die sich in den epileptischen Anfällen äußert, abgerufen wird. Es wäre denkbar, daß die effektiven Stellen abnorme Zonen sind, die als solche imstande sind, über Assoziationsbahnen auf die viel größeren Felder der Großhirnrinde zu wirken, welche die tatsächlichen Speicherorte für Erinnerungen sind.

Die Dauer von Erinnerungen

Eine Analyse der Dauer der verschiedenen am Gedächtnis beteiligten Prozesse liefert Anhaltspunkte für zwei unterschiedliche Gedächtnisprozesse. Wir haben bereits Beweise für das gewöhnlich einige Sekunden dauernde Kurzzeitgedächtnis angeführt, dieses Kurzzeitgedächtnis kann der ununterbrochenen Aktivität in neuralen Schaltkreisen zugeschrieben werden, die die Erinnerung in einem dynamischen Muster zirkulierender Impulse hält. Patienten mit einer bilateralen Hippocampektomie haben fast kein anderes Gedächtnis. Zweitens gibt es das Langzeitgedächtnis, das über Tage und Jahre anhält. Nach der Wachstumstheorie des Lernens ist diese Erinnerung (oder Erinnerungsspur) in der gesteigerten Wirksamkeit von Synapsen verschlüsselt, die durch das Zusammentreffen mit Inputs des Hippocampus hypertrophieren (Abb. 9-3). In dem hier vorliegenden Kontext der bewußten Erinnerung kann vermutet werden, daß dieses synaptische Wachstum bei einer Vielzahl von Synapsen in strukturierter Anordnung in denjenigen Moduln auftritt, die stark auf die ursprüngliche Episode reagieren, welche den Vorgang der sich wiederholenden Kreisläufe durch den Hippocampus in Gang setzt. Infolge dieses synaptischen Wachstums könnte der selbstbewußte Geist Strategien entwickeln, um das Wiederabspielen von Moduln in einem dem der ursprünglichen Episode ähnelnden Muster zu veranlassen – daher die Gedächtniserfahrung. Dieses Wiederabspielen wäre jedoch von einer erneuten Wiederholungsaktivität durch den Hippocampus, die dem Original ähnelt, begleitet; das hätte eine Verstärkung der Erinnerungsspur zur Folge.

Retrograde Amnesie

Es ist eine allgemeine Beobachtung, daß Gedächtnisverlust aus einem schweren Gehirntrauma resultiert, wie zum Beispiel aus einer mechanischen Schädigung, die zur Bewußtlosigkeit führt (Gehirnerschütterung), oder aus Krampfanfällen bei Elektroschocktherapie. Die retrograde Amnesie besteht im allgemeinen für Ereignisse unmittelbar vor dem Trauma total und wird stufenweise schwächer für Erinnerungen an frühere und noch weiter zurückliegende Ereignisse. Je nach der Schwere des Traumas kann die retrograde Amnesie sich über Minuten, Stunden oder Tage erstrecken.

Nach einer Hippocampektomie wurde nicht nur, wie bereits beschrieben, die schwere anterograde Amnesie für Ereignisse nach der Operation beobachtet, sondern auch eine schwer retrograde Amnesie, das heißt für Ereignisse, die der Operation um Tage vorausgingen. Diese retrograde Amnesie wurde augenscheinlich durch das Trauma der Operation ausgelöst, nahm aber im Laufe der Zeit etwas ab, das heißt, Ereignisse vor der Operation wurden besser erinnert.

Bei dem Patienten H. M. wurde aufgrund genauerer Tests eine retrograde Amnesie für ein bis drei Jahre vor der Hippocampektomie festgestellt. Larry Squire stellt eine ähnliche Dauer retrograder Amnesie nach bilateraler Elektroschocktherapie fest. Die Zeitspanne des Empfindungsvermögens bis zur Unterbrechung korreliert mit den Beobachtungen über den normalen Verlauf des Vergessens. Es scheint also, als ob ein Zeitraum von ein bis drei Jahren für den Konsolidierungsprozeß des Langzeitgedächtnisses notwendig wäre, damit es nicht mehr anfällig ist für Verluste im Vergessensprozeß oder im Prozeß der Gedächtnisunterbrechung durch bilaterale Hippocampektomie oder Elektroschocktherapie. Wir müssen uns nun vorstellen, daß für die »dauernde« Konsolidierung einer Erinnerung der Input des Hippocampus an den Neocortex ein bis drei Jahre lang, wie in der ursprünglichen Erfahrung, häufig – man könnte sagen in »Rückrufepisoden« – wieder abgespielt werden muß. Findet dieses »Wiederabspielen« nicht statt, so kommt es zu dem üblichen Vorgang des Vergessens. Nach drei Jahren sind die Erinnerungscodes in den Mustern der potenzierten Synapsen in der Großhirnrinde viel sicherer etabliert und scheinen nicht mehr auf weitere erneuernde Inputs des Hippocampus angewiesen zu sein; sie gehen daher auch nicht in der Unterbrechung einer bilateralen Hippocampektomie oder einer Elektroschocktherapie verloren.

Schlußbemerkungen

Die Fähigkeit zu lernen trat sehr früh in der Evolution des Nervensystems auf. Es gibt bemerkenswerte Studien über die Lernprozesse bei wirbellosen Tieren und bei niederen Wirbeltieren. In vielen Nervensystemen wurden modifizierbare Synapsen identifiziert. Wie bereits erwähnt, sind am motorischen Lernen ganz andere Teile des Gehirns beteiligt. Unser Anliegen in diesem Kapitel war es, den Evolutionsprozeß bis zum Höhepunkt seiner Leistung im menschlichen Gehirn aufzuspüren. Und das kognitive Gedächtnis muß auf der höchsten Stufe der menschlichen Gedächtnisprozesse rangieren, weil es mit der Speicherung und dem Abruf bewußter Erfahrungen zu tun hat.

Natürlich ist ein großer Teil unseres Gedächtnisses implizit und formt unseren Charakter im weitesten Sinne. Es ist an unserer Persönlichkeitsbildung beteiligt von der frühesten Kindheit an, in der wir zum Beispiel unsere Muttersprache lernten, bis zum gegenwärtigen Augenblick. Infolgedessen kommen wir dazu, Dinge anders zu sehen und anders auf sie zu reagieren; aber wir erkennen das nicht bewußt oder nur sehr verschwommen. Es ist in unserer gesamten kulturellen Bildung implizit, wie Abbildung 3–4 zeigt.

Dieses Kapitel befaßte sich mit dem viel besser erkennbaren *expliziten Gedächtnis*. Bei diesem Gedächtnis steht der *Homo sapiens* auf der höchsten Stufe. Der Spielraum des Gedächtnisses ist unglaublich groß. Wir besitzen riesige »Datenbanken« mit buchstäblich Millionen von gespeicherten Erinnerungen. Die Schwierigkeit liegt im Abruf, der mit dem Alter immer schwerer wird, zumindest teilweise auch wegen der ständig zunehmenden Speicherung.

Wir postulieren, daß es noch ein anderes Gedächtnis gibt. Es findet sich in der Welt 2, nicht im Gehirn, wie im rechten Kasten von Abbildung 3–1 gezeigt ist. In erster Linie wird es aktiv bei dem Versuch, eine Erinnerung abzurufen. Dies muß ein aktiver Selektionsprozeß sein, der auf corticale Modulen einwirkt. In zweiter Linie hat es eine Erkennungsfunktion, indem es die Richtigkeit einer abgerufenen Erinnerung beurteilt, wie sie bewußt erfahren wird, zum Beispiel eines Namens oder einer Zahl. Wenn das, was von der Datenbank abgelesen wird, sich als falsch erweist, kann es die Suche erneut veranlassen.

Die cerebralen Mechanismen, die hier für das kognitive Gedächtnis postuliert werden, müssen als Versuch aufgefaßt werden, eine Hypothese zur Erklärung aufzubauen, die mit unserem heutigen Wissen übereinstimmt und eine experimentelle Überprüfung herausfordert.

Zweifellos sind die Hypothesen, die für die Gehirn-Geist-Interaktion beim Speichern und Abrufen von Erinnerung entwickelt wurden, noch vorläufige. Besonders das Gehirn-Geist-Problem ist zentral für das Problem des kognitiven Gedächtnisses. Völlig rätselhaft ist, daß das menschliche Gehirn für das Überleben in einer primitiven Gesellschaft entwickelt wurde und dennoch eine große und wunderbare Leistungsfähigkeit im Bereich des kognitiven Gedächtnisses erwarb. Vergleichen wir nur die dürftigen Fähigkeiten des Schimpansen mit dem Reichtum der menschlichen Leistung. Eine abschließende Bemerkung: Beim Lesen dieses Kapitels sollten wir gleichzeitig unsere eigenen persönlichen Erfahrungen im Bewußtsein haben. Wir kommen so zu zwei kryptischen zusammenfassenden Feststellungen über das kognitive Gedächtnis: ohne Gedächtnis kein Bewußtsein; ohne Bewußtsein kein Gedächtnis.

Aus dem, was wir über Lernen und Gedächtnis gesagt haben, geht klar hervor, daß einfache Erklärungsversuche unvereinbar sind mit den Fakten, die sich aus den Untersuchungen der Hirnmechanismen und aus den Reflexionen unserer eigenen Erfahrungen ergeben haben. Doch die Komplexität von Lernen und Gedächtnis scheint geringer zu werden, wenn wir uns dem noch größeren und inhaltsreicheren Gebiet der menschlichen Intelligenz zuwenden, das wir im nächsten Kapitel darzustellen versuchen.

Kapitel 10
Intelligenz – künstlich und echt

Intelligenz, Evolution und die Hypothese der Uniformität

Für zeitgenössische Vertreter des Darwinismus ist es normal, zu behaupten, daß psychische Eigenschaften des Menschen nur Modifikationen und quantitative Erweiterungen von Merkmalen sein können, die bei allen Primaten, ja sogar bei allen Säugetieren zu finden sind. Aber dieses Argument beruht nicht gerade auf einem tiefgehenden Verständnis in bezug auf die Prinzipien der modernen Evolutionstheorie und der Genetik. In der Tat, wenn wir die Anhänger des Darwinismus als Verfechter einer These der Uniformität sehen, der zufolge die grundlegenden psychischen Anlagen des Tierreiches innerhalb dieses Reiches gleichmäßig verteilt sind, dann müssen wir zu dem Schluß kommen, daß diese Anhänger mit den Fakten und Prinzipien der Genforschung tatsächlich nicht übereinstimmen.

Die These der Uniformität wird im allgemeinen heute von den radikalen Environmentalisten vertreten, vor allem von denen, die sich »Verhaltensforscher« nennen. Sie scheinen zu glauben, daß ihr eigenes Spezialgebiet mit Hilfe dieser These an solider wissenschaftlicher (darwinistischer) Glaubwürdigkeit gewinnt. Sie verwechseln das uniforme *Verfahren* der natürlichen Auslese mit einer uniformen *Folge* der natürlichen Auslese. Die moderne Evolutionstheorie befürwortet – wie Darwin es tat – das erstere und lehnt das letztere ausdrücklich ab. Was durch die Erfordernisse der Umwelt »selektiert« wird, ist ein bestimmter *Genotyp,* eine bestimmte Genkonstellation, die zum Überleben des Organismus führt, dessen phänotypische Eigenschaften durch die codierte Information im Genotyp aufgebaut wurden (Abb. 6–1). Da die Umwelt Änderungen – zum Teil plötzlichen und grausamen – unterliegt, müssen davon betroffene Organismen sich entweder anpassen oder untergehen. Es gibt zwei Hauptformen der Anpassung. Für die Art als solcher hängt das Überleben von der Existenz derjenigen Artgenossen ab, die der Herausforderung begegnen können aufgrund ihrer genetischen Konstitution, die einen genügend großen physiologischen *Reaktionsspielraum* läßt. So werden einige Artgenossen bei ungewöhnlich niedrigen Temperaturen oder bei äußerst reduziertem Futter- und Wasserverbrauch oder aber auch beim Auftauchen eines besonders erfahrenen Raubtiers überleben können. Die genetischen Kombinationen, welche die erfolgreichen Angehörigen der Spezies besitzen, haben nun, unter solchen Bedingungen, eine größere Überlebenschance (in den nachfolgenden Generationen) als die Genkombinationen erfolgloser Artgenossen. Über lange Strecken hinweg treten dann im gesamten *Genpool* der Spezies gewisse Gene häufiger und andere weniger häufig auf. Das ist der Prozeß, der seit grauer Vorzeit in der Tierzucht und im Ackerbau auf vielfältige Weise ausgenutzt wird.

Die zweite Form der Anpassung ist die genetische *Mutation*, durch die ein ganz neuer Genotyp innerhalb der Spezies entsteht. Solche Mutationen können auf chemischem Weg erzeugt werden oder, wie es heute gemacht wird, unter Verwendung von Trägerviren, die in die Zellen eines Wirtstieres eindringen. In der Natur geht jedoch die Mehrzahl mutierender Gene zugrunde oder hat Mißbildungen zur Folge. In den Fällen jedoch, in denen Mutationen zu besonderer Anpassungsfähigkeit führen, überlebt die mutierende Spezies und bringt eine neue Spezies hervor, die aus den genetischen Kombinationen des Genpools der bestehenden Art nie hätte entstehen können.

Aus der Tierzucht ist wohlbekannt, daß wünschenswerte Eigenschaften sukzessive veredelt und durch Inzucht zu »echten« Merkmalen gemacht werden können. Die Eigenschaften (Phänotypen), die ausgewählt werden, erscheinen in der gesamten Spezies, aber nicht so häufig oder nicht in der gewünschten Ausprägung. Indem man diejenigen miteinander paart, die den Phänotyp in einem ungewöhnlichen Ausmaß verkörpern, ist es möglich, die dafür zuständigen Gene in der Nachfolgegeneration zu konzentrieren. Und durch Inzucht in der Nachkommenschaft wird wieder eine weitere Generation gezeugt, in der der »selektierte« Genotyp für die gewünschten Eigenschaften noch reiner existiert. In solchen Fällen sagt man, der Phänotyp sei das Ergebnis zusätzlicher genetischer Faktoren insofern, als jedes einzelne Gen einen Beitrag zu den gewünschten Eigenschaften leistet. Durch eine solche selektive Manipulation der Genfrequenzen innerhalb einer Spezies entstehen, entweder auf natürliche Weise oder durch absichtliche Züchtung, verschiedene Spielarten. In diesem Zusammenhang ist es sinnvoll, die fraglichen Eigenschaften als die zu kennzeichnen, die entlang einem quantitativen Kontinuum von beispielsweise Farbe, Größe, Gewicht, Schnelligkeit oder Ausdauer auftreten. Vereinfacht ausgedrückt: Man kann sagen, daß diese Merkmale gleichmäßig in der Spezies vorhanden sind, aber nur sehr selten in der Ausprägung auftreten, in der sie sich an dem selektiv gezüchteten Musterexemplar zeigen, das heißt, in dieser neuen oder (entstehenden) Spielart.

Wenn wir nun aber völlig verschiedene Spezies vergleichen, dann haben wir es nicht mit zusätzlichen genetischen Faktoren, sondern mit völlig verschiedenen Genotypen zu tun. Was wir dort vor uns haben, ist nicht ein »Mehr derselben« Phänotypen, sondern es sind höchst eigenständige Erscheinungen. Der Flügel eines Vogels hat nicht »mehr von einer Flosse« oder ist nicht eine »bessere Flosse«, er ist überhaupt keine Flosse. Wieder verleitet der Trugschluß des Ursprungs (FOO), den wir schon in früheren Kapiteln erwähnt haben, einige zu dem Glauben, daß die eigentliche Natur einer Spezies aufgedeckt werden kann, wenn wir nur tief genug in ihrer phylogenetischen Vergangenheit graben. Derselbe Pseudodarwinist, der den Menschen für einen besonders klugen Affen hält, muß nach der Logik seiner »Wissenschaft« Vögel als besonders bewegliche Fische ansehen! Es ist dann nur noch ein relativ kleiner Schritt, bis man zu dem Schluß kommt, daß der Affe, dem eine Zeichensprache beigebracht wurde, den Beweis liefert, daß die menschliche Sprache nichts »Besonderes« oder »Einzigartiges« ist.

Es ist eine schlichte Tatsache, daß jede Spezies einzigartig und speziell ist, was wir ja auch schließlich in erster Linie mit dem Begriff *Spezies* meinen. Deswegen gibt es sicher keinen wissenschaftlichen Grund zu der Annahme, daß sich verschiedene Spezies in uniformer Weise den Erfordernissen der Umgebung anpassen. Zwei verschiedene Spezies in *physikalisch* gleicher Umgebung befinden sich tatsächlich jeweils in total anderer *biologischer* Umgebung, die entsprechend verschiedene Adaptionsweisen hervorruft. Wenn die natürliche Auslese mit allen Spezies einheitlich verfährt, dann *müssen* die Auswirkungen von Spezies zu Spezies verschieden sein. Daher hat man, wenn man sich sehr streng an die Lehren der neo-darwinistischen Biologie und der modernen Genetik hält, keinerlei Grund, unter den Arten Uniformität hinsichtlich ihrer Anpassung an die Umwelt zu erwarten. Niemand hat also irgendeinen Grund zu der Annahme, daß ein Mensch etwas mehr einem Affen »ähnelt« als ein Fisch einer Ente. Da es sich um verschiedene Spezies handelt, ist die Verwandtschaft mit den entferntesten (und zugegebenermaßen gemeinsamen) Vorfahren ganz irrelevant. Das Auftreten jener Mutationen, die sowohl dem Affen als auch dem Menschen die *qualitativ* verschiedenen und neuen Genotypen gaben, die sie heute besitzen, machte beide anders als ihren »Mutter«-Stamm und machte sie auch einander unähnlich.

Wie unähnlich? Das ist, wie die Dinge liegen, eine empirische Frage, die man im Labor und an den natürlichen Wohnstätten der beiden Spezies stellen sollte. Sie kann nicht durch eine »Theorie« oder durch jene unkritischen Metaphern, die heute als Evolutionswissenschaft gelten, beantwortet werden. Wie zu erwarten ist, sind unsere Antworten auf die Frage: »Wie unähnlich?« von den spezifischen Phänotypen abhängig, die zu einem Vergleich herangezogen werden. Affe und Mensch haben beide zwei Beine – wenn es auch schon einen charakteristischen Unterschied macht, wie Beine gehen! – aber gleiches gilt für Vögel. Affen lösen Aufgaben schnell, aber das tun auch Ratte, Waschbär und Rennmaus. Daß der Affe Aufgaben schneller lösen kann als andere Tiere – abgesehen vom menschlichen Tier –, bedeutet vielleicht nicht mehr, als daß Affen und Menschen unter einem ähnlicheren Selektionsdruck entstanden sind. Nichtsdestoweniger komponieren Affen keine Kantaten und belasten sich nicht mit Metaphysik. Sie sind Affen: eine gute Sache für einen Affen. Die Frage: »Wie unähnlich?« muß sich auf *qualitative* Eigenschaften beziehen, die äußerst schwer zu definieren sind. Da unser Thema die *Personalität* ist, sind Intellekt und Moral die Wesenszüge, die einem am ehesten einfallen. Nachdem wir letztere bereits behandelt haben, werden wir in diesem Kapitel den Intellekt untersuchen und dabei erkennen, daß er im Tierreich unerreicht ist und bezeichnenderweise auch keine Vorläufer hat. Mittlerweile sollte jedoch klar sein, daß diese Tatsache den informierten Evolutionswissenschaftler und Genforscher nicht in Verlegenheit bringen muß, sondern nur den modischen Polemiker, der die Masse mit leeren Verallgemeinerungen lockt.

Intelligenz und Lernen

Unter zeitgenössischen Psychologen wird die Frage der Intelligenz weiterhin sehr kontrovers beurteilt, vor allem hinsichtlich geeigneter Methoden, nach denen sie zu messen ist. Der »IQ«-Test gefällt fast niemandem, der sich einmal länger mit ihm beschäftigt hat, selbst wenn die Meßergebnisse solcher Tests akademische Leistungen und bestimmte Karrieren voraussagen.

Die Kritiker der IQ-Tests waren immer zahlreich. In den letzten Jahrzehnten waren sie außerdem sehr lautstark, zum Teil wegen ihrer kaum verhüllten radikal environmentalistischen Metaphysik und zum Teil wegen der schwammigen Vererbungstheorie, die einige durch IQ-Tests gerechtfertigt sahen, die mit Gruppen verschiedener Rassen gemacht worden waren. Kalifornische Gerichte haben gegen die Anwendung solcher Tests verfügt, bei denen Kinder besonderen Kategorien wie *erziehbar – geistig zurückgeblieben* (E-M)[1] zugeteilt werden; sie haben ihre Verfügung mit dem Sachverhalt begründet, daß der Anteil der Kinder afrikanischen und spanischen Ursprungs an der E-M-Gruppe »unverhältnismäßig« sei. Hier haben wir das deutliche Beispiel eines Environmentalismus, der Amok läuft! Juristen haben offensichtlich entschieden, daß *alle* menschlichen Phänotypen in den verschiedenen ethnischen und rassischen Gruppen, die die menschliche Gemeinschaft ausmachen, »verhältnismäßig« vertreten sein müssen. Um zu ihrer Entscheidung zu gelangen, mußten die Richter folgern, daß die von den Kindern erzielten Resultate ihre Umweltbedingungen widerspiegeln. Aber dabei müssen die Richter natürlich akzeptiert haben, daß *etwas* gemessen wurde, und wenn auch nur die Qualität der örtlichen Schulen und des Familienlebens. Wenn das so ist, dann haben die Tests die lohnende Aufgabe, die Qualität der erzieherischen Umgebung zu »messen« und sollten daher *obligatorisch* sein! Wie können die Bürger sonst feststellen, ob ihre Kinder einen gerechten Anteil an den Bildungsmitteln erhalten?

Andere fanden in den Resultaten den zusätzlichen Beweis für die These, daß gewisse »Gruppen« eben einfach nicht so besonders intelligent seien. Hier sehen wir also die Vererbungslehre Amok laufen.

---

[1] E-M = Educable-Mentally Retarded [Red.].

Kaukasische Kinder aus förderlichen Elternhäusern fallen ebenso in die E-M-Kategorie, wie afro-amerikanische und spanisch-amerikanische Kinder außergewöhnlich hohe Testergebnisse erreichen können. Jede einfache »rassische« Erklärung ist bar jeder Logik. Wir erben die Gene unserer Eltern, nicht ihre Charakterzüge. Es gibt kein »IQ-Gen«. Gene sind komplexe Moleküle; Nucleotidsequenzen der DNS tragen den Code für den Bau bestimmter Proteine. Die DNS trägt Zehntausende solcher Gene, die Enzyme und andere Proteine aufbauen, die ihrerseits die metabolische Physiologie der Körperzellen regulieren können, und die Gene kontrollieren auf diese Weise die Funktionen, durch die essentielle Proteine, Enzyme, Hormone und andere Zellprodukte gebildet werden. Bei schweren (pathologischen) Mängeln kann eine tiefgreifende geistige Verarmung die Folge sein. (In der kalifornischen Untersuchungsgruppe waren die Fälle von genetisch bedingter geistiger Retardierung auf alle, also afro-amerikanische, spanisch-amerikanische und »weiße« Kinder, gleich verteilt.) Ergebnisse dieser Art sind fast immer mit einem effektiven Fehlen oder mit Mutationen von Genen verbunden, und die geistigen Konsequenzen sind nur Teil eines allgemein pathologischen Bildes. Wo ein Kind jedoch *erziehbar* ist, da ist die genetische Erklärung für die Retardierung höchst suspekt. Tatsächlich muß jede Erklärung, die auf der Vorstellung eines »Intelligenz-Gens« beruht, suspekt sein, denn sie involviert die Verbindung grundverschiedener Prozesse: der rein biologischen Prozesse von Wachstum und physiologischer Gesundheit und der neurologischen und psychologischen Prozesse, die Lernen, Gedächtnis, Aufmerksamkeit, Motivation, Emotion einschließen (aber nicht darauf beschränkt sind) – also den *menschlichen Charakter* und seine unbeschreiblichen Elemente. Eine Möglichkeit, die Vererbungstheorie zu testen, ist natürlich, jedem Kind die Chancen und die Ermutigungen zu geben, die dazu angetan sind, den lebendigen Geist zu fördern und dann zu sehen, welche Fortschritte das einzelne Kind unter solchen Bedingungen macht. Einem Kind die Leistungsfähigkeit aufgrund einer Prüfung abzusprechen, oder – was noch schlimmer ist – weil das Kind einer bestimmten Rasse oder Gemeinschaft angehört, ist nichts weniger als eine Sünde. Und wenn ein Gericht gerade gegen die Tests verfügt, die es uns erlauben, die besonderen Bedürfnisse und Defizite eines jeden Kindes abzuschätzen – und das im Namen irgendeiner absurden Egalitätsphilosophie tut –, so ist das ein juristisches Amtsvergehen. Es wäre eine Schuld für den Richter, der es besser wüßte.

Damit ein Kind getestet werden kann, muß es etwas wissen, und wenn es nur die Bedeutung des Satzes wäre: »Setz dich, bitte!« Man hat daher argumentiert, daß die sogenannten Intelligenztests nur das testen können, was die Kinder bereits gelernt haben, aber nicht ihr »Potential«. Natürlich ist das, was man gelernt hat, wenigstens ein grobes Maß für das »Potential«, aber es ist auch ein grobes Maß für die *Lernchancen*. Führende Psychologen auf dem Gebiet der mentalen Tests haben versucht, zwischen zwei Arten von Intelligenz – der »flüssigen« und der »kristallisierten« – zu unterscheiden, von denen nur eine das »Potential« direkt beeinflußt. Mit *kristallisierter* Intelligenz beziehen sich die Psychologen auf jene geistigen Aufgaben, die nur gelöst werden können, wenn gewisse grundlegende Fähigkeiten erworben worden sind. Wir alle kennen Kinder, die in Arithmetik und Algebra sehr gut sind oder einen sehr gut ausgebildeten Wortschatz haben oder Instruktionen buchstabengetreu befolgen. Solche Kinder erzielen oft hervorragende akademische Leistungen, und dann – wie man so sagt – hört man nie wieder etwas von ihnen. Wir brauchen uns nur die professionellen Gedächtniskünstler anzusehen, deren Gedächtnisleistung beinahe unglaublich ist, oder die eidetisch begabten Kinder mit dem sogenannten *photographischen Gedächtnis*, die einen Text nur einen Augenblick überfliegen, um dann ganze Seiten auswendig hersagen zu können. In diesen Fällen haben wir den Beweis für eine Art von Intelligenz, aber sicherlich nicht die Art von Intelligenz, die wir normalerweise einem Newton, Galilei oder Einstein zuschreiben.

Flüssige Intelligenz dagegen bezieht sich auf die Fähigkeit, Lösungen für völlig neue Probleme zu finden, bei denen früher Gelerntes größtenteils irrelevant ist. Oft werden Begriffe wie »Einsicht« und »Imagination« verwendet, um die geistigen Fähigkeiten jener zu charakterisieren, die sich bei solchen Unternehmungen auszeichnen. Ihre intellektuellen Leistungen können aus bescheidenem oder sogar mangelhaftem Wissen hervorgehen.

Die moderne Psychologie hat gerade erst begonnen, die große Vielfalt kognitiver Typen und Stile, die sich bei verschiedenen Personen oder bei ein und derselben Person von der Kindheit bis zur Reife zeigen, zu berücksichtigen. Es gibt immer noch keine adäquate Theorie, um das Genie zu erklären. Weder die radikale Vererbungstheorie noch die radikale Umwelttheorie sind der Realität dieser Menschen gewachsen. Ihre Herkunft, die Umwelt ihrer frühen Kindheit, ihre Schulbildung und ihre Persönlichkeit liefern keine festen oder verläßlichen Gemeinsamkeiten. Unzweifelhaft ist, daß der Intellekt allein nicht genügt, um einen Shakespeare, Beethoven oder Newton zu erklären. Eng verflochten mit dem Talent dieser Menschen sind die Komplexität von Motivation und Überzeugung und eine transzendente Inspiration, welche die *Psyche* irgendwie über die normaleren Gewohnheiten von Geist und Gefühl erhebt. Lernen und Gedächtnis haben, so scheint es, wenig mit der Kreativität auf dieser Stufe zu tun, und daraus könnten wir weiter schließen, daß Lernen und Gedächtnis selbst auf den niedrigeren Stufen des menschlichen Unternehmungsgeistes wenig mit Kreativität zu tun haben.

Da gibt es also diesen erweiterten Begriff von *Intelligenz*, der nicht in den Fakten und Theorien, die für Lernen, Instinkt oder Gedächtnis gelten, aufgeht und daher auch nicht mit Hilfe vergleichender Studien an niedrigeren Organismen erhellt werden kann. Darwin wurde von seiner Neigung zur Anthropomorphisierung in die Irre geführt. Er kam zu dem Schluß, daß das menschliche Bewußtsein auf das *Kontinuum von Bewußtsein* trifft, in dem sich alle höheren Arten befinden, aber er kam zu dieser Schlußfolgerung hauptsächlich deswegen, weil er das kognitive Element in den Aktivitäten nichtmenschlicher Tiere überschätzte. Und natürlich tat er das aus einem ganz verständlichen Grund, weil er nämlich annahm, daß seine Evolutionstheorie ebenso auf die menschliche Psychologie anwendbar sei, wie sie es auf die phylogenetische Mannigfaltigkeit war. Wie seine weniger berühmten Zeitgenossen sprach auch Darwin ganz unbefangen von den »Armeen« der Ameisen samt Feldherren und Infanterie; von der sexuellen »Anziehung«, die der männliche Vogel mit seinem farbenprächtigen Gefieder ausübt. Darwin war der Meinung, daß der einheitliche Vorgang der natürlichen Auslese die Verbreitung gewisser beständiger (instinktiver) Formen der Anpassung begünstigte. Da Geschicklichkeit und List wesentliche Merkmale aller höheren Arten waren, konnte das menschliche Bewußtsein nicht mehr sein als ein ausgebildeter Apparat, der imstande war, alles, was vom Bewußtsein der Tiere bewerkstelligt wurde, viel besser zu tun. William James hat die Beobachtung gemacht:

»So ist es dazu gekommen, daß man die Instinkte von Tieren ausgespäht hat, um Licht auf unsere eigenen zu werfen; und daß man sich auf die denkerischen Fähigkeiten von Bienen und Ameisen, auf das Bewußtsein von Wilden und kleinen Kindern, Wahnsinnigen, Idioten, Tauben und Blinden, Verbrechern und Exzentrikern berufen hat, um diese oder jene bestimmte Theorie zu unterstützen. ... Die Interpretation von ›Psychosen‹ bei Tieren, Wilden und Kleinkindern ist notwendigerweise ein wildes Unterfangen, bei dem die persönliche Assoziation des Forschers die Dinge sehr subjektiv beeinflußt.« (Principles of Psychology. Band 1, Seite 194)

Nach einem Jahrhundert solcher Bemühungen sollte es möglich sein, Darwin zu loben, aber die theoretischen Sackgassen des guten alten Darwinismus zu begraben. Die Hervorbringungen der menschlichen Intelligenz sind *sui generis* und nirgends in der (bloßen) Natur vorweggenommen. Diese Intelligenz erklären zu wollen, indem man die Instinkte von Tieren »ausspäht« oder indem man ihre Zeit in Labyrinthen stoppt oder die Futterstückchen zählt, die sie sich durch Tastendruck verschaffen, ist letzten Endes ein »wildes Unterfangen«. Es liegt ein gewisses wissenschaftliches Verdienst in der Beobachtung des Verhaltens niedrigerer Organismen, wenn dieses Verhalten dem menschlichen Verhalten unter gleichen oder sehr ähnlichen Bedingungen weitgehend entspricht. Solche Forschung ist potentiell genauso nützlich wie Untersuchungen zur Verdauung oder Fortpflanzung oder Atmung bei verschiedenen Arten. Die Gefahr ist jedoch, daß der Forscher, der *einige* gemeinsame Eigenschaften zwischen den Spezies entdeckt, zu dem Schluß kommt, daß es zwischen ihnen *keinerlei* Unterschied gibt. Die Psychologie hat sich in dieser Hinsicht selbst geschadet, indem sie Aufgaben auswählte, die Tiere lösen können, und dann Menschen dieselben tun ließ. Natürlich lernen wir von dieser Art Forschung nur, daß der Mensch einer ganzen Anzahl von Tieren in *mancher* Hinsicht »ähnelt«. In anderer Hinsicht aber ist der Mensch von *jedem* Tier völlig verschieden, und diese Tatsache kann nicht wegdiskutiert werden. Die Einzigartigkeit der menschlichen Person muß der Ausgangspunkt jeder *ausgereiften* Psychologie sein, sollte eine solche Disziplin je entstehen.

Künstliche Intelligenz

Das Aufkommen schneller Digitalrechner hat dazu beigetragen, die mechanistische Psychologie des 18. Jahrhunderts neu zu beleben; damals bestanden einige der großen Geister darauf, daß der Mensch nur »eine aufgeklärte Maschine« sei. Fortschritte in der Programmierung und bei der Anlage der Schaltsysteme haben zu elektronischen Maschinen geführt, die eine Vielzahl von Funktionen in kürzerer Zeit und mit weit größerer Genauigkeit ausführen, als gewöhnliche Sterbliche das je könnten. Und so haben wir uns an Behauptungen gewöhnt wie »Computer denken« und »der Verstand ist nur ein Computer und noch nicht einmal ein guter«.

Auch Philosophen sind in diese Diskussion eingetreten und haben vorsichtig für eine Theorie des Bewußtseins argumentiert, die auf den Prinzipien der Computerwissenschaft beruht. Darin wurden sie sowohl von führenden Wissenschaftlern der kognitiven Psychologie als auch von Logikern, Mathematikern und Ingenieuren unterstützt. So hat sich eine richtige Teildisziplin gebildet, die Artifizielle Intelligenz (AI), die sich dem Studium der maschinellen Simulation menschlicher Problemlösungen und Erkenntnisse widmet. Es scheint, daß die AI-Gemeinde sich spaltet in die, die glauben, daß Computer die Dinge tun können, die wir nicht gut machen, und in jene, die alles, was wir mit dem Verstand tun, mit Funktionen gleichsetzen, die auch von Maschinen ausgeführt werden können. Es ist diese letztere Perspektive, die einen Kommentar hier rechtfertigt.

Die Argumentation für die Gleichsetzung des menschlichen Bewußtseins mit einem Computer nimmt die folgende allgemeine Form an: 1) Alle Erfahrungen und Gedanken werden durch das Gehirn ermöglicht. 2) Das Gehirn selbst ist ein komplizierter Computer, dessen synaptische Verbindungen »on-off«-Funktionen haben und dessen Nerven die Funktion haben, Signale zu verarbeiten. 3) Wie die moderne Computerwissenschaft gezeigt hat (wie der Vertreter der mathematischen Logik A. M. Turing schon vor fast einem halben Jahrhundert argumentierte), sind alle Entscheidungsfunktionen auf einen binären »ja-nein«-Prozeß reduzierbar. 4) *Erfahrung* ist nichts anderes als eine Form von symbolischer Codierung, und *mentale Betätigungen* sind nichts anderes als verschiedene binäre Arten der Entscheidungsfindung. Eine entwickelte kognitive Wissenschaft ist daher eine Wissenschaft, die gelernt hat, wie die Symbole des Gehirns die äußere Welt darstellen und wie das Schaltsystem des Gehirns die Verarbeitung des »Inputs« reguliert.

Dies wurde inzwischen tausendfach durch Bücher, Zeitschriften und vom Katheder herunter verkündet, so daß technisch ungeschulte Zuhörer schließlich angenommen haben, daß ihre bedauernswerte Ignoranz der Grund für ihre Ungläubigkeit sei. Aber in dieser atemlosen Litanei von Erklärungen und »Darums« ist ein begriffliches Dilemma erster Ordnung verborgen. Wir wollen versuchen, dieses Dilemma zu erfassen, indem wir erst einmal feststellen, daß wir unsere eigenen Neuronen mit ihren Entladungen nicht »erleben«; wir erleben vielmehr das, was *in der Welt* ist. Wenn wir zum Beispiel eine Landschaft betrachten, dann sehen wir nicht soundso viele neurale Impulse, sondern Bäume und Berge und den Horizont. Erfahrung hat daher eine *psychische* Komponente, die ein physiologisches Ereignis oder ein physiologischer Prozeß nicht haben.

Das bringt uns direkt zu den angeblichen »Symbolen« im Gehirn, den »Codes«, durch die neurale oder neurochemische Ereignisse verschiedene psychologische Attribute *bedeuten*. Nach dieser Hypothese wirkt die äußere Welt auf unsere Sinnesorgane ein, welche die eintreffenden Signale neurophysiologisch umsetzen (»codieren«). Das Gehirn verarbeitet diese Codes dann und wandelt die verarbeiteten neurophysiologischen Daten durch irgendeinen Übertragungs-Algorithmus in jene »psychische« Gestalt um, die das Bewußtsein ausfüllt.

Diese Erklärungsweise kommt direkt von der Computerwissenschaft. Wenn die Tastatur des Computer-Terminals benutzt wird, dann führen die getippten Buchstaben und Zahlen zu elektrischen Impulsen in der »Hardware« des Computers. Auf diese Weise können wir von der Ebene der Buchstabensymbole auf die Ebene der elektronischen Signale kommen, wobei letztere als codierte Form der ersteren fungieren. Innerhalb des Schaltsystems des Computers werden diese Signale verarbeitet, und dann werden durch eine Reihe vorprogrammierter Kommandos oder Regeln (d. h. durch den geeigneten Algorithmus) die verarbeiteten elektrischen Signale in Form einer verständlichen Reihe von Worten und Zahlen abgegeben.

Daß zwischen der Leistung des Computers und dem menschlichen Erkenntnisvermögen Parallelen bestehen, ist wenig überraschend, sobald wir uns vergegenwärtigen, daß es das menschliche Erkenntnisvermögen ist, das den Computer programmiert hat und »Symbole« überhaupt erst möglich machte. Man muß dabei beachten, daß die »Hardware« des Computers immer und ausschließlich elektrische Impulse erzeugt. Wir sind diejenigen, die im Computer die Drähte so ziehen, daß durch eine Reihe von Impulsen auf einem Bildschirm die Worte »Flug 202 trifft verspätet ein« aufleuchten. Der Computer weiß genausowenig, daß ein Flug verspätet ist, wie ein Tonbandgerät »La Traviata« singen kann. Aber hinter dieser allzu offensichtlichen Tatsache steht die seltsame Vorstellung eines *Übertragungs-Algorithmus*, den man dem menschlichen Gehirn zuschreibt. Wir können Computer-Systeme entwerfen und Computer so programmieren, daß eine bestimmte Reihe von Impulsen zum Beispiel »Flug 202« *bedeutet*. Der Morsecode macht genau diese Art der »Übersetzung« von Punkten und Strichen in Worte und Sätze. Aber was bedeutet die Aussage, das *Gehirn* leiste diese Art der Übersetzungsarbeit, und was bedeutet die Aussage, daß es diese Übersetzungen mittels einer Reihe von Regeln oder Algorithmen zustande bringt? Der Grund, warum wir vom Morsecode zu einem grammatikalischen und informativen Satz gelangen können, ist, daß wir die Gewohnheit angenommen haben, Muster von Punkten und Strichen als Worte und Satzzeichen zu behandeln. Das heißt: Wenn wir von *beiden* genaue Kenntnis haben, von dem Morsecode *und* den Worten einer bestimmten Sprache, die so codiert werden, dann können wir von einer Form zur anderen gelangen. Was hier gilt, gilt für jede Übersetzung von einer Sprache in eine andere, das heißt: man muß *beide* Sprachen kennen. Tatsächlich *erfordert* die Übersetzung im eigentlichen Sinne die Kenntnis *anderer Sprachen*.

Aber das ist genau der Punkt, wo die AI-Theorie des menschlichen Erkenntnisvermögens zusammenbricht. Denn, wenn das Gehirn den Übertragungs-Algorithmus besitzen soll, der notwendig ist, um die neurophysiologischen »Symbole« in eine Form umzuwandeln, die psychologische Attribute hat, müßte das Gehirn Kenntnis von *beiden* Sprachen haben, das heißt, es müßte seine eigene Sprache kennen und – wessen noch? Sind wirklich *zwei* Entitäten an dieser Übersetzung beteiligt, das Gehirn und die Person, dessen Gehirn es ist? Selbst diese wunderliche Aufteilung nützt nichts, denn das Gehirn müßte immer noch zwei Sprachen kennen, die eigene und die der erfahrenden Person.

Wenn es andererseits nur das Gehirn gibt – und nicht noch eine hinzugefügte »Person« –, dann haben wir den seltsamen Fall, daß wir (das Gehirn) unsere (seine) eigene Sprache lernen müssen (muß), denn das ist es doch schließlich, was gemeint sein muß, wenn man uns sagt, daß es die Hauptaufgabe der Hirnforschung sei, »die Sprache des Gehirns zu lernen«. Es ist eine schlichte Tatsache, daß, wenn wir (unsere Gehirne) nicht im Besitz *beider* Sprachen sind, eine Übersetzung von einer physiologischen in eine psychologische Form nicht möglich ist. Und wenn wir (unsere Gehirne) *beide* Sprachen besitzen, dann überrascht es, daß wir nach dreihundert Jahren unermüdlichen Forschens immer noch so gar nichts von der einen wissen.

Die Suche nach »Symbolen« im Gehirn muß zwecklos sein, denn es gibt keine Symbole im Gehirn, sondern nur in den Bemerkungen, die wir über das Gehirn machen. Es gibt aber leider auch im Computer keine Symbole, sondern nur Impulse und Pausen. Das Gehirn ist in der Tat ein außergewöhnlicher Computer, dessen Leistungen phantastisch sind. Der ernsthafte Wissenschaftler hat allen Grund, diese Leistungen zu erforschen und uns zu helfen, zu verstehen, wie dieses einzigartige Instrument uns ein Leben lang dient. Daß es wirklich seine eigene »Sprache« hat, ist Beweis genug für eine Trennung zwischen dem Computer und dem Programmierer, zwischen ihm und seinem Besitzer. Aber Gehirn qua Gehirn kann nicht das »Ich« in Berichten über Erfahrungen und Gedanken sein. Auf eine ironische Weise besitzt das Gehirn tatsächlich eine *artifizielle Intelligenz* insofern, als es seine notwendige Arbeit in Unkenntnis der Mission tut, die es damit erfüllt, nämlich die Mission der Personalität.

Kapitel 11
Willkürliche Bewegung, Willensfreiheit und moralische Verantwortung

Wir haben die unbezweifelbare Erfahrung, daß wir durch Denken und Wollen unsere Handlungen kontrollieren können, wenn wir das wünschen; solche Handlungen werden *willkürliche Bewegungen* genannt. Die Abfolge läßt sich so beschreiben: Motiv (Denken) → Intention (Wollen) → willkürliche Handlung. Indem wir Bewegung willkürlich in Gang setzen, werden im Gehirn einige Ereignisse initiiert. Da gibt es zum Beispiel die wohlbekannte gekreuzte Pyramidenbahn von der *motorischen Rinde* das Rückenmark hinunter zu den Nervenzellen der Gegenseite, welche die Muskelkontraktionen verursachen. Die motorische Rinde ist ein schmales Band der Großhirnrinde, das über die konvexe Seite des Gehirns von der Mittellinie nahe dem Scheitel verläuft. In Abbildung 11-1 wird das für die linke Hemisphäre dargestellt. Die verschiedenen Zonen für Glieder, Gesicht und Körper werden dort in einer streifenartigen Karte dargestellt. Diese Karte ist nach den Bewegungen konstruiert, die aus der elektrischen Stimulierung bestimmter Stellen entlang dem Streifen resultieren, das heißt, wenn die mit »Daumen« bezeichnete Region stimuliert wird, dann bewegt sich der Daumen der Gegenseite. Auf diese Weise wird gezeigt, daß die linke motorische Rinde (Abb. 11-1) die rechte Körperseite kontrolliert und umgekehrt. Man könnte denken, daß willkürliche Bewegungen damit erklärt sind, aber die Realität ist weitaus komplizierter und nur teilweise bekannt. Die Pyramidenzellen der motorischen Rinde schicken Impulse die Pyramidenbahn entlang zu den motorischen Neuronen im Rückenmark, die Bewegungen kontrollieren. Das ist aber nur das letzte Stadium der im Gehirn an willkürlichen Bewegungen beteiligten Geschehnisse. Es gibt zwei grundsätzliche Probleme: 1) Welche Geschehnisfolgen laufen im Gehirn ab, wenn eine willkürliche Bewegung durch die Abfolge Motiv → Intention initiiert wird? Und 2) Welche Maschinerie im Gehirn wird in Gang gesetzt, damit die gewünschten Bewe-

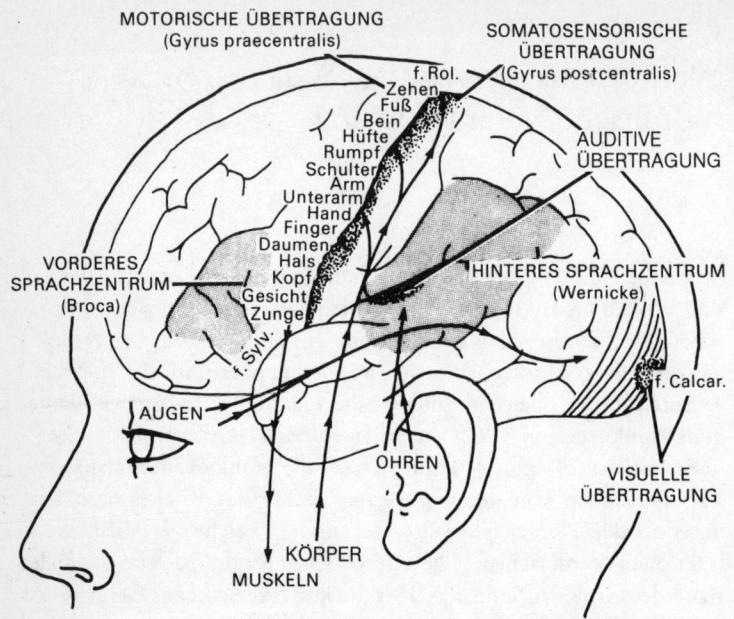

Abb. 11-1: Die motorisch und sensorisch übertragenden Felder der Großhirnrinde. Die ungefähre Karte der motorisch übertragenden Felder ist im Gyrus praecentralis gezeigt, während sich die somatosensorisch empfangenden Felder in einer ähnlichen Karte im Gyrus postcentralis befinden. Eigentlich müßten die Felder für Zehen, Füße und Beine über dem Scheitel, auf der medialen Oberfläche dargestellt werden. Andere primär sensorische Felder sind das visuelle und das auditive; sie liegen jedoch größtenteils in Abschnitten, die in dieser Seitenansicht verdeckt sind. Dargestellt sind auch die Sprachzentren von Broca und Wernicke. Pfeile zeigen die Bahnen der Inputs, die von den Augen, Ohren und dem Körper (taktil) zu den entsprechenden primären Rindenfeldern laufen. Von den motorisch übertragenden Feldern zeigen Pfeile nach unten in Richtung auf die Muskeln.

gungen auch wirklich ausgeführt werden? Man muß sich darüber im klaren sein, daß einige Bewegungen einfach zu schnell sind, als daß sie durch ein Feedback von der Peripherie kontrolliert werden könnten; dazu gehören Schreibmaschine-Schreiben, das Spielen eines Schlaginstrumentes, schnelles Sprechen und Schreiben. Diese schnellen Bewegungen hängen völlig von einer Impulsexplosion der motorischen Rinde ab; die Impulse werden daher angemessen »ballistische«

Impulse genannt, wegen der Analogie mit Kugeln, die aus einem Gewehr abgefeuert werden. Die meisten unserer Bewegungen sind Kombinationen von ballistischen und langsameren Bewegungen (sie werden Rampen-Bewegungen genannt), die während der Ausführung noch der Kontrolle unterliegen, wie das bei einer zielgerichteten Rakete der Fall ist.

Experimente zur willkürlichen Bewegung

Eine Reihe bemerkenswerter Experimente hat in den vergangenen Jahren unser Verständnis von den cerebralen Vorgängen bei der Auslösung willkürlicher Bewegungen verändert. Es kann nun festgehalten werden, daß die ersten Reaktionen des Gehirns, die durch die *Absicht einer Bewegung* ausgelöst werden, in den Nervenzellen des supplementären motorischen Feldes (SMA) stattfinden, was in Abbildung 8-2 aufgezeigt ist. Es befindet sich direkt oben am Gehirn, und zwar hauptsächlich auf der medialen Oberfläche, wie gezeigt ist. Dieses Feld wurde durch den namhaften Neurochirurgen Wilder Penfield entdeckt, als er, auf der Suche nach epileptischen »foci« (das heißt, Regionen mit anormaler Aktivität, die mit epileptischen Anfällen verbunden ist), das freigelegte menschliche Gehirn stimulierte. Die Stimulierung dieser Region rief nicht die genau lokalisierten Reaktionen hervor, die in Abbildung 11-1 für die motorische Rinde angegeben werden. Statt dessen beobachtete man gekrümmte oder Abwehrbewegungen großer Teile des Rumpfes und der Glieder, sogar auf derselben Seite, sowie unzusammenhängende Vokalisationen. So wurde diese Region über mehrere Jahrzehnte vernachlässigt, da sie keine interessante Funktion zu haben schien. Aus diesem Dornröschen-Status ist das SMA in eine Rolle von höchstem Interesse aufgestiegen, und zwar wegen der experimentellen Forschungsergebnisse in drei Laboratorien.

Da sind zunächst die Untersuchungen von Robert Porter und Cobie Brinkman. Bei ihren Studien spielte ein Affe eine Rolle, dem Registrier-Mikroelektroden chirurgisch in das SMA eingesetzt worden waren. Nachdem er sich erholt hatte, initiierte dieser Affe willkürliche Bewegungen, indem er in seinem eigenen Tempo mit jeder Hand an einem Hebel zog, um eine Futter-Belohnung zu bekommen. Man beobachtete, daß bei dieser willkürlichen Handlung viele Nervenzellen des SMA lange vor den Zellen in der motorischen Rinde und auch vor irgendwelchen anderen Nervenzellen im Gehirn Impulse abgaben, abgesehen von einem kleinen Herd in der prämotorischen Rinde (PM), der, wie Abbildung 8–2 zeigt, genau vor der motorischen Rinde liegt. Da eine komplexe Bewegung dadurch entsteht, daß sich viele Muskeln nacheinander zusammenziehen, kann man annehmen, daß nur einige der SMA-Nervenzellen an der Muskelkontraktion teilnehmen, die das Ziehen des Hebels initiiert. Aber es ist beeindruckend, daß viele aus dem Muster von mehreren Hundert SMA-Nervenzellen rund eine Zehntelsekunde eher feuern, als die früheste Entladung der Pyramidenzellen zum Rückenmark hinunter stattfindet. Eine wichtige Entdeckung ist, daß die Nervenzellen eines SMA aktiviert werden, ob der Affe nun die rechte oder die linke Hand zu benutzen beliebt, wobei in der Regel eine größere Aktivität mit einem contralateralen Hebelzug verbunden ist. Dies mag zu der gekreuzten Aktivität der motorischen Rinde Bezug haben.

An zweiter Stelle sind die Forschungen von Nils Lassen, Per Roland und ihrer Mitarbeiter in Kopenhagen zu nennen. Mehr als ein Jahrzehnt benutzte man die Einfügung einer Kanüle in die Halsschlagader von Patienten, um die cerebrale Zirkulation zu studieren (Angiographie).

Nach der Tracer-Technik wird radioaktives Xenon durch diese Kanüle in die cerebrale Zirkulation injiziert, und mit einer Batterie von 254 Strahlendetektoren, die sich in einem Helm auf der Kopfhaut des Patienten befinden, kann die Blutzirkulation simultan an jenen 254 Stellen gemessen werden, so daß man eine mosaikartige Karte der Großhirnrinde erhält. Die Aktivität von Nervenzellen wird durch eine Steigerung des Blutkreislaufs genau angezeigt. Auf diese Weise – und während der Patient einer Vielzahl von Beschäftigungen nachgeht – werden die Aktivitäten der Nervenzellen der Großhirnrinde gemessen und durch eine vorzügliche Technik unmittelbar in eine Karte des Cortex umgesetzt, mit einem Farbcode, der die Prozente angibt, um welche die Aktivität über oder unter den Werten der Ruheaktivität liegt. Es ist eine wunderbare Technik, die sehr beeindruckende Ergebnisse erbringt. Aber leider hat sie zwei Schwachstellen: erstens benötigt man 40 Sekunden Belichtungszeit, um ein Bild herzustellen, und zweitens ist die Korngröße des Bildmosaiks ziemlich grob, die Größe der Mosaiksteinchen beträgt ca. 1 cm^2.

Bei dieser Untersuchungsart wird eine willkürliche Bewegung gewählt, damit sich der Patient ununterbrochen konzentrieren muß. Die Aufgabe wird vor dem eigentlichen Test vom Patienten geübt, so daß er sie wirklich gut beherrscht. Bei einem besonders bedeutsamen Test – motorischer Sequenztest genannt – muß der Daumen in schneller Folge Finger 1 zweimal, Finger 2 einmal, Finger 3 dreimal und Finger 4 zweimal berühren. Nach einer ganz kurzen Pause beginnt eine neue Sequenz, wobei Finger 4 zweimal berührt wird; der Patient führt jetzt die ursprüngliche Sequenz in umgekehrter Reihenfolge durch, dann wieder in der ursprünglichen Reihenfolge, dann in umgekehrter Reihenfolge und so fort den ganzen Test hindurch. Die Bewegungen erfordern eine dauernde willentliche Aufmerksamkeit und werden nie automatisch. Das gleichbleibende Ergebnis ist ein hochsignifikantes Ansteigen der Durchblutung (ungefähr 30%) in der Hand-Region in der contralateralen motorischen Rinde (vgl. Abb. 11–2 A) und, wie zu erwarten war, in dem angrenzenden sensorischen Feld und auch in den SMA (fast 30%) beider Hemisphären. Natürlich konnte es bei diesem Test keinen Beweis für die Priorität der SMA-Aktivierung geben. Dieser Beweis gelang jedoch durch eine bemerkenswerte Variante des Experiments, die als *innere Programmierung* bezeichnet wird. Die Testperson mußte denselben motorischen Sequenztest ausführen, aber nur *gedanklich*, ohne irgendeine Bewegung. Diese motorische Ruhe wurde mit Elektromyographie kontrolliert, einer Technik, die selbst geringste Muskelkontraktionen registrieren kann. Wie erwartet, gab es weder in der motorischen Rinde noch in der angrenzenden sensorischen Rinde eine Spur von Aktivität, aber, wie gut gezeigt werden kann (Abb. 11–2 B), waren die SMA beider Seiten fast genauso stark aktiviert wie für die Bewegungsfolgen, während alle anderen Gehirnzentren keinen signifikanten Anstieg ihrer Aktivität zeigten. Man kann daraus schließen, daß bei der Beabsichtigung einer Bewegung die Nervenzellen im SMA als erste in Aktion gerufen werden. Bei der sogenannten *inneren Programmierung* ruft die geistige Absicht im SMA und nirgends sonst die der willkürlichen Bewegung angemessene Aktivität hervor. Gleichzeitig aber hindert der geistige Einfluß diese Aktivität daran, sich im Gehirn fortzupflanzen und so die motorische Rinde zu veranlassen, sich bis hinunter ins Rückenmark zu entladen, was die willkürliche Bewegung zur Folge hätte.

Diese Ergebnisse sind denen des ersten Forschungsprogrammes (Porter und Brinkman) über die Nervenzellen des SMA des Affen sehr ähnlich; dort feuerten die Nervenzellen des SMA des Affen bei einer willkürlichen Bewegung häufig sehr viel früher als die Zellen der motorischen Rinde und anderer Gehirnzentren. Ein zusätzlicher

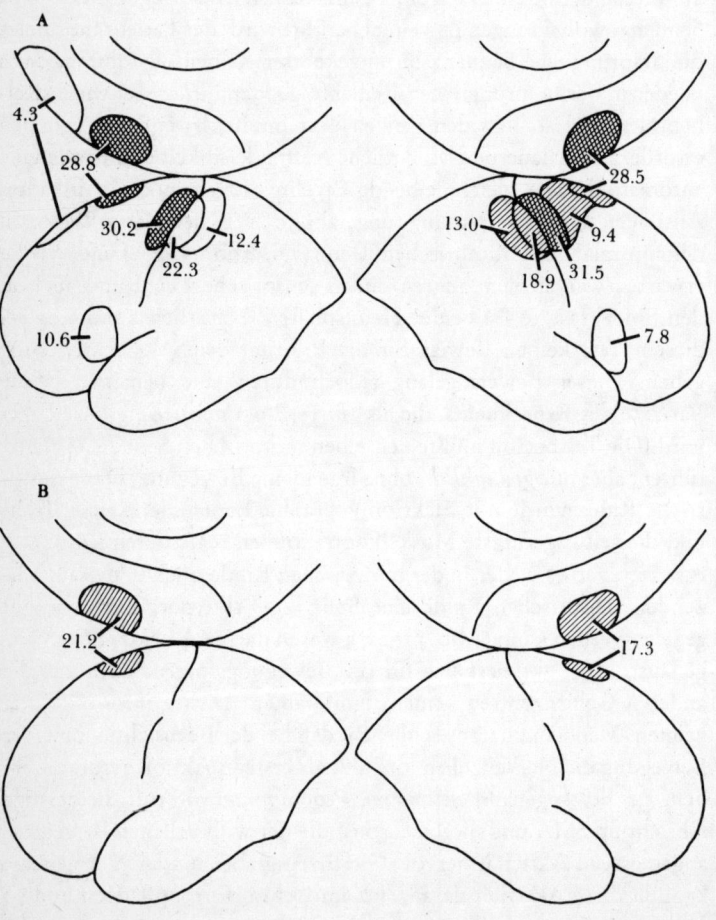

Befund der Experimente mit radioaktivem Xenon war, daß bei so einfachen Bewegungen wie beim Hin- und Herbewegen des Fingers oder dem kontinuierlichen Druck von Daumen und Zeigefinger auf eine Feder keine Aktivität des SMA die Aktivität der motorischen Rinde und der mit ihr verbundenen sensorischen Rinde begleitet. Zweifellos war eine kurze anfängliche Aktivität des SMA nötig, um die Bewegung einzuleiten, aber danach wurde die willkürliche Intention durch einen Automatismus ersetzt. Während der kontinuierlichen willkürlichen Intention, die für den motorischen Folgetest erforderlich ist, ist es unmöglich, eine sinnvolle und differenzierte Unterhaltung zu führen. Im Gegensatz dazu ist dies durchaus möglich, während ein Finger sich hin- und herbewegt oder eine Taste gedrückt wird, sobald eine solche Bewegung einmal automatisch geworden ist. Die Tests, die mit radioaktivem Xenon SMA-Aktivität nachweisen, unterscheiden also zwischen willkürlichen und automatischen Bewegungen.

Drittens haben wir die Untersuchungen von Hans Kornhuber und Luder Deecke, die in den sechziger Jahren die Aktivität der Großhirnrinde vor der Durchführung einer willkürlichen Handlung beschrieben haben. Mit Hilfe einer raffinierten Speicher- und Berechnungstechnik wurden winzige, von der Schädeloberfläche abgegebene

---

◁
Abb. 11–2: A: Mittlere Zunahme der regionalen cerebralen Durchblutung (rCBF = regional Cerebral Blood Flow) in Prozenten während des motorischen Sequenztestes mit der contralateralen Hand. Korrigiert für die diffuse Zunahme der Durchblutung. Die karierten Felder zeigen eine signifikante Zunahme der rCBV von $p \leq 0.0005$. Für die schraffierten Felder ist die Zunahme signifikant auf dem 0.005 Niveau, für alle übrigen auf dem 0.05 Niveau.
Links: linke Hemisphäre, 5 Versuchspersonen.
Rechts: rechte Hemisphäre, 10 Versuchspersonen.

B: Mittlere Zunahme der rCBF in Prozenten während der inneren Programmierung des motorischen Sequenztestes; Werte korrigiert für die diffuse Zunahme der Durchblutung.
Links: linke Hemisphäre, 3 Versuchspersonen.
Rechts: rechte Hemisphäre, 5 Versuchspersonen.
(Abbildung aus: Roland, P. E., Larsen, B., Lassen, N. A. Skinhøj, E., J. Neurophysiol. 43, 1980, 118–136).

Gehirnpotentiale[1] untersucht. Fast eine Sekunde vor Ausführung einer einfachen willkürlichen Bewegung wie der Krümmung des Fingers zeigt das Gehirn des Patienten ein allmählich ansteigendes negatives elektrisches Potential. Es wird *Bereitschaftspotential* genannt; seine Ausdehnung ist am stärksten über dem SMA, obwohl es auch über der motorischen Rinde und den angrenzenden (prämotorischen und parietalen) Feldern stark ist. Es tendiert zu besonders großer Ausdehnung über der Region der motorischen Rinde, die an der Bewegung beteiligt ist. Seiner Ausbreitung fehlt jedoch eine scharfe Begrenzung, die einen genauen Hinweis auf das Aktionszentrum der geistigen Intention geben könnte. Im allgemeinen sah man es als erwiesen an, daß der geistige Vorgang einer Intention bei der Initiierung einer willkürlichen Bewegung auf weit verstreute Zentren der Großhirnrinde wirkt. Vor kürzerer Zeit haben jedoch Untersuchungen über das *Bereitschaftspotential* bei Patienten mit bilateralem Parkinsonismus gezeigt, daß es in der Region des SMA ins Leben gerufen wird. Diese Patienten haben große Schwierigkeiten, willkürliche Bewegungen einzuleiten (Akinese). Entsprechend stark vermindert ist das Bereitschaftspotential über der motorischen Rinde. Nichtsdestoweniger ist das Bereitschaftspotential über dem SMA voll entwickelt. Offensichtlich leidet der Patient unter keiner Beeinträchtigung, was den Vorgang der Intention angeht, der eine volle Reaktion des SMA hervorruft. Die Behinderung muß statt dessen in der Verbindung vom SMA zur motorischen Rinde liegen. Diese Folgerung stimmt mit der Feststellung überein, daß die Parkinsonsche Akinese durch eine Schädigung der vom prämotorischen Feld des Cortex – einschließlich des SMA – zu den Basalganglien und damit zur motorischen Rinde verlaufenden Bahn verursacht wird; diese Bahn bildet eine Schlaufe, die der motorischen Rinde den sogenannten *striatofugal drive* gibt. Man kann abschließend sagen, daß diese Befunde nochmals die Priorität des SMA bei der Initiierung einer willkürlichen Bewegung beweisen.

---

1 Elektrische Signale, die auf der Schädeloberfläche in Millionstel Volt gemessen werden, aber für wiederholte Aktivitäten zusammengerechnet werden können.

Mentale Intentionen und Bewegung

Damit wird die Hypothese gestützt, daß das SMA das einzige Hirnzentrum ist, das mentale Intentionen empfängt, die zu willkürlichen Bewegungen führen. Dies ist eine außerordentlich wichtige Verbesserung gegenüber der Vorstellung, der mentale Akt der Bewegungsabsicht sei als Vorgang weit über das Gehirn ausgedehnt. Eine so scharfe Fokussierung verleiht unseren Versuchen, die Entstehungsweise einer bestimmten willkürlichen Bewegung zu erklären, Genauigkeit. Das Konzept der motorischen Programme ist bei diesem Unternehmen von Wichtigkeit. Anstatt daß wir nur die Arme schwingen oder sonst eine grobe Bewegung machen, um eine Bewegungsabsicht zu signalisieren, müssen wir die Komplexität der Muskeltätigkeit beim Zustandekommen geschickter und gewandter Bewegungen erkennen. Das kann so alltäglich sein wie das Ausstrecken der Hand, um eine Tasse zu nehmen und sie in einer eleganten und glatten Bewegung zum Trinken an die Lippen zu führen und sie anschließend wieder auf die Untertasse zurückzustellen. Eine sehr komplexe Folge von Bewegungen wird durchgeführt, von denen jede auf einige motorische Grundprogramme reduziert werden kann: die Hand zur Tasse führen; den Griff sicher ergreifen; die Tasse ruhig hochheben; sie genau an die Lippen bringen; trinken, das heißt eine ganze Folge von Lippen-, Zungen-, Gaumen- und Schluckbewegungen; und schließlich das Wiederabstellen der Tasse. Es handelt sich also um eine ganze Folge von ineinandergreifenden Bewegungen, welche die Kontraktion zahlreicher Muskeln – schön abgestuft und aufeinanderfolgend – einschließt. Es ist angemessen, diese komplexe Bewegung als Harmonie elementarer motorischer Programme zu beschreiben.

Betrachten wir nun, wie unsere Absicht, eine solche willkürliche Bewegung zu verfügen, mit der Rolle des SMA als dem Vermittler zwischen dem mentalen Akt der Intention und dem Zusammenfügen der entsprechenden motorischen Programme verbunden werden kann. Wir müssen zunächst postulieren, daß die mentale Intention auf höchst selektive Art auf das SMA einwirkt und daß das SMA sozusagen einen Katalog aller erlernten motorischen Programme enthält. Dieses immense gespeicherte Repertoire der ein Leben lang gelernten motorischen Programme kann nicht im SMA gespeichert werden, das nur ein begrenztes Feld der Großhirnrinde ist: mit vielleicht 50 Millionen Neuronen und 15 000 Moduln auf jeder Seite. Es ist nur notwendig, daß das SMA den *Katalog der motorischen Programme* enthält, der die Adressen der Speicherorte der motorischen Programme umfaßt. Man weiß, daß das SMA größere Verbindungslinien zu den vermutlichen Speicherregionen in der Großhirnrinde (besonders im prämotorischen Cortex, PM in Abb. 8–2) und den Basalganglien und im Kleinhirn hat. Mit Hilfe der radioaktiven Markierungstechniken wurde gezeigt, daß diese Regionen bei willkürlichen Bewegungen aktiviert werden und daß viele Nervenzellen in diesen Schaltkreisen wahrscheinlich aktiv werden, bevor die motorischen Zellen des Cortex sich entladen.

So haben wir in Umrissen eine Hypothese über die Art und Weise, wie der mentale Akt der Intention durch Wirkung auf das SMA die gewünschte Bewegung erzeugen kann. Es gibt zu diesem Thema eine umfangreiche Literatur, ebenso über Bewegungsstörungen, die durch klinische Läsionen der Bestandteile der Schaltkreise entstanden sind. Es mag den Anschein haben, als wäre hier eine außergewöhnliche Komplexität der neuralen Maschinerie eingeführt worden, nur um das Zustandekommen einer einfachen Bewegung – wie das Heben der Tasse an die Lippen – zu erklären, einer Bewegung, die wir machen, ohne zu überlegen. Aber alle obskurantistischen Interpretationen würden gegenstandslos werden, wenn etwas nicht richtig funktionierte in der neuralen Maschinerie des Subjekts, das gut ein Philosoph sein könnte, der bisher keine geheimnisvollen Vorgänge zwischen Absicht und Handlung erkannte.

Kommen wir nun auf die Arbeit der Nervenzellen des SMA zurück, wenn der Affe in einem willkürlichen Akt am Hebel zieht. Eine einzelne Nervenzelle, so kann man beobachten, wird mit der üblichen langsamen und unregelmäßigen Frequenz feuern, der sogenannten Grundfrequenz. Dann kommt es plötzlich zu einem starken Anstieg in der Häufigkeit der Entladungen, und in wenig mehr als einer Fünftelsekunde beginnt die Bewegung. Wir könnten tatsächlich aufgrund der beobachteten Entladungen der Nervenzelle das Einsetzen der Bewegung voraussagen. Es ist wichtig, zu wissen, daß diese plötzlich ausbrechenden Entladungen der beobachteten SMA-Zelle nicht durch eine andere Nervenzelle des SMA oder sonstwo im Gehirn ausgelöst wurden. Die ersten Entladungen finden im SMA statt, wie es auch die Studien mit radioaktivem Xenon über innere Programmierung gezeigt haben. So haben wir hier einen unwiderlegbaren Beweis, daß der mentale Akt einer Intention den Ausbruch von Entladungen einer Nervenzelle *auslöst*. Außerdem, wenn man Hunderte von SMA-Zellen beobachtet, so werden in diesem frühen Stadium nur einige aktiviert. Andere kommen später dazu; andere feuern vielleicht in zwei aufeinanderfolgenden Ausbrüchen, und wieder andere werden sogar zum Schweigen gebracht. Und diese spezifischen Reaktionsweisen werden wiederholt von jeder Nervenzelle bei einer bestimmten willkürlichen Handlung gezeigt. Daher müssen wir postulieren, daß der mentale Akt der Intention in unterschiedlicher Weise wirksam wird. Tatsächlich wurde ein sehr komplexes Muster neuronaler Reaktionen der SMA-Nervenzellen beobachtet. Der mentale Akt der Intention wirkt so in subtiler und unterschiedlicher Weise auf die wesentlichen Nervenzellen des SMA auf jeder Seite ein.

Eine bestimmte Intention – in diesem Fall die Absicht des Affen, am Hebel zu ziehen – wird in Form eines diskriminierenden Codes auf die Neuronen des SMA übertragen. Dieser Code muß ein räumlich-zeitliches Muster haben, denn die Handlung spielt sich in Raum und Zeit ab. Wir haben jetzt ein Gebiet betreten, wo unterschiedliche mentale Vorgänge eine hochselektive Wirkung auf die SMA-Neuronen ausüben. Vermutlich werden diese mentalen Einflüsse durch einen Code in abgestufter und vielfältiger Weise ausgeübt und unterliegen Einflüssen aus dem Feedback der aktivierten SMA-Neuronen. Die Grenze zwischen mentalen und neuralen Vorgängen muß in beiden Richtungen überwindbar sein (vgl. Abb. 3–1). Wir sind offensichtlich in einem Bereich kühner Spekulationen gelandet. Aber es bleibt bestehen, daß wir geschickte und gelernte Bewegungen »willentlich« ausführen können, daß eine ungeheuer komplizierte Maschinerie für jede solche Handlung notwendig ist und daß die mentalen Einflüsse in codierter Form auf die SMA-Neuronen einwirken und entsprechende Codes von räumlich-zeitlichen Mustern in den Entladungen der SMA-Neuronen erzeugen müssen. Jedes dieser Muster ist vermutlich ein Katalog motorischer Programme mit den Adressen zur Übermittlung der Codes, welche die Aktivitäten dieser motorischen Programme in Gang setzen.

Hier können eine Reihe von Fragen erhoben werden: 1) Wie kann der mentale Akt einer Intention über die Geist-Gehirn-Grenze hinweg jene bestimmten SMA-Neuronen aktivieren, in dem richtigen Code, der die motorischen Programme für die beabsichtigten willkürlichen Bewegungen in Gang setzt? Die allgemeine Antwort ist, daß dies die ein Leben lang, vom Säuglingsalter an, gelernte Prozedur ist; aber natürlich weiß man bis jetzt wenig darüber, wie dieses Lernen entsteht. 2) Wie verhält sich die vorgeschlagene Interaktion von Gehirn und Geist zum Problem des »freien Willens«? Die Antwort ist: Trotz der sogenannten unüberwindlichen Schwierigkeit, daß ein immaterieller Geist auf ein materielles Gehirn einwirkt, wurde bewiesen, daß das durch eine geistige Intention in genau der Art und Weise geschieht, wie es durch den dualistischen Interaktionismus vorausgesagt wurde – zweifellos zum großen Mißfallen aller Materialisten und Physikalisten. Deren kritische Einschätzung der Forschungsergebnisse wird sehr aufschlußreich sein. 3) Inwieweit agiert das Liaison-Hirn (Abb. 3–1) für Intentionen auch als Liaison-Hirn für andere mentale Akte? Beim geistigen Prozeß des stillen Zählens ist, so entdeckte Lassen, die Liaison-Region dem SMA noch voraus. Stilles Zählen ist ein rein kognitiver Vorgang und schließt keine Handlungsabsicht ein, wie das bei der inneren Programmierung des motorischen Folgetests der Fall ist. Es ist vorauszusagen, daß das SMA, wie in Abbildung 11–2 B, einbezogen wäre, wenn eine stille Zählaufgabe durch ein inneres Programmieren der Bewegungen, die beim Sprechen der Zahlen involviert sind, komplizierter gemacht würde. 4) Wie ist das SMA an der Sprachproduktion beteiligt? Die Antwort ist, daß nach einer von Penfield durchgeführten Exzision des linken SMA eine zwei Wochen dauernde Aphasie auftrat, die sich aber voll zurückbildete – vermutlich durch die kompensierende Leistung des rechten SMA. Es scheint, daß das SMA an der willkürlichen Auslösung der beim Sprechen involvierten Bewegungen ebenso beteiligt ist wie an anderen gelernten Fertigkeiten. 5) Wie weit ist die Großhirnrinde in Felder eingeteilt, die eine spezifische Funktion haben – wie zum Beispiel die Felder für willkürliche Bewegungen, für Sprache, lautloses Zählen usw.? Es sind bereits Regionen bekannt, denen Rhythmus und Musik, visuell-motorische Aktivitäten oder auch die Erforschung des außer-persönlichen Raumes zugeordnet werden können. Ohne Zweifel werden mit der Verfeinerung geeigneter psychologischer Tests – zum Beispiel für die Mannigfaltigkeit von Gedächtnis und Wahrnehmung – immer mehr Gebiete der Großhirnrinde dem »Fleckenmuster« spezieller Funktionen zugeordnet werden können. Eine Art Neo-Phrenologie kann ins Auge gefaßt werden!

Willensfreiheit und moralische Verantwortung
(vgl. auch Kapitel 5)

Man kann abschätzen, daß die Demonstration einer Handlung aus freiem Willen sehr viel überzeugender ist, wenn eine sehr einfache Intention oder Konzentration berücksichtigt wird, als wenn eine menschliche Handlung im Rahmen einer komplexen physischen, sozialen oder moralischen Situation untersucht wird. Erstens ist es wichtig, zu erkennen, daß die meisten unserer Handlungen ein Repertoire gelernter Fertigkeiten darstellen, die wir automatisch, ohne geistige Konzentration oder sogar ohne bewußte Wahrnehmung ausüben – zum Beispiel, wenn wir bei wenig Verkehr auf wohlbekannten Straßen Auto fahren. Geistige Aufmerksamkeit und Entscheidungen treten nur bei einem unerwarteten Ereignis auf. Zweitens haben Philosophen die Tendenz, über Handlungsfreiheit in einem komplexen sozialen oder moralischen Zusammenhang zu spekulieren. Ein Beispiel: Wenn wir einen Gastprofessor auf der Straße treffen – sollen wir ihn zu uns nach Hause zum Essen einladen? Ich möchte die Mutmaßung, daß eine solche Entscheidung frei getroffen werden könnte, nicht bestreiten, aber der Unterschied zwischen dieser komplexen Situation und dem Beugen eines Fingers hat seine Analogie in dem Versuch, die Gesetze der Bewegung durch die Analyse reißender Flußwirbel zu entdecken, anstatt mit Galileis Methode Metallkugeln auf einer geneigten Fläche rollen zu lassen!

Wenn wir begründen können, daß wir die Freiheit haben, einfache Bewegungen willentlich auszuführen, dann müssen komplexere soziale und moralische Situationen auch wenigstens zum Teil der Lenkung durch eine willentliche Entscheidung, das heißt durch einen mentalen Gedankenprozeß, zugänglich sein. Damit haben wir nun den Weg zur Betrachtung der persönlichen Freiheit und moralischen Verantwortung geöffnet.

Obwohl wir theoretisch frei sein mögen, zwischen alternativen Reaktionen auf eine Situation zu wählen, so kann diese Wahl durch Zwänge beeinträchtigt werden. In einem totalitären Staat werden diese Zwänge durch schwere Strafen zur Geltung gebracht. Wie weit kann man also die unglücklichen Bürger unter diesen Umständen für ihre Entscheidungen und Handlungen moralisch verantwortlich machen? Nur die Mutigen wagen es, die Staatsmacht durch eine abweichende Meinung herauszufordern und die unmenschlichen Konsequenzen zu ertragen. Wir fragen vielleicht: Wie weit können Menschen für Handlungen moralisch verantwortlich gemacht werden, die unter solchen Zwängen begangen wurden? Wir können zumindest feststellen, daß die menschliche Freiheit durch die Zwänge eines Polizeistaates beeinträchtigt wird. Die Freiheit steht allerdings auch in einer Gesellschaft auf dem Spiel, die gegenüber Gewalttaten und Verbrechen zu nachsichtig ist.

Reflexionen über Freiheit und moralische Verantwortung

Die Freiheit, die zählt, ist die Freiheit zu wissen – die Gedanken-, Meinungs- und Diskussionsfreiheit. Eine solche Freiheit schränkt die Freiheit anderer nicht ein, und es kann keinen Zweifel darüber geben, daß sie grundlegend ist; aber ebenso wie die »Freiheit zu wissen« brauchen wir Freiheit im Handlungsbereich. Die Freiheit, aus eigener Kraft das Beste aus unserem Leben zu machen, uns als Personen zu entwickeln, unsere Talente voll auszunutzen, nach unseren Idealen zu leben, unser Schicksal zu lenken. Das ist die Freiheit, die Maritain so treffend »Freiheit in der Erfüllung« nennt. Auch diese Freiheit schränkt die Freiheit anderer nicht ein. Außerdem schließt die Freiheit der Erfüllung offensichtlich die »Freiheit zu wissen« ein. Wir können feststellen, daß Erfüllung ein reiches Leben in der Familie und in der Gesellschaft bedeutet, mit geliebten Menschen und Freunden, vielleicht in Organisationen, die der Kultur, dem Gottesdienst, der Arbeit und auch der Erholung dienen. Es ist die offene Gesellschaft Poppers.

Wie können wir es anfangen, unsere Gesellschaft so zu gestalten, daß wir nicht nur die Freiheiten bewahren, die wir schon haben, sondern sie auch noch vermehren, damit allen Menschen ein erfülltes Leben zuteil werde und wir eine Ordnung schaffen, in der die mannigfaltigen Reichtümer der menschlichen Persönlichkeit sich manifestieren? Das sollte die zentrale politische Aufgabe dieses Zeitalters sein. Es genügt jedoch nicht, günstige Möglichkeiten zu schaffen. Jeder Mensch sollte aus eigenem Willen danach streben, das Beste aus diesen Möglichkeiten zu machen. Freiheit schließt nicht nur Rechte, sondern auch Pflichten ein. Wir haben kein unbeschränktes Recht auf Freiheit. Wir haben nur insofern ein Recht auf Freiheit, als wir die entsprechenden Pflichten erfüllen, nämlich die Freiheit, die wir schon haben, zu achten und ihr gemäß zu leben. Die Freiheit der Erfüllung macht es zum Beispiel notwendig, daß wir uns fortschreitend die Fülle des persönlichen Lebens und der geistigen Freiheit erobern. So ist es einleuchtend, daß wir nie einen statischen Zustand der Freiheit erreichen können. Freiheit ist dynamisch in dem Sinne, daß wir stets nach ihr streben müssen, um uns das zu erhalten, was wir haben. Der Mißbrauch unserer Freiheit gefährdet sie. Wir gefährden zum Beispiel die Redefreiheit, wenn wir sie dazu benutzen, irreführende, unverantwortliche und provokative Aussagen zu machen. Das Recht auf Redefreiheit setzt die Pflicht zu Ehrlichkeit und Offenheit voraus.

Unsere Welt steht am Scheideweg. Es gibt nur zwei alternative Ordnungen, auf die wir zugehen können.

Der eine Weg führt zu der zentralisierten Planung des absolutistischen Sklavenstaates. In der Vergangenheit konnte eine private und persönliche Lebenssphäre oft unberührt von absolutistischer Tyrannei überleben, denn der Despotismus befaßte sich größtenteils mit Staatsangelegenheiten. Bei der heutigen effizienten Kommunikation und Organisation ist das nicht mehr möglich. Absolutistische Regierungen können sich nur stabilisieren, wenn sie jeden Widerstand ausschalten, bevor er sich organisiert. Geheimpolizei, Konzentrationslager, Hochverratsprozesse und Massenpropaganda sind die unvermeidlichen Begleitumstände. Der moderne Absolutismus muß total sein und den Menschen selbst in seinem persönlichen und privaten Leben versklaven. Er muß eine Tyrannei darstellen, die charakterisiert ist durch Zwang, Terror und die Kollektivierung jedes Lebensbereiches. Solche Sklavenstaaten können sehr stabil sein.

Der andere Weg führt durch eine kontinuierliche Entwicklung zu einer Ordnung der Freiheit und moralischen Verantwortung jedes Menschen. Es wird eine Ordnung sein, die das Privatleben aller Menschen respektiert und fördert und die in dynamischer Weise von den verantwortungsbewußten und freien Handlungen eines jeden von ihnen abhängt. Auf allen Ebenen dieser offenen Gesellschaft wird es genügend Spielraum für verantwortungsvolles Handeln geben. Mit anderen Worten: Eine der ersten Rücksichten wird der größtmöglichen Ausdehnung persönlicher Verantwortung gelten. Die freiwillig getroffene moralische Wahl ist es, die die Personalität am vollkommensten ausdrückt und den großen Namen der Freiheit am meisten verdient.

Schlußbemerkungen

Abschließend können wir sagen, daß es von höchster Bedeutung ist, daß wir dadurch, daß wir uns Gedanken machen, das Wirken der neuralen Mechanismen im Gehirn beeinflussen können. Auf diese Weise können wir in der Welt Veränderungen zum Guten und zum Bösen bewirken. In einer einfachen Metapher ausgedrückt: unser bewußtes Selbst befindet sich auf dem Fahrersitz. Unser ganzes Leben kann als ein Gebilde angesehen werden, das aus aufeinanderfolgenden Wahlentscheidungen besteht, die zu einem Gefühl der Erfüllung führen könnten, mit dem dazugehörenden Glück, das in ein Leben kommt, das auf einen Sinn und ein Ziel ausgerichtet ist.

Jede menschliche Person stellt ein einzigartiges Selbst dar, mit Möglichkeiten, die in all ihrer großen Vielfalt ein wunderbares Versprechen geben. Das Ideal besteht für jeden Menschen darin, ein Maximum an Freiheit zu haben, um diese Möglichkeiten zu realisieren. Diese Ethik rührt von dem Glauben her, daß das Leben eine transzendentale Bedeutung hat und daß jedes Leben kostbar ist. Zusammen sind wir, als menschliche Personen, in Anspruch genommen von dem ungeheuren Abenteuer der bewußt und gemeinsam erfahrenen Existenz.

Kapitel 12
Das Abenteuer des Menschen: Hoffnung und Tod

Die Philosophie der Personalität

In diesem Buch haben wir versucht, einige zeitgenössische Ansichten über die Personalität zu erläutern und zu beurteilen, insbesondere die mit materialistischer oder deterministischer Prägung. Nachdem wir so viele Mängel und so viel Irreführendes in diesen Ansichten gefunden haben, wird es den Leser nicht überraschen, wenn wir zu einem erneuerten Vertrauen in die transzendente Natur des menschlichen Lebens und seines göttlichen Ursprungs gelangen. Aber bevor wir dieses in philosophischer Sicht gefährliche Gebiet betreten, sollten wir uns ganz klar darüber werden, welche Verbindungen zwischen der in den vorangegangenen Kapiteln entwickelten Kritik und einer Annahme der religiösen Alternative bestehen.

Es ist eine historische Tatsache, daß die meisten Materialisten den Materialismus als eine Widerlegung religiöser Lehre ansehen. Die meisten, *aber nicht alle*. Im 17. Jahrhundert wurde zum Beispiel der von René Descartes vorgeschlagene Dualismus von *Pater* Pierre Gassendi, einem der bemerkenswertesten Wissenschaftler und Gelehrten seiner Zeit, scharfsinnig attackiert. Gassendi wußte, daß ein allmächtiger Gott absolut fähig wäre, menschliches Leben nach einem rein materialistischen Plan zu bilden, und daß der Materialismus daher wissenschaftlich verfochten werden könnte, ohne mit jenem freigesetzten Deismus des 17. Jahrhunderts zu kollidieren. Gassendi ist deshalb erwähnenswert, weil er ein besonders gutes Beispiel dafür bietet, daß Deismus und Materialismus sich miteinander vereinbaren lassen. Daß diese Verträglichkeit in der Geschichte selten ist, bedeutet nicht, daß sie der Logik widerspricht. Es liegt kein *logischer* Widerspruch darin, wenn man gleichzeitig glaubt, daß 1) alle existierenden Entitäten, einschließlich der Menschen, ganz und ausschließlich materieller Natur sind und daß 2) ein allmächtiges und allwissendes Wesen dafür sorgte, daß es so sei. Ein auf der ganzen Linie erfolgreicher Materialismus würde theistische Behauptungen nicht widerlegen, da sich letztere nicht auf die materielle Zusammensetzung des physikalischen Universums, sondern auf den *Geist* hinter und jenseits dieses Universums beziehen.

Daher basiert unsere Opposition gegen den Materialismus ausschließlich auf metaphysischen und wissenschaftlichen Gründen und ist nicht als eine verschleierte *Apologie* der Religion zu verstehen. Mit Aristoteles erkennen wir jedoch die Tatsache der menschlichen Intelligenz und der menschlichen Intention und akzeptieren daher, daß Intelligenz und Intention existieren. Und wiederum mit Aristoteles erkennen wir weiterhin, daß die Evidenz, die *menschliche* Intelligenz und Intention für uns haben, von *genau* derselben Art ist wie die Evidenz, die wir zur Verteidigung des Theismus anführen würden. Aristoteles tadelte die Materialisten seiner Zeit, indem er bemerkte, daß »... wenn die Kunst des Schiffbaus im Holz läge, uns Schiffe durch die Natur gegeben wären«. Uns sind aber Schiffe nicht »durch die Natur« gegeben, sondern durch Planung, Absicht und handwerkliches Können.

Die Geschichte der Menschheit beweist, daß es menschliche Eigenschaften gibt – moralische, intellektuelle und ästhetische Eigenschaften –, die nicht *allein* mit Bezug auf die materielle Zusammensetzung und Organisation des Gehirns erklärt werden können. Man beachte, daß wir den Ausdruck *nicht können* wählen. Wir *haben gezeigt,* daß alle reduktionistischen Versuche prinzipiell scheitern, teils, weil sie sich selbst widerlegen, teils, weil sie inkohärent sind. Dies gilt ebenso für behavioristische (environmentalistische) und soziobiologische (instinktivistische) Reduktionen wie für neurophysiologische Reduktionen, den versprechenden Materialismus, der in den Kapiteln 3 und 4 behandelt wurde. Tatsächlich ist es nur letzterer, dem man Beachtung schenken muß, denn, wenn er scheitert, dann scheitern notwendigerweise auch die beiden ersteren. Die Umwelt und unsere Gene können nur durch die Mechanismen und Prozesse des Nervensystems bestimmend sein. Wenn sich die Personalität nicht auf diese Mechanismen und Prozesse reduzieren läßt, können daher weder behavioristische noch hereditäre Erklärungen ausreichen.

In moralischer Hinsicht werden wir von »Imperativen« beherrscht, die, wie wir gezeigt haben, keinerlei materiellen oder physikalischen Bezug haben. Intellektuell gehen wir mit *Universalien* um, die völlig abstrakt sind und nicht ausnahmslos das Ergebnis von Schlußfolgerungen, das heißt Verallgemeinerungen aus früherer Erfahrung sind. Zu begreifen, daß sich in der Riemannschen Geometrie alle Parallelen in zwei Punkten schneiden, heißt nicht, frühere Erfahrungen zu verallgemeinern – denn es gab keine derartige Erfahrung –, sondern es bedeutet, den propositionalen und rein formalen Charakter abstrakter Mathematik zu erfassen. Und indem wir unsere Welt mit den Schöpfungen der Kunst und Architektur ausfüllen, uns unermüdlich für den »Schmuck« der Zivilisation (Welt 3) anstrengen und ihn mit Hingabe verehren, offenbaren wir uns als Wesen, die zu mehr taugen als nur zu einem kreatürlichen Leben. Es geht nicht mehr darum, zu bestimmen, ob und wie unsere Gehirne dies möglich gemacht haben, denn in dieser Hinsicht kann unser Gehirn nur ein Werkzeug sein und ist als solches einen Schritt von der eigentlichen Ausführung des Werkes entfernt. Leonardo benötigte viele Werkzeuge (einschließlich seines Gehirns), aber sicherlich würden wir sein Genie nicht zu erklären versuchen, indem wir die von ihm beim Malen verwendeten Seziermesser oder Ölfarben studieren. Natürlich ist das Gehirn nicht lediglich eines von vielen gleich nützlichen Werkzeugen, sondern das *wichtigste* Werkzeug und die krönende Vollendung der Evolution – aber nichtsdestoweniger ein Werkzeug. Wenn man das Gehirn als ein Werkzeug zum Überleben ausgibt und es und seinen Besitzer nur in diesem Sinne versteht, negiert man das eigentliche *Leben des Bewußtseins*, in dem unsere Personalität wurzelt. Wieder ist es instruktiv, sich in diesem Zusammenhang die Gedanken von William James ins Gedächtnis zu rufen:

»Wir behandeln das Überleben, als wäre es ein absolutes Ziel, das als solches in der physikalischen Welt existiert, so etwas wie ein tatsächliches *Sein-Sollen*, das das Tier beherrscht und seine Reaktionen bestimmt, ganz unabhängig von der Gegenwart einer deutenden Intelligenz außerhalb. Wir vergessen, daß ohne eine solche noch hinzukommende deutende Intelligenz (ob es nun die des Tieres selbst oder unsere oder die des Herrn Darwin ist) diese Reaktionen korrekterweise überhaupt nicht als ›nützlich‹ oder ›schädlich‹ bezeichnet werden können. Unter rein physikalischen Gesichtspunkten kann von ihnen nur gesagt werden, daß das Überleben, *wenn* sie in einer bestimmten Weise auftreten, sich tatsächlich als ihre Nebenwirkung erweist ... Kurz gesagt, das Überleben kann in eine rein physiologisch orientierte Diskussion nur als die *Hypothese eines Betrachters* über die Zukunft eingehen. Aber in dem Augenblick, in dem man ein Bewußtsein ins Spiel bringt, hört das Überleben auf, eine bloße Hypothese zu sein. Dann heißt es nicht mehr: ›Wenn es Überleben geben sollte, dann müssen das Gehirn und die anderen Organe so und so arbeiten.‹ Sie ist nun zu einem imperativen Dekret geworden: ›Überleben *wird* auftreten, und deshalb müssen die Organe so arbeiten!‹ Wirkliche Ziele erscheinen nun zum erstenmal auf der Weltbühne.« (Principles of Psychology. Band I, Seite 141)

Wir haben wirkliche Ziele, obwohl unsere Gehirne, wie unsere Nieren, keine haben. Es gibt also diese Trennbarkeit – wenn auch nicht Trennung – zwischen dem Gehirn und der Person, die es besitzt. Und so hat die Frage, die sich dabei aufdrängt, mit dem Schicksal des Programmierers zu tun, wenn der Computer aufgehört hat zu funktionieren.

Bei dieser folgenschwersten aller Fragen können wir uns nur auf die begrenzten Instrumente der Logik, des Glaubens und des Alltagsverstandes stützen. Die Logik lehrt, daß zwei sich gegenseitig widersprechende Aussagen nicht beide wahr sein können, obwohl die Unrichtigkeit der einen nicht die Wahrheit der anderen garantiert. Aber wenn der materialistische Determinismus falsch ist, ist dann der transzendente Immaterialismus eine richtige Erklärung der Person? Aristoteles scheint darüber geteilter Ansicht gewesen zu sein, und es ist nicht klar, ob wir weit über sein tiefes Denken hinausgelangt sind. Im Bewußtsein der menschlichen Fähigkeit des *Epistemonikon* – der Fähigkeit, durch die wir (immaterielle, nichträumliche, zeitlose) Universalien verstehen können –, schloß er, daß die Fähigkeit selbst nicht materiell sein könne. (Was aus »Teilen« besteht, kann nicht am Reich der Universalien teilhaben.) Aristoteles sagte über dieses *Epistemonikon,* daß es sich nicht bewege *(ou kineitai),* womit er meinte, daß ihm die wesentliche Eigenschaft der Materie fehle, nämlich Beweglichkeit oder, allgemeiner gesagt, Veränderlichkeit. Da diese Fähigkeit immateriell ist, muß sie auch unzerstörbar sein, da nur Materie der Degenerierung (der Veränderung) unterliegt.

Diese aristotelische Analyse liefert eine sehr gute begriffliche Basis, um das Überleben der Seele nach dem Tode des Körpers (des

Gehirns) zu vertreten. Doch Aristoteles folgte seiner eigenen Logik, was die notwendig scheinende Schlußfolgerung betraf, daß es nämlich kein Überleben der *Person* nach dem Tode geben könne. Er argumentierte so: Damit es ein persönliches Überleben gibt, muß es das Überleben eines identifizierbaren Individuums geben. Aber wo ein Individuum ist – wo es Individuation gibt –, da sind zeitliche und räumliche Grenzen, das heißt, da ist *Materie*, denn das, was individuiert ist, ist *ipso facto* materiell. Das aristotelische Leben nach dem Tod ähnelt daher eher dem platonischen Reich der »reinen Ideen« als dem Himmel, den die Schrift des Christentums verspricht. Was überlebt, ist eine Art rationales Prinzip, aber sicher keine Person.

Es war (voraussagbar) Thomas von Aquin, der in dieser Analyse einen Mangel entdeckte oder zumindest ein begriffliches Element, das, wenn es richtig wäre, für die christliche Lehre verhängnisvoll wäre. Sehr knapp zusammengefaßt sah die thomistische Modifikation folgendermaßen aus: Jede Person hat gleichermaßen ein Wissen von den Einzeldingen und von den Universalien. Sie ist insofern »Eigentümer« von beiden, als ihr Bewußtsein beide enthält und tatsächlich auch beide miteinander vergleicht. Das ist alles *persönliches* Wissen, das ein als Person erkanntes und erkennbares Bewußtsein, zum Beispiel *mein* Bewußtsein, besitzt. Wenn jedoch kein Aspekt des Allgemeinen in irgendeiner Form zu etwas Besonderem oder Individuellem Kontakt herstellen könnte, dann wäre es mir nicht möglich, zu erkennen, daß ein allgemeiner Gedanke *mein* Gedanke ist. Dies ist jedoch eindeutig falsch, und das reicht aus für den Beweis, daß die individuelle *Seele ihre eigenen* Universalien besitzt. Wie in Abbildung 3–1 gezeigt ist, ist die Seele nicht in der materiellen Welt, sondern in der Welt des Bewußtseins (Welt 2) individuiert, denn die Seele befindet sich überhaupt nicht in der materiellen Welt. Um es in religiös neutralen Begriffen auszudrücken, könnten wir sagen, daß die rationale Fähigkeit in genau demselben Sinn *jemandes* Fähigkeit bleibt, wie jede Idee *jemandes* Idee ist. Sie ist nicht mehr materiell, um »Besitz« zu sein.

Was wir von dieser allgemeinen aristotelischen und thomistischen Grundlage aus zu diesem Thema sagen können, ist, daß es keine zwingenden Gründe gibt, den reduktiven Materialismus zu akzeptieren, und daß es mehrere zwingende Gründe gibt, den *Immaterialismus* und das Überleben des Geistes beziehungsweise der Seele einer

Person nach dem Tode ihres Körpers zu akzeptieren. Nur bis hierher werden uns metaphysische Argumente tragen, und an diesem Punkt müssen wir uns – ohne Verlegenheit – dem Alltagsverstand und dem Verlangen des Glaubens überlassen. Daß diese beiden, selbst mit der Unterstützung der Metaphysik, die Frage nicht ein für allemal entscheiden können, zeigt sich daran, daß man auf vernünftige Menschen treffen kann, die nicht ohne Bedenken die geoffenbarten Wahrheiten der Religion annehmen. Die mittelalterlichen Philosophen sprachen oft von der Vernunft als von einem »sich selbst läuternden Glauben«. Für diese edle Mission leistet der fromme Skeptiker wichtige Dienste. Er zwingt uns, unseren Glauben bis zum Äußersten zu läutern, auch wenn wir wissen, daß er im Grunde die Qualität des Glaubens behält und nicht Vernunft unter einem anderen Namen sein wird.

Zwischen diesen beiden Polen – bedingungslosem Glauben und logisch-metaphysischer Strenge – befindet sich das weite Gebiet des Alltagsverstandes, das, wie die Philosophen sagen, von uns eingenommen wird. Wir stärken unseren Alltagsverstand durch das Studium der Geschichte, der Künste und der Literatur, der Naturwissenschaften, der Politik und des Rechts. Wir sehen überall in unserer Gegenwart und in der Geschichte die außerordentlichen Leistungen der Genialität und der Güte, ihres manchmal unerkannten Zwillings. Auf jeder Ebene der Gesellschaft und Kultur entdecken wir Menschen, die erfüllt sind von einem religiösen Empfinden für den Sinn des Lebens und einer tiefen Überzeugung, was das ehrfurchtgebietende Geheimnis des menschlichen Abenteuers angeht. Wir lesen die Lehren der großen Propheten und finden erstaunliche Ähnlichkeiten zwischen solchen, die nichts voneinander gewußt haben konnten und deren Bildung auch nicht unter ähnlichen Einflüssen stattgefunden haben konnte. Auf der Ebene des Alltagsverstandes müssen wir uns fragen, warum und wie diese zeitlosen Rituale und Glaubensbekenntnisse die menschliche Einbildungskraft beherrschten und sie zu Begriffen von Transzendenz, Erhabenheit und dem Göttlichen führen konnten. Wir verwerfen darwinistische, marxistische und Freudsche Erklärungen, denn diese erklären, wie wir gesehen haben, keinen einzigen Begriff, ganz zu schweigen von Ideen der Transzendenz. Wir verwerfen den Materialismus, weil dieser, wie wir gesehen haben, unsere Begriffe nicht *erklärt*, sondern verneint. An diesem Punkt können wir, als geadelte und vernunftbegabte Wesen, den Impulsen des Glaubens freien Lauf lassen; nicht eines Glaubens, der eine Verschleierung von Ignoranz, Denkfaulheit oder Angst wäre, sondern eines Glaubens, der einen durch die Denkanstrengungen der Vernunft und des Alltagsverstandes gerechtfertigten Bewußtseinsstand darstellt.

Das Schwinden der Personalität

Wir gehen durch das Leben, indem wir tapfer unsere Aufgabe erfüllen, und bisher haben wir uns in diesem Buch auf die positive Leistung konzentriert, die uns im Abenteuer der menschlichen Personalität zugänglich ist. Aber wir realisieren alle, daß dieses Abenteuer zu den fortschreitenden Behinderungen des Alterns führt. Solange wir noch im vollen Besitz unseres Intellekts sind, können wir unseren körperlichen Abbau mit Gleichmut hinnehmen. Dieser Abbau setzt früh ein in bezug auf schnelle Reaktionen, wie sie beim Sprinten, Springen und bei schnellen Spielen wie Tennis oder Fußball gefordert sind, wo die Höchstleistungen mit ungefähr 25 Jahren erreicht sind, wenn diese auch bei hohem Können möglicherweise noch etwas länger ausgedehnt werden können. Beim Langstreckenlauf und bei Spielen, die Ausdauer erfordern, kommt der Höhepunkt später – mit 30 bis 35 und beim Marathonlauf sogar bis zu 40 Jahren. Dieser körperliche Abbau ist bedingt durch das Altern des Herzens, des Kreislaufs, der Atmungsorgane und der Muskeln, durch biologische Prozesse, die noch jenseits unserer gegenwärtigen Erkenntnis liegen. Bei intellektuellen Leistungen kommt der Höhepunkt später. Es wird allgemein angenommen, daß der Höhepunkt in der Mathematik und in der Dichtkunst erst in der Zeitspanne zwischen dem 25. und 40. Lebensjahr erreicht wird. Aber in den Naturwissenschaften, besonders in den biologischen, können sich hohe Leistungen bis zum 60. Lebensjahr und sogar noch darüber hinaus fortsetzen, während die philosophische und künstlerische Kreativität noch weit über das Alter von 60 Jahren hinaus erhalten bleiben kann. So kann der in Abbildung 3-4 die Zeit kennzeichnende Pfeil die kulturelle Leistung noch verlängern; die unbeschreibbare Qualität der Weisheit wird allgemein als eine der Zierden der alten Menschen gesehen, die mit reichen Erinnerungen und Erfahrungen gesegnet sein mögen und in denen durch die große Gabe der Imagination die Inspiration erstaunlicherweise wie in der Jugend fortbestehen kann. Alle diese intellektuellen Fähigkeiten können durch ununterbrochenen Gebrauch vor schnellem Abbau bewahrt werden.

Wir wissen jedoch alle, daß dies nur ein »Rückzugsgefecht« gegenüber der unvermeidlichen Minderung des alternden Gehirns ist. Der Alterungsprozeß ist immer noch ein wissenschaftliches Rätsel; er kann langsamer verlaufen, wenn wir mit unserem genetischen Erbe Glück haben und von Krankheiten verschont bleiben, die speziell Hirnschäden verursachen, wie sie sich besonders tragisch in dem als Alzheimer-Syndrom bekannten stark beschleunigten Altern bemerkbar machen. Wir neigen dazu, diejenigen zu beneiden, die nach einem erfüllten Leben an einem plötzlichen Herz- oder Gehirnschlag sterben. Sie entkommen dem fortschreitenden Verfall, dem unser besonderes Interesse gilt, bei unseren Themen der Hoffnung und des Sinnes im Abenteuer der menschlichen Personalität. Wir können fragen: Wie kann das Abenteuer der Personalität mit dem geistigen Abbau in Einklang gebracht werden? In Abbildung 3–4 würde dies durch eine Verkleinerung der Kästen für Welt 2 und Welt 3 bei gleichzeitigem Anstieg des die Zeit kennzeichnenden Pfeils dargestellt werden. Wir können den fortschreitenden Schwund der Erinnerungen noch akzeptieren, wenn die uns teuren Erinnerungen erhalten bleiben, wie sie es tun, wenn sie durch Abruf ermutigt werden. Das ist das Alter, wenn man vielleicht Zuflucht in der Autobiographie sucht oder in Erinnerungen schwelgt, oftmals zum Leidwesen der sich dabei langweilenden Freunde. Sicherlich möchten wir nicht in Einsamkeit alt werden. Zusammen mit denen alt zu werden, die wir lieben, kann eine gemeinsame Quelle der Freude sein. Immer häufiger lenken heute die Zerstreuungen des Fernsehens von allen Gedanken und Ängsten ab, die mit der alternden Personalität zu tun haben. Auf jeden Fall sollte in einer vollständig gelebten Personalität unser Älterwerden integriert sein.

Bis jetzt haben wir zwei Extreme betrachtet, den plötzlichen Tod und den langsamen Abbau ohne gehirnschädigende Unfälle im Verlauf. Aber oftmals kann es zu schweren Gehirnläsionen mit jahrzehntelangem Überleben kommen. Bei den Opfern und ihren Helfern erlebt man oft eine großartige Tapferkeit. Tatsächlich brauchen wir alle Mut in den letzten Jahren unseres Lebens. Aber wichtiger noch ist das große Geschenk der Liebe, die ganz bis zum Ende geteilt werden kann. Idealerweise sollte das Abenteuer der menschlichen Personalität als Säugling und Kind in der liebevollen Umgebung der Familie beginnen und dann in einer liebevollen Atmosphäre enden, die bis zum Tode dauern kann.

Die bekannte Autorin Freya Stark schrieb sehr bewegend über das Altern, den Tod und die Hoffnung auf ein Leben danach:

»Our private grasp lessens, and leaves us heir to infinite loves in a common world where every joy is a part of one's personal joy. With a loosening hold returning towards acceptance, we prepare in the anteroom for a darkness where even this last personal flicker fades, and what happens will be in the Giver's hand alone.«

[Unser privater Kreis schwindet immer mehr und läßt uns zurück als Erbe unzähliger Lieben in einer allgemeinen Welt, wo jede Freude ein Teil der persönlichen Freude ist. Wenn sich der Halt lockert und wir dahin zurückkehren, wo wir aufgenommen werden, bereiten wir uns im Vorzimmer auf eine Dunkelheit vor, in der selbst dieses letzte persönliche Flackern vergeht, und was geschieht, wird in der Hand des Gebers liegen.]

Diese Bescheidenheit steht in großem Gegensatz zu dem arroganten Lebewohl des englischen Dichters Walter Savage Landor:

»I strove with none, for none was worth my strife,
Nature I loved and, next to Nature, Art:
I warmed both hands before the fire of life;
It sinks, and I am ready to depart.«

[Ich kämpfte mit niemandem, denn niemand war meines Kampfes wert,
die Natur liebte ich und, gleich nach der Natur, die Kunst:
Ich wärmte beide Hände am Feuer des Lebens;
es sinkt, und ich bin bereit, fortzugehen.]

Tod und Unsterblichkeit?

Nach allen materialistischen Theorien des Bewußtseins kann es nach dem Gehirntod kein Bewußtsein mehr geben. Unsterblichkeit ist ein nicht-existentes Problem. Aber nach dem dualistischen Interaktionismus muß der Tod des Gehirns nicht die Zerstörung der zentralen Komponente von Welt 2 zur Folge haben, wie aus dem Standarddiagramm (Abb. 3–1) zu ersehen ist. Es kann nur gefolgert werden, daß Welt 2 (der Programmierer) keinerlei Verbindung mehr mit dem Gehirn (dem Computer) hat und daher von jeder sensorischen Information und jeder motorischen Äußerung von dieser materiellen Welt und an diese, einschließlich der Gehirne lebender Personen, abgeschnitten ist. Es ist nicht die Rede von einer fortbestehenden schattenhaften oder geisterähnlichen Existenz mit irgendeiner Beziehung zur materiellen Welt, wie von manchen spiritistischen Glaubenslehren behauptet wird. Was können wir dann sagen?

Der Glaube an ein Leben nach dem Tod kam schon sehr früh in die Menschheit, wie die Beerdigungszeremonien des Neandertaler zeigen. In den frühesten Berichten von einem Leben nach dem Tod erscheint dieses aber äußerst unangenehm. Das kann man im Gilgamesch-Epos, in den Gedichten Homers oder an der hebräischen Vorstellung vom Scheol erkennen. Hick weist darauf hin, daß der Glaube, daß Elend und Unglück das Leben nach dem Tod begleiten, sehr wirkungsvoll die Deutung erledigt, solche Vorstellungen entständen aus Wunschträumen!

Die Idee eines attraktiveren Lebens nach dem Tod ist ein besonderes Merkmal der Sokratischen Dialoge; sie rührt von den Orphischen Mysterien her. Eine besonders klare Bestätigung der Unsterblichkeit durch Sokrates findet sich im *Phaidon*, kurz vor seinem Tod:

»... wenn die Seele unsterblich ist, dann bedarf sie sorgfältiger Pflege, nicht nur für diese Zeit, die das umfaßt, was wir Leben nennen, sondern für alle Zeit... Da die Seele nun aber offenbar unsterblich ist, gibt es für sie keine andere Zuflucht und keine andere Rettung vor den Übeln, als daß sie möglichst gut und vernünftig wird. Denn nichts anderes kann sie in den Hades mitbringen als ihre Bildung und ihre Erziehung...

[Kriton sagte:] ›Auf welche Weise aber sollen wir dich begraben?‹ ›Wie ihr wollt‹, gab Sokrates zur Antwort, ›wenn ihr mich fangen könnt und ich euch nicht entwische.‹ Dazu lachte er leise, sah uns an und sagte: ›Liebe Freunde, ich kann den Kriton einfach nicht davon überzeugen, daß ich hier der Sokrates bin, der jetzt mit euch redet und ein jedes, was gesagt wird, an seinen Platz stellt, sondern er hält mich für jenen anderen, den er in kurzem als Leichnam sehen wird, und fragt deshalb, wie er mich begraben soll. Meine ganze lange Rede, in der ich euch auseinandergesetzt habe, daß ich, wenn ich das Gift getrunken habe, nicht mehr bei euch bleiben, sondern entweichen und zum herrlichen Leben der Seeligen eingehen werde – diese Rede halte ich offenbar für ihn vergeblich, als sagte ich das nur zum Trost für euch und für mich selbst.‹«[1]

Nach der beeindruckenden Einfachheit der Botschaft des Sokrates vor seinem Tod ist es eine eigenartige Erfahrung, die vielen Formen der Unsterblichkeit zu betrachten, die Gegenstand der Spekulation gewesen sind. Die Idee der Unsterblichkeit wurde durch die vielen, mit den frühesten Religionen beginnenden Versuche, eine Erklärung auf der Basis der zeitgenössischen Ideologien abzugeben, in Verruf gebracht und sogar zu etwas Widerwärtigem gemacht. So sind heutige Intellektuelle von diesen archaischen Versuchen, das Leben nach dem körperlichen Tod zu beschreiben und auszumalen, abgestoßen. Auch wir sind davon abgestoßen. Es hat keinen Wert, über dieses »Leib«-Seele-Problem nach dem Tod zu spekulieren. Es ist schon während des Lebens verwirrend genug! Selbsterkenntnis und Verständigung können für die Psyche in einer Weise möglich sein, die jenseits unserer Vorstellungskraft liegt.

Normalerweise haben wir Körper und Gehirn, um uns unserer Identität zu versichern, aber wenn die Psyche Körper und Gehirn im Tode verläßt, ist für sie keiner dieser Orientierungspunkte zugänglich. Das ganze detaillierte Gedächtnis muß verlorengehen. Wenn wir uns wieder der Abbildung 3–1 zuwenden, sehen wir dort, daß das Gedächtnis auch in Welt 2 lokalisiert ist. Vielleicht ist dieses ein allgemeineres Gedächtnis, bezogen auf unsere Selbstidentität, unser emo-

---

[1] Platon. *Phaidon*. In: *Meisterdialoge*. Platon. Jubiläumsausgabe sämtlicher Werke. Zürich und München: Artemis, 1974, Band III, S. 88, 98 f.

tionales Leben, unser persönliches Leben und auf unsere Ideale, wie sie in den Werten eingeschlossen sind – eigentlich auf die ganze Identität des Programmierers. Das alles sollte für die Selbstidentität ausreichen. Es sollte verwiesen werden auf die Diskussion über die Schaffung der Psyche durch Einflößung in den sich entwickelnden Embryo. *Diese göttlich geschaffene Psyche sollte im Mittelpunkt aller Betrachtungen über Unsterblichkeit und Selbsterkenntnis stehen,* wie es von H. D. Lewis vorgeschlagen wurde. Mit der Auflösung unseres Computers beim Gehirntod haben wir dieses wunderbare Instrument, den intimsten Gefährten des Lebens, verloren. Gibt es keine weitere Existenz für den Programmierer?

Diese Frage verfolgte Gustav Mahler, und er machte sie zum Thema seiner großen Symphonie Nr. 2 in c-moll, die den angemessenen Namen »Auferstehung« trägt. Der Schlußchoral des letzten Satzes (des fünften) führt schließlich zu dem Höhepunkt, für den Mahler die folgenden Worte schrieb:

Alt

O glaube mein Herz, o glaube,
es geht dir nichts verloren!
Dein ist, was du gesehnt,
dein was du geliebt,
was du gestritten!

O glaube,
du wardst nicht umsonst geboren!
Hast nicht umsonst gelebt,
gelitten!

Chor

Was entstanden ist,
das muß vergehen!
Was vergangen, aufersteh'n!
Hör auf zu beben!
Bereite dich zu leben!

Sopran und Alt

O Schmerz! Du Alldurchdringer,
dir bin ich entrungen!
O Tod! Du Allbezwinger,
nun bist du bezwungen!
Mit Flügeln, die ich mir errungen,
in heißem Liebesstreben,
werd' ich entschweben
zum Licht, zu dem kein Aug' gedrungen!

Chor

Sterben werd' ich, um zu leben!

Alle

Auferstehn wirst du,
mein Herz, in einem Nu!
Was du geschlagen,
zu Gott wird es dich tragen!

Die Suche nach dem Sinn

Unser Leben hier auf dieser Erde und in diesem Kosmos, um das die großen Fragen gehen, liegt jenseits unseres Begreifens. Wir müssen aufgeschlossen sein für eine mögliche tiefe, dramatische Bedeutung unseres Lebens, die sich vielleicht nach der Verwandlung durch den Tod offenbart. Wir können fragen: Was bedeutet dieses Leben? Wir finden uns hier in dieser wunderbar reichen und intensiv bewußten Erfahrung, die weitergeht, solange wir leben. Aber ist das das Endziel? Unser selbstbewußter Geist steht in dieser geheimnisvollen Beziehung zum Gehirn und erlangt demzufolge die Erfahrungen menschlicher Liebe und Freundschaft, der Naturschönheiten und der intellektuellen Begeisterung und Freude, die wir in der Wertschätzung und im Verstehen unseres kulturellen Erbes erleben. Soll dieses gegenwärtige Leben mit dem Tod ganz beendet sein, oder können wir hoffen, daß es noch einen weiteren Sinn zu entdecken gibt? Im Kontext der Natürlichen Theologie können wir nur sagen, daß die Zukunft in völliger Dunkelheit liegt – aber wir kamen aus der Dunkelheit. Ist es so, daß dieses Leben nur eine Episode des Bewußtseins zwischen zwei Dunkelheiten ist, oder gibt es eine weitere transzendente Erfahrung, von der wir nichts wissen können, bis sie kommt?

Der Mensch hat heute seinen Weg in den Ideologien verloren. Das wurde als die mißliche Lage der Menschheit bezeichnet. Wie oft werden wir in die schlimmen Geschehnisse der Welt einbezogen, wenn sie von den Medien wiedergegeben werden! Dieses Böse wird von Staaten, von Terroristenbanden und -organisationen oder von einzelnen Personen begangen. Die angeborene Anständigkeit und Güte des Menschen geht fast in der überwältigenden Kakophonie unter – daher unsere mißliche Lage. Unsere ideologische Verwirrung stellt eine ungeheure Herausforderung für alle Idealisten, Dichter und Denker dar, die Übel zu erkennen und sie mit ihren Gegensätzen zu konfrontieren: die Unterdrückung in diktatorischen Staaten mit der Freiheit der offenen Gesellschaft; Lüge und Betrug mit Wahrheit; Fanatismus mit Vernunft; Terrorismus mit Frieden; die Arroganz der Machtgierigen mit Demut; den Kult der Häßlichkeit mit Schönheit.

Wir meinen, daß die Wissenschaft zu weit ging, als sie den Glauben des Menschen an seine geistige Größe, wie sie sich in den großen Werken in der Welt 3 manifestiert, zerstörte und ihm die Überzeugung gab, daß er nur ein unbedeutendes Tier sei, das durch Zufall und Notwendigkeit auf einem unbedeutenden Planeten entstand, der sich in der weiten Unermeßlichkeit des Kosmos verliert. Das ist die Botschaft, die uns Monod in *Chance and Necessity* verkündet. Die Hauptschwierigkeit für die Menschheit besteht heute darin, daß die intellektuellen Führer in ihrer Autonomie zu arrogant sind. Wir müssen die großen Unbekannten erkennen, die es in diesem Zusammenhang noch gibt, hinsichtlich der materiellen Beschaffenheit und Funktion unseres Gehirns, der Beziehung von Gehirn und Bewußtsein, unserer kreativen Einbildungskraft und der Einzigartigkeit der menschlichen Psyche. *Wenn wir gleichermaßen an diese Unbekann-*

ten und an das unbekannte Geschehen denken, durch das wir an die erste Stelle gekommen sind, dann sollten wir bescheidener sein.

Wir können Hoffnung haben, solange wir das Wunder und Geheimnis unserer Existenz als erlebende Iche erkennen und schätzen. Die Menschheit würde von ihrer Entfremdung geheilt werden, wenn diese Botschaft mit der ganzen Autorität der Wissenschaftler und Philosophen und durch die hellsichtige Imagination der Künstler zum Ausdruck gebracht werden könnte. In diesem Buch legen wir unsere Bemühungen dar, die menschliche Person, nämlich uns, als ein erfahrendes Wesen zu verstehen. Wir bieten es an in der Hoffnung, daß es dem Menschen helfen möge, einen Weg aus seiner Entfremdung zu finden und sich der furchtbaren und wunderbaren Realität seiner Existenz zu stellen – mit Mut und Zuversicht und Hoffnung. Wir wünschen uns, daß der Mensch einen – Veränderung bewirkenden – Glauben an den Sinn und die Bedeutung dieses wunderbaren, wenn auch unglaublichen Abenteuers entwickelt, das jedem von uns hier zuteil wird auf dieser schönen und heilsamen Erde, die uns gehört und selbst nur ein Korn im unendlichen Kosmos der Galaxien ist. Das Geheimnis unseres Daseins als einzigartige selbstbewußte Existenzen gibt uns Grund zur Hoffnung, wenn wir unsere eigene zarte, verletzliche und vergängliche persönliche Erfahrung gegen den Schrecken und die Unermeßlichkeit des grenzenlosen Raumes und der Zeit setzen. Nehmen wir nicht teil an einem Sinn, wo sonst kein Sinn ist? Machen wir nicht die beglückende Erfahrung der Gemeinschaft, der Freude, der Harmonie, Wahrheit, Liebe und Schönheit, wo sonst nur das bewußtlose Universum ist?

Wir sind fest davon überzeugt, daß wir im Abenteuer der menschlichen Personalität für die Zukunft offen sein müssen. Dieses ganze kosmische Geschehen läuft nicht ohne Sinn ab. Im Zusammenhang mit der Natürlichen Theologie kommen wir zu der Anschauung, daß wir Geschöpfe mit einer übernatürlichen Bedeutung sind, die bisher noch kaum definiert ist. Wir können uns nicht mehr vorstellen, als daß wir alle Teil eines großen Planes sind. Jeder von uns kann den Glauben haben, er agiere in einem unvorstellbar übernatürlichen Drama. Wir sollten alle unsere Möglichkeiten einsetzen, um unseren Part in diesem Leben auf der Erde gut zu spielen. Dann warten wir mit Gelassenheit und Freude auf die künftigen Offenbarungen alles dessen, was nach dem physischen Tod in Bereitschaft sein mag.

Empfohlene Literatur

Kapitel 1: Natur und menschliche Natur

Bock, K. E. *Human nature and history.* New York: Columbia University Press, 1980.
Robinson, D. N. *Systems of modern psychology: A critical sketch.* New York: Columbia University Press, 1979.
Skinner, B. F. *Beyond freedom and dignity.* New York: Knopf, 1971. dt.: *Jenseits von Freiheit und Würde.* Reinbek: Rowohlt, 1973.
Wilson, E. O. *On human nature.* Cambridge, Mass.: Harvard University Press, 1978.

Kapitel 2: Die Ursprünge des Lebens, des Bewußtseins und des Menschen

Eccles, J. C. *Facing reality.* Heidelberg: Springer, 1970. dt.: *Wahrheit und Wirklichkeit.* Berlin: Springer, 1975, Kapitel 6.
Eccles, J. C. *The human mystery.* Berlin, Heidelberg, New York: Springer Internat., 1979. dt.: *Das Rätsel Mensch.* München, Basel: Ernst Reinhardt, 1982, Kapitel 4, 5, 7.
Griffin, D. R. *The question of animal awareness.* New York: Rockefeller University Press, 1976.
Jerison, H. J. *Evolution of the brain and intelligence.* New York, London: Academic Press, 1973.
Mayr, E. *Animal species and evolution.* Cambridge, Mass.: Harvard University Press, 1973.
Peacocke, A. R. *Science and the Christian experiment.* London: Oxford University Press, 1971.
Popper, K. R., and Eccles, J. C. *The self and its brain.* Berlin, Heidelberg, New York, London: Springer Internat., 1977. dt.: *Das Ich und sein Gehirn.* München, Zürich: R. Piper, 1982, Kapitel P1, Dialog I, II, VIII, X.
Starr, C. (Ed.). *Biology today.* New York: Random House, 1975.
Thorpe, W. H. *Animal nature and human nature.* London: Methuen, 1974.
Thorpe, W. H. *Purpose in a world of chance: A biologist's view.* Oxford: Oxford University Press, 1978.
Villee, C. A. *Biology.* Philadelphia: W. B. Saunders Co., 1972.
Wilson, E. O. *Sociobiology: The new synthesis.* Cambridge, Mass.: The Belknap Press, Harvard University Press, 1975.

Kapitel 3: Selbstbewußtsein und menschliche Person

Beloff, J. *The existence of mind.* London: MacGibbon & Kee, 1962.
Blakemore, C. *Mechanics of the mind.* Cambridge, London: Cambridge University Press, 1977.

Eccles, J. C. *Facing reality*. Heidelberg: Springer, 1970. dt.: *Wahrheit und Wirklichkeit*. Berlin: Springer, 1975, Kapitel 4, 5, 6, 10.
Eccles, J. C. *The human mystery*. Berlin, Heidelberg, New York: Springer Internat., 1979. dt.: *Das Rätsel Mensch*. München, Basel: Ernst Reinhardt, 1982, Kapitel 6, 7, 8, 10.
Eccles, J. C. *The human psyche*. Berlin, Heidelberg, New York: Springer Internat., 1980. dt.: *Die Psyche des Menschen*. München, Basel: Ernst Reinhardt, 1984, Kapitel 1, 2, 3, 4, 7.
Granit, R. *The purposive brain*. Cambridge, Mass.: MIT Press, 1977.
Lorenz, K. *Die Rückseite des Spiegels. Versuch einer Naturgeschichte menschlichen Erkennens*. München, Zürich: R. Piper, 1973.
Peacocke, A. R. *Science and the Christian experiment*. London: Oxford University Press, 1971.
Penfield, W. *The mystery of the mind*. Princeton, N.Y.: Princeton University Press, 1975.
Popper, K. R., and Eccles, J. C. *The self and its brain*. Berlin, Heidelberg, New York: Springer Internat., 1977. dt.: *Das Ich und sein Gehirn*. München, Zürich: R. Piper, 1982, Kapitel P2, P3, P4, P5, E2, E5, E7, Dialog II, IV, V, VI, VIII.
Robinson, D. Cerebral Plurality and the unity of self. *American Psychologist*, August 1982, 37, 904–910.
Sperry, R. *Science and moral priority*. New York: Columbia University Press, 1983.
Thorpe, W. H. *Animal nature and human nature*. London: Methuen & Co., 1974.

Kapitel 4: Materialismus und das Paradoxon des Lügners

Borst, C. V. (Ed.). *The mind/brain identity theory*. New York: St. Martin's Press, 1970.
Luce, A. A. *Berkeley's immaterialism*. New York: Russell & Russell, 1968.
Putnam, H. Brains and behavior. In R. J. Butler (Ed.), *Analytical philosophy*: New York: Barnes & Noble, 1965.
Robinson, D. N. *The enlightened machine*. New York: Columbia University Press 1980.
Young, R. M. *Mind, brain and adaptation in the nineteenth century*. Oxford: Clarendon Press, 1970.

Kapitel 5: Moralisches Denken und Evolutionismus

Arkes, H. *The philosopher in the city: The moral dimensions of urban politics*. Princeton, N.J.: Princeton University Press, 1981.
Bock, K. E. *Human nature and history*. New York: Columbia University Press, 1980.
Finnis, J. *Natural law and natural rights*. Oxford: Clarendon Press, 1980.
Robinson, D. N. *Psychology and law: Can justice survive the social sciences?* New York: Oxford University Press, 1980.

Kapitel 6: Die menschliche Person in der Gesellschaft

Dobzhansky, T. *The biology of ultimate concern*. New York: New American Library, 1967.
Dubos, R. *So human an animal*. New York: Charles Scribner's Sons, 1968.

Eccles, J. C. *Facing reality*. Heidelberg: Springer, 1970. dt.: *Wahrheit und Wirklichkeit*. Berlin: Springer, 1975, Kapitel 8, 9.
Eccles, J. C. *The human mystery*. Berlin, Heidelberg, New York: Springer Internat., 1979. dt.: *Das Rätsel Mensch*. München, Basel: Ernst Reinhardt, 1982, Kapitel 6.
Eccles, J. C. *The human psyche*. Berlin, Heidelberg, New York: Springer Internat., 1980. dt.: *Die Psyche des Menschen*. München, Basel: Ernst Reinhardt, 1984, Kapitel 8, 9.
Hayek, F. H. von. *The three sources of human values*. London: The London School of Economics and Political Science, 1978. dt.: *Die drei Quellen der menschlichen Werte*. Tübingen: J. C. B. Mohr, 1979.
Montagu, A. *The nature of human aggression*. Oxford: Oxford University Press, 1976.
Popper, K. R., and Eccles, J. C. *The self and its brain*. Berlin, Heidelberg, New York: Springer Internat., 1977. dt.: *Das Ich und sein Gehirn*. München, Zürich: R. Piper, 1982, Kapitel P4, E7, Dialog III.
Sherrington, C. S. *Man on his nature*. London: Cambridge University Press, 1940. dt.: *Körper und Geist. Der Mensch über seine Natur*. Bremen: Schünemannn, 1964.
Sperry, R. *Science and moral priority*. New York: Columbia University Press, 1983.
Thorpe, W. H. *Biology, psychology and belief*. London: Cambridge University Press, 1961.
Thorpe, W. H. *Animal nature and human nature*. London: Methuen & Co., 1974.
Thorpe, W. H. *Purpose in a world of chance: A biologist's view*. Oxford: Oxford University Press, 1978.
Wilson, E. O. *Sociobiology: The new synthesis*. Cambridge, Mass.: The Belknap Press, Harvard University Press, 1975.
Wilson, E. O. *On human nature*. Cambridge, Mass.: Harvard University Press, 1978.

Kapitel 7: Environmentalismus (Umwelttheorie)

Davis, L. H. *Theory of action*. Englewood Cliffs, N.J.: Prentice-Hall, 1979.
Robinson, D. N. *An intellectual history of psychology* (Rev. ed.). New York: Macmillan, 1981.
Robinson, D. N. *Toward a science of human nature: Essays on the psychologies of Hegel, Mill, Wundt and James*. New York: Columbia University Press, 1982.
Ryle, G. *The concept of mind*. London: Hutchinson, 1949.
Skinner, B. F. *Science and human behavior*. New York: Macmillan, 1956.
Watson, J. B. *Psychology from the standpoint of a behaviorist*. Philadelphia: Lippincott, 1919. dt.: In: Watson, J. B. *Behaviorismus*. 3. Auflage. Frankfurt/M.: Fachbuchhandlung für Psychologie, Verlagsabteilung, 1984.

Kapitel 8: Sprache, Gedanke und Gehirn

Brown, R. A. *A first language: The early stages*. Cambridge, Mass.: Harvard University Press, 1973.
Chomsky, N. *Reflections on language*. New York: Pantheon, 1975. dt.: *Reflexionen über Sprache*. Frankfurt/M.: Suhrkamp, 1977.
Eccles, J. C. *The understanding of the brain*. New York: McGraw-Hill, 1973. dt.: *Das Gehirn des Menschen*. 4., völlig überarbeitete und erweiterte Neuausgabe. München, Zürich: R. Piper, 1979, Kapitel 6.

Eccles, J. C. *The human mystery*. Berlin, Heidelberg, New York: Springer Internat., 1979. dt.: *Das Rätsel Mensch*. München, Basel: Ernst Reinhardt, 1982, Kapitel 5, 6.
Eccles, J. C. *The human psyche*. Berlin, Heidelberg, New York: Springer Internat., 1980. dt.: *Die Psyche des Menschen*. München, Basel: Ernst Reinhardt, 1984, Kapitel 1, 7.
Geschwind, N. Language and the brain. *Sci. Amer.*, 1972, *226* (4), 76–83.
Lenneberg, E. On explaining language. *Science*, 1969, *164*, 635–643.
Penfield, W. *The mystery of the mind*. Princeton, N. Y.: Princeton University Press, 1975.
Penfield, W., and Roberts, L. *Speech and brain-mechanisms*. Princeton, N.J.: Princeton University Press, 1959.
Popper, K. R., and Eccles, J. C. *The self and its brain*. Berlin, Heidelberg, New York: Springer Internat., 1977. dt.: *Das Ich und sein Gehirn*. München, Zürich: R. Piper, 1982, Kapitel P3, E4, Dialog III, V.
Sebeok, T. A., and Umiker-Sebeok, J. (Eds.): *Speaking of apes*. New York: Plenum Press, 1980.
Sperry, R. *Science and moral priority*. New York: Columbia University Press, 1983.

Kapitel 9: Lernen und Gedächtnis

Eccles, J. C. *Facing reality*. Heidelberg: Springer, 1970. dt.: *Wahrheit und Wirklichkeit*. Berlin: Springer, 1975, Kapitel 3.
Eccles, J. C. *The understanding of the brain*. New York: McGraw-Hill, 1973. dt.: *Das Gehirn des Menschen*. 4., völlig überarbeitete und erweiterte Neuausgabe. München, Zürich: R. Piper, 1979, Kapitel 5.
Eccles, J. C. *The human mystery*. Berlin, Heidelberg, New York: Springer Internat., 1979. dt.: *Das Rätsel Mensch*. München, Basel: Ernst Reinhardt, 1982, Kapitel 9.
Eccles, J. C. *The human psyche*. Berlin, Heidelberg, New York: Springer Internat., 1980, Kapitel 7. dt.: *Die Psyche des Menschen*. München, Basel: Ernst Reinhardt, 1984, Kapitel 7.
Milner, B. Amnesia following operation on the temporal lobes. In C. W. M. Whitty and O. L. Zangwill (Eds.), *Amnesia*. London: Butterworths, 1966.
Penfield, W. *The mystery of the mind*. Princeton, N.J.: Princeton University Press, 1975.
Popper, K. R., and Eccles, J. C. *The self and its brain*. Berlin, Heidelberg, New York: Springer Internat., 1977. dt.: *Das Ich und sein Gehirn*. München, Zürich: R. Piper, 1982, Kapitel P2, P4, E8, Dialog VI, VII.
Victor, M., Adams, R. D., and Collins, G. H. *The Wernicke-Korsakoff-Syndrome*. Oxford: Blackwell Scientific, 1971, pp. 1–206.

Kapitel 10: Intelligenz – künstlich und echt

Dretske, F. *Knowledge and the flow of information*. Oxford: Basil Blackwell, 1981.
Guilford, J. P. *The nature of human intelligence*. New York: McGraw-Hill, 1967.
Newell, A., and Simon, H. *Human problem solving*. Englewood Cliffs, N.J.: Prentice-Hall, 1972.
Raphael, B. *The thinking computer*. San Francisco: W.H. Freeman, 1976.

Kapitel 11: Willkürliche Bewegung, Willensfreiheit und moralische Verantwortung

Eccles, J. C. *Facing reality.* Heidelberg: Springer, 1970. dt.: *Wahrheit und Wirklichkeit.* Berlin: Springer, 1975, Kapitel 8.
Eccles, J. C. *The understanding of the brain.* New York: McGraw-Hill, 1973. dt.: *Das Gehirn des Menschen.* 4., völlig überarbeitete und erweiterte Neuausgabe. München, Zürich: R. Piper, 1979, Kapitel 4.
Eccles, J. C. *The human mystery.* Berlin, Heidelberg, New York: Springer Internat., 1979. dt.: *Das Rätsel Mensch.* München, Basel: Ernst Reinhardt, 1982, Kapitel 10.
Eccles, J. C. *The human psyche.* Berlin, Heidelberg, New York: Springer Internat., 1980. dt.: *Die Psyche des Menschen.* München, Basel: Ernst Reinhardt, 1984, Kapitel 4, 10.
Granit, R. *The purposive brain.* Cambridge, Mass.: MIT Press, 1977.
Kenny, A. *Action, emotion and will.* London and Henley: Routledge & Kegan Paul, 1963.
Lucas, J. R. *The freedom of the will.* London: Oxford University Press, 1970.
Penfield, W. *The mystery of the mind.* Princeton, N.J.: Princeton University Press, 1975.
Penfield, W., and Roberts, L. *Speech and brain-mechanisms.* Princeton, N.J.: Princeton University Press, 1959.
Popper, K. R., and Eccles, J. C. *The self and its brain.* Berlin, Heidelberg, New York: Springer Internat., 1977. dt.: *Das Ich und sein Gehirn.* München, Zürich: R. Piper, 1982, Kapitel E3, P2, Dialog X.
Sherrington, C. S. *Man on his nature.* London: Cambridge University Press, 1940. dt.: *Körper und Geist. Der Mensch über seine Natur.* Bremen: Schünemann, 1964.

Kapitel 12: Das Abenteuer des Menschen: Hoffnung und Tod

Badham, P. *Christian beliefs about life after death.* London: SPCK, 1976.
Dobzhansky, T. *The biology of ultimate concern.* New York: New American Library, 1967.
Eccles, J. C. *Facing reality.* Heidelberg: Springer, 1970. dt.: *Wahrheit und Wirklichkeit.* Berlin, Springer, 1975, Kapitel 10, 12.
Eccles, J. C. *The human psyche.* Berlin, Heidelberg, New York: Springer Internat., 1980. dt.: *Die Psyche des Menschen.* München, Basel: Ernst Reinhardt, 1984, Kapitel 10.
Heisenberg, W. *Der Teil und das Ganze.* 5. Aufl. München, Zürich: R. Piper, 1981.
Lewis, H. D. *Persons and life after death.* London: Macmillan, 1978.
Peacocke, A. R. *Science and the Christian experiment.* London: Oxford University Press, 1971.
Penfield, W. *The mystery of the mind.* Princeton, N.J.: Princeton University Press, 1975.
Planck, M. *Scheinprobleme der Wissenschaft.* (Vortrag, in Göttingen gehalten am 17. Juni 1946) Leipzig: Barth, 1947.
Popper, K. R., and Eccles, J. C. *The self and its brain.* Berlin, Heidelberg, New York: Springer Internat., 1977. dt.: *Das Ich und sein Gehirn.* München, Zürich: R. Piper, 1982, Dialog III, XI.
Sherrington, C. S. *Man on his nature.* London: Cambridge University Press, 1940. dt.: *Körper und Geist. Der Mensch über seine Natur.* Bremen: Schünemann, 1964.

Thorpe, W. H. *Biology, psychology and belief*. London: Cambridge University Press, 1961.
Thorpe, W. H. *Animal nature and human nature*. London: Methuen, 1974.
Thorpe, W. H. *Purpose in a world of chance: A biologist's view*. Oxford: Oxford University Press, 1978.

Namenregister

Kursiv gedruckte Seitenzahlen beziehen sich auf die »Empfohlene Literatur«

Adams, R. D. *236*
Adrian, E. 171
Aquin, T. v. 135, 136, 221
Aristoteles 218, 220, 221
Arkes, H. 92, *234*

Badham, P. *237*
Beloff, J. *233*
Berkeley, G. 85
Blakemore, C. *233*
Bock, K. E. *233, 234*
Brinkman, C. 203, 206
Broca, P. 154, 155
Brown, R. A. 147, *235*
Bühler, K. 141 ff.
Bunge, M. 61
Busnel, M.-C. 42

Chardin, T. de 32, 34
Chomsky, N. 144, 145, 156, *235*
Collins, G. H. *236*
Crick, F. 29
Curtiss, S. 56

Darwin, C. 39, 97 ff., 103, 131, 133, 188, 196, 219
Davis, L. H. *235*
Deecke, L. 207
Descartes, R. 58, 78, 144, 157, 163, 164, 217
Dobzhansky, T. 48, *234, 237*
Dretske, F. *236*
Dubos, R. *234*

Eccles, J. C. 39, 52, 67, 70, 183, *234, 235, 236, 237*
Eddington, A. 108
Eigen, M. 28

Fifková, E. 173
Finnis, J. *234*
Freud, S. 131 f., 133, 222

Gassendi, P. 127, 217
Geschwind, N. *236*
Goodall, J. 148
Granit, R. *234, 237*
Griffin, D. R. 33, 35, 38, *233*
Guilford, J. P. *236*

Hayek, F. v. 119, *235*
Hebb, D. 171
Hegel, G. W. F. 129
Heisenberg, W. 107 f., *237*
Hobbes, T. 126
Hume, D. 126
Huxley, A. 41
Huxley, T. H. 99

James, W. 36, 195 f., 219
Jaynes, J. 106
Jerison, H. J. *233*

Kant, I. 51, 52
Kenny, A. *237*
Kornhuber, H. 177, 178, 181, 207
Kuijk, W. 70

Lack, D. 50
Landor, W. S. 225
Larsen, B. 207
Lassen, N. A. 204, 207, 212
Leakey, R. 152, 153
Lenneberg, E. H. 151, *236*
Lewis, H. D. 228, *237*
Liggins, G. 43 f.
Locke, J. 125, 126

Lorenz, K. 33, 35, 49, 50, *234*
Lucas, J. R. *237*

Mahler, G. 228 f.
Maritain, J. 214
Marr, D. 179
Marx, K. 126, 127, 128 ff., 131, 133
Mayr, E. 38, *233*
Mill, J. S. 93, 126 ff.
Milner, B. 175 f., *236*
Monod, J. 33, 38, 230
Montagu, A. 118, *235*

Newell, A. *236*

Orgel, L. 27, 29

Paine, T. 125
Papousek, H. 46
Peacocke, A. R. *233, 234, 237*
Penfield, W. 154, 183, 203, 212, *234, 236, 237*
Planck, M. 108 f., *237*
Plato 107, 134
Popper, K. R. 39, 48, 52, 53 f., 58, 60 f., 63 f., 107, 108, 141 ff., 152, 183, 214, *233, 234, 235, 236, 237*
Porter, R. 203, 206
Premack, D. 150 f., 157

Ramón y Cajal, S. 171
Raphael, B. *236*

Robinson, D. N. 67, *234, 235*
Roland, P. E. 204, 207
Rousseau, J. J. 126
Rumbaugh, D. 151, 157
Ryle, G. 159, *235*

Sebeok, T. A. 148, *236*
Sherrington, C. S. 105 f., 113 f., 120, 171, *235, 237*
Simon, H. *236*
Skinhøj, E. 207
Skinner, B. F. 134, 161, *235*
Sokrates 107, 124, 226 f.
Sperry, R. 68 f., 157, *234, 235, 236*
Squire, L. 185
Stark, F. 225
Starr, C. *233*
Stent, G. 61
Szentágothai, J. 171

Thorpe, W. H. 33, 35, 70, 117, *233, 234, 235, 238*
Trevarthen, C. 43

Umiker-Sebeok, J. 148, *236*

Victor, M. *236*
Villee, C. A. *233*

Wallace, A. 40
Watson, J. B. *235*
Wilson, E. O. 24, 118, *233, 235*

Sachregister

ACTH 44
Aegyptopithecus 31
Aggression 117–121
Altruismus 111–114
Alzheimer-Syndrom 175, 224
Amnesie, retrograde 185 f.
Assoziationspsychologie 127

Befruchtung »im Reagenzglas« 41
Bewußtsein 27, 33, 220 f. *Siehe auch* Selbstbewußtsein
– (s) Evolution des 34–40
– bei Tieren 33–40
Böse, das
– (n) Problem des 135 f.

Cerebrale Dominanz 52 f., 154 ff.

Darwinismus: *siehe* Evolutionismus
Deismus 217
Denken 102, 157, 160, 162 f. *Siehe auch* Intelligenz; Sprache; Universalien
Determinismus, determiniert, deterministisch 24, 87, 125, 127, 134, 135, 220
DNS (Desoxyribonukleinsäure) 28, 29, 30, 32
Dryopithecus 31
Dualismus 217
Dualistischer Interaktionismus 57, 59, 64. *Siehe auch* Gehirn-Geist-Problem

Einzigartigkeit des Ichs 69 ff.
Eliminierender Materialismus 84. *Siehe auch* Materialismus
Entfremdung 129, 132

Environmentalismus 25, 124–140, 188
Eobakterien 28, 29
Epiphänomenalismus 59, 62, 81 ff. *Siehe auch* Leib-Seele-Problem
Eugenik 124 f.
Eukaryonten 30
Evolution
– und Bewußtsein 33–40
– und Intelligenz 188 ff. *Siehe auch* Soziobiologie
– und menschliche Werte 105–114
Evolutionismus (Darwinismus), Evolutionisten 24, 38 f., 96–103, 188 ff., 196. *Siehe auch* Soziobiologie

Finalismus 32
Fötus, fötal(e) 40–44
– Bewegungen 42
– Entwicklung 40–44
– Wahrnehmungen 42
Freier Wille: *siehe* Determinismus; Moral und Freiheit
Fundamentalismus, religiöser 15 f.

Gedächtnis. *Siehe auch* Lernen und Gedächtnis; Synaptische Mechanismen
– , kognitives 167 ff.
– , motorisches 167 f.
– und der Hippocampus 173–181
– Selbstbewußtsein und 170–174
Gehirn-Geist-Problem (Interaktionismus) 49, 50, 51, 58–69, 72–87, 218–221. *Siehe auch* Determinismus; Dualismus; Materialismus
Gehirn-»Moduln« 65 ff.
Gentechnologie 124, 125
Glaube, religiöser und Vernunft 217–223

Halbaffen 31
Hippocampus
– und Gedächtnis 173–181
Hypothalamus 44

Ich: *siehe* Selbst
Identität, persönliche 68
Identitätstheorie 59, 62. *Siehe auch*
 Gehirn-Geist-Problem
Immaterialismus 85 f., 220. *Siehe auch*
 Materialismus
Intelligenz 192–196, 218
– , künstliche 197–200
Intelligenzquotient (IQ): *siehe* IQ-Tests
Intentionen, mentale und Bewegung
 209–213
IQ-Tests 192 ff.

Kommissurotomie
– und das Selbst 68 f.
– und Sprache 69
Korsakoffsches Syndrom 174 f.

Leben(s)
– Evolution des 29–33
Leib-Seele-Problem 58
Lernen und Gedächtnis 167–187
Liaison-Hirn 50, 51, 212
Liebe 113, 114–117

Marxismus 128, 130, 133
Materialismus, Materialisten, materialistisch 24, 59, 60, 69, 71, 72–87, 126,
 217–219
Mathetisches Sprechen 46, 145 f.
Moral und Evolutionstheorie 100, 102 f.
– und Freiheit 88–96, 134–138, 213–216
Morula 41
Mutation(en) 32, 97, 189

Natürliche Auslese 32, 39, 97, 188

Öffentliche Meinung und Massenkultur
 19–26

Panpsychismus 34, 59, 62
Papez-Schleife 178, 179
Personalität 25, 52–56
Pluralismus 90
Präbiotische Epoche 27 f.

Pragmatische Theorie der Wahrheit 74
Prostaglandine 44
Pseudoaltruismus 111–114. *Siehe auch*
 Soziobiologie

Ramapithecus 31
Rechte und Pflichten 88–92
Relativismus 23 f.
– , ethischer und moralischer 90 ff.
Romantik 126

Schuldscheinmaterialismus (versprechender Materialismus) 60, 61. *Siehe auch*
 Leib-Seele-Problem; Materialismus
Scientismus 23
Selbst 49. *Siehe auch* Einzigartigkeit des
 Ichs
– Einheit des 67 ff.
Selbstbewußtsein, selbstbewußt 38, 47,
 48–58
– und Kurzzeitgedächtnis 170 f.
Selbst-Identität 68
SMA (supplementäres motorisches Feld)
 159, 203–212
»Solidarität« (Bewegung in Polen)
– und Marxismus 130
Soziobiologie 38, 87, 103, 110 f., 112.
 Siehe auch Evolutionismus
Sprache 141–166
– behavioristische Theorie der 164 ff.
– Funktionen der 141 ff.
– Mechanismen der 154–160
– bei Tieren: *siehe* Zeichensprache
– und Universalien (universelle Grammatik) 156–163
Sprachklassifikation nach Bühler/Popper
 141 ff., 160 f.

Tiersprache: *siehe* Zeichensprache
Tribolit 31
Trugschluß des Ursprungs (FOO) 77,
 139, 190

Universalien 221
Unsterblichkeit 226–231
Utilitarismus 93 ff.

Welt 1, 2, 3 von Popper 49–58, 104–107,
 141, 146 f., 157, 158, 159
Werte 104–110

Wilde, der edle 132
Willkürliche Bewegung 201–212
Wissen
– , persönliches 221. *Siehe auch* Intelligenz; Sprache; Universalien

Wissenschaft
– und Wissenschaftsgläubigkeit 19–26

Zeichensprache bei Tieren 36, 100 f., 147–152

John C. Eccles

Die Evolution des Gehirns – die Erschaffung des Selbst
Aus dem Englischen von Friedrich Griese.
450 Seiten mit 110 Abbildungen. Leinen

Das Gehirn des Menschen
Sechs Vorlesungen für Hörer aller Fakultäten.
Aus dem Englischen von Angela Hartung.
304 Seiten mit 109 Abbildungen. Serie Piper 826

Gehirn und Seele
Erkenntnisse der Neurophysiologie.
Aus dem Englischen von Rosemaria Liske.
285 Seiten. Serie Piper 628

Die Psyche des Menschen
Das Gehirn-Geist-Problem in neurologischer Sicht.
Aus dem Englischen von Jutta Jongejan.
329 Seiten mit 76 Abbildungen. Serie Piper 1023

Das Rätsel Mensch
Die Evolution des Menschen und die Funktion des Gehirns.
Aus dem Englischen von Karin Ferreira.
239 Seiten mit 89 teils farbigen Abbildungen. Serie Piper 976

John C. Eccles / Daniel N. Robinson
Das Wunder des Menschseins – Gehirn und Geist
Aus dem Englischen von Agnes und Peter Löns.
243 Seiten. Geb.

Karl R. Popper / John C. Eccles
Das Ich und sein Gehirn
Aus dem Englischen von Angela Hartung und Willy Hochkeppel,
unter wissenschaftlicher Mitarbeit von Otto Creutzfeldt.
699 Seiten mit 66 Abbildungen. Serie Piper 1096

»Was Eccles, der Neurophysiologe und Nobelpreisträger, und Popper, der wohl größte lebende Philosoph, in ihrem Buch erarbeitet haben, kann als wohl einmaliges Zeugnis kreativer Spannung gelten.« Gero von Boehm, Die Zeit

PIPER

Karl R. Popper
Auf der Suche nach einer besseren Welt
Vorträge und Aufsätze aus dreißig Jahren.
282 Seiten. Serie Piper 699

»Die Textsammlung ist selbst für versierte Popper-Kenner noch anregend und aufschlußreich.« Das Parlament

Karl R. Popper / Franz Kreuzer
Offene Gesellschaft – Offenes Universum
Ein Gespräch über das Lebenswerk des Philosophen.
99 Seiten. Serie Piper 476

Thema des von Franz Kreuzer mit Karl Popper geführten Gesprächs ist das gesamte Lebenswerk Poppers. Dabei wird zunächst der für Politik und Gesellschaftskritik relevante Teil der Popperschen Philosophie in Erinnerung gebracht, der bereits 1919 zu einer Kritik am Marxismus und, später, am Historizismus führte. Erkenntnistheorie und Wissenschaftstheorie sind fester Bestandteil von Poppers Denken. Er zeigt einen Kosmos, in dem es keine Bestätigung von Wahrheiten, sondern nur Widerlegung von Irrtümern gibt. Popper gelangt zu einer eindrucksvollen Begründung von Toleranz: »Nur wenn wir wissen, daß wir irren können, sind wir bereit, die Meinung des anderen zu respektieren.«

Karl R. Popper / Konrad Lorenz
Die Zukunft ist offen
Das Altenberger Gespräch.
Mit den Texten des Wiener Popper-Symposiums.
Herausgegeben von Franz Kreuzer
Mit Beiträgen von Roman Sexl, Rupert Riedl, Friedrich Wallner, Paul Weingartner, Irene Papadaki, Franz Seitelberger, Marianne Fillenz, Gerhard Vollmer, W. W. Bartley III, Gerard Radnitzky, Ivan Slade, Alexandre Petrovic, Peter Michael Lingens und Norbert Leser.
143 Seiten. Serie Piper 340

Grégoire Nicolis / Ilya Prigogine
Die Erforschung des Komplexen

Auf dem Weg zu einem neuen Verständnis der Naturwissenschaften
Aus dem Engl. von Eckhard Rebhan und Rainer Feistel.
384 Seiten mit 110 Abbildungen. Kt.

Die beiden Autoren lassen die Leser teilhaben an aufregenden Entwicklungen in der modernen Naturwissenschaft. Sie sind davon überzeugt, daß Wissenschaft mit der interdisziplinären Erforschung des Komplexen den Menschen dazu verhelfen wird, ihre gesamte Umwelt besser zu verstehen und damit Lösungen für drängende Probleme zu finden.

Ilya Prigogine
Vom Sein zum Werden

Zeit und Komplexität in den Naturwissenschaften
Aus dem Engl. von Friedrich Griese. 304 Seiten. Kt.

Prigogine fand bei seinen Untersuchungen, die 1977 mit dem Nobelpreis für Chemie ausgezeichnet wurden, daß auch bei irreversiblen Prozessen geordnete Strukturen entstehen können. Für die Evolutionstheorie bedeutete diese Erkenntnis einen großen Schritt nach vorn. Sie hat nämlich insbesondere die Grundlagen dafür geschaffen, daß man nunmehr in der Lage ist, auch den Übergang von toter zu lebender Materie rational zu erfassen. Die neuen Vorstellungen sind nicht nur auf Probleme der Physik, Chemie und Biologie anwendbar, sondern eignen sich auch zur Beschreibung des Verhaltens sozialer Systeme.

Ilya Prigogine / Isabelle Stengers
Dialog mit der Natur

Neue Wege naturwissenschaftlichen Denkens
Aus dem Engl. und Franz. von Friedrich Griese.
347 Seiten mit 11 Abbildungen auf Tafeln und 28 Zeichnungen. Serie Piper 1181.

»Der ›Dialog mit der Natur‹, blendend geschrieben und hervorragend übersetzt, wird sich vermutlich als eines der wichtigsten Werke unserer Zeit erweisen.«
Bild der Wissenschaft